寒旱地区长距离输水工程运营安全关键技术

贡 力　靳春玲　著

科学出版社

北京

内 容 简 介

本书针对寒旱地区长距离输水工程运营期的安全关键技术问题，以我国寒旱地区长距离输水工程为依托，以水资源高效利用为目标，以确保供水安全为宗旨，以工程防灾减灾为突破点，对目前长距离输水工程在运维过程中面临的问题进行了一系列研究。首先对输水明渠运行安全风险进行评价研究，并进一步对输水明渠混凝土衬砌劣化机理开展试验研究；然后对引水隧洞运行期衬砌结构安全状态进行评价研究，并进一步对引水隧洞衬砌混凝土劣化规律开展研究；最后对渡槽运行期槽身结构开展安全评价。

本书可供水利工程安全评价、水文水资源等相关专业的科研和管理人员参考使用，也可供大专院校有关专业教师参考阅读。

图书在版编目（CIP）数据

寒旱地区长距离输水工程运营安全关键技术 / 贡力，靳春玲著. -- 北京：科学出版社，2025.3. -- ISBN 978-7-03-081314-5

Ⅰ. TV672

中国国家版本馆CIP数据核字第2025BE0759号

责任编辑：牛宇锋　乔丽维 / 责任校对：任苗苗
责任印制：肖　兴 / 封面设计：蓝正设计

科 学 出 版 社 出版
北京东黄城根北街 16 号
邮政编码：100717
http://www.sciencep.com

北京厚诚则铭印刷科技有限公司印刷
科学出版社发行　各地新华书店经销

＊

2025 年 3 月第 一 版　开本：720 × 1000　1/16
2025 年 3 月第一次印刷　印张：13 1/2
字数：272 000

定价：128.00 元
（如有印装质量问题，我社负责调换）

前　言

长距离输水工程是解决水资源时空分布不均，保障国家水资源重大战略布局的重要措施。长距离输水工程距离长、控制站点多、分布广，比一般的输水工程控制运行复杂。其主要由输水明渠、管道、隧洞、暗涵、泵站、渡槽、倒虹吸等建筑物组成，从宏观上看是一个串联系统，而串联系统是一个弱结构系统，系统中任一建筑物的劣化失效都会导致总干渠供水中断，所以关键建筑物的可靠性对整个供水系统的可靠性具有重要影响。

我国西北寒旱地区由于特殊气候特征形成了干湿冻融循环、冷热交替、盐渍侵蚀和风沙侵蚀等典型的自然条件，长距离输水工程运维安全的难度和复杂性前所未有，冰害、引水渠道干裂渗漏、输水明渠冰灾、冻融破坏等灾害频发，极大地影响西北寒旱地区长距离输水工程的供水效率，严重威胁长距离输水工程运维安全，成为制约地方社会经济可持续发展的巨大障碍。如何确保长距离输水工程的安全运维，确保水安全是一个重大问题。本书以我国西北寒旱地区长距离输水工程为依托，以水资源高效利用为目标，以确保供水安全为宗旨，以工程防灾减灾为突破点，对目前长距离输调水工程在运维过程中面临的问题进行一系列研究。

全书共六章，第 1 章综述输水明渠、引水隧洞、渡槽等工程的研究现状；第 2 章针对输水明渠运行安全风险进行评价研究；第 3 章对输水明渠混凝土衬砌劣化开展试验研究；第 4 章对引水隧洞运行期衬砌结构安全状态进行评价研究；第 5 章对引水隧洞衬砌混凝土劣化规律开展研究；第 6 章针对渡槽运行期槽身结构开展安全评价。

本书是在课题组成员多年来从事寒旱地区长距离输水工程安全运营关键技术领域的研究成果基础上撰写而成的。全书由贡力统稿，兰州交通大学靳春玲教授参与了撰写工作，课题组研究生路瑞琴、康春涛、祁英弟、王忠慧、王鸿、逯晔坤、李义强等在相关专题研究中进行了具体的计算工作，在此一并向他们表示衷心的感谢！此外，感谢课题组研究生董洲全、赵学昊、杨腾腾、崔越、杜云飞、党丹丹、秦军等在相关专题研究中做出的贡献。特别感谢甘肃民族师范学院对本书出版的支持。本书研究内容得到国家自然科学基金项目（51669010、51969011）、甘肃省科技重大专项（23ZDFA002）、甘肃省重点研发计划项目（24YFGA041）的资助。

由于长距离输水工程具有距离长、控制站点多、分布广的特点，加之西部寒旱地区特殊气候特征形成了极端寒冷、异常干旱、复杂地质环境等恶劣自然条件，运营安全难度和复杂性前所未有，涉及多学科交叉，本书的出版仅为抛砖引玉，希望更多的科研工作者参与到该项研究工作中。

　　由于作者水平有限，书中难免存在不足之处，敬请各位读者批评指正。

目　　录

第1章 绪　　论

1.1　研究背景及意义

1.1.1　研究背景

众所周知，我国水资源呈现出时空分布不均的特点，形成了"南方多、北方少"的分布现状，水资源匮乏成为限制一些北方城市发展的关键性要素，缺水问题严重制约着社会经济的发展和人民生活水平的改善。为了确保社会经济可持续发展，解决水资源在空间、地域等各方面的不均衡性问题显得尤为重要，而大型输水工程正是解决这一问题的有效举措。

为了实现发展水利和减小水害的目的，我国兴建了不少利国利民的水利工程。例如，邗沟工程，公元前486年修建的引长入淮水利工程；都江堰水利工程，公元前256年修建的引岷江水入成都平原水利工程；京杭大运河，开始于春秋完成于隋朝的水利工程等。随着我国社会经济的快速发展，水资源短缺问题越来越严重，而长距离输水工程在解决我国水资源时空分布不均方面发挥着重要作用。为此，我国实施修建了一系列长距离、大规模的输水工程，如南水北调、引黄入京、引滦入津、引黄入晋和引大入秦等工程。此类跨流域以及跨区域的大型长距离输水工程不仅对水资源短缺地区的经济及社会发展起到了重要作用，同时也对改善该区域人民生活水平作出了巨大贡献。

根据专家统计，全球已有350余项在建或已建的调水工程，分布于40多个国家及地区，年调水规模相当于半条长江，年调水量达5000亿m³。美国的中央河谷工程、秘鲁的马赫斯调水工程、巴基斯坦的西水东调工程和利比亚的大人工河工程均闻名于世，都在正常运行，为其国家的经济发展和社会繁荣提供支撑。世界各地的大型流域中都有着或大或小的调水工程。

(1)美国中央河谷工程。美国中央河谷工程始建于1937年，并于1940年开始投入使用，且目前仍在运行。该工程运行的20座水库、11座水电站及800km的输水渠道年调水量达37亿m³，将水源从萨克拉门托输送至旧金山湾地区的过程中向35个县供水，促进了中央河谷地区的经济发展和社会繁荣。

(2)秘鲁马赫斯调水工程。秘鲁马赫斯调水工程于1971年开工建设，是目前全球海拔最高的引调水工程。该工程不仅灌溉面积达5.7万km²，还具备发电功能，有效促进了当地经济发展。

(3)巴基斯坦西水东调工程。巴基斯坦西水东调工程于1960年开工建设,1977年正式完成,是供水规模位于世界前列的长距离引水工程。该工程建设完成的2座水库、6座大型拦河闸及8条引水渠以灌溉为主,将水源从印度河及其支流输送至东三河区域,截至目前运行良好,受到广泛好评。

(4)利比亚大人工河工程。利比亚大人工河工程为目前全球规模最大的长距离管道输水工程,其总长度约为4000km。该工程调水量达25亿 m^3,均用于灌溉,其中70%用于农业灌溉,其余用于城市和工业灌溉。

1.1.2　各输水系统构筑物研究目的及意义

在长距离输水工程中,输水系统建筑物主要由明渠、隧洞及渡槽组成。由于输水工程跨越地域较广,任何一个输水系统建筑物出现问题,都会影响水量输送以及输水效率。因此,为了让大型长距离输水工程实现长期的安全输水和高效供水,确保引水工程中输水明渠、引水隧洞和渡槽的安全性是长效发挥引水工程效益的重要工作。

1. 输水明渠

输水明渠作为输水工程的一部分,一般情况下为线性工程,但其跨越区域较广,途经地域的地质条件和环境状况较复杂,因此该工程运行风险种类多且管理难度较大。有效识别长距离输水明渠运行过程中的安全风险,对其进行分析、合理评价,并制定一系列有效的风险应对措施对输水明渠的安全运行意义重大。此外,输水明渠长期处于干湿交替、温度正负交替以及盐渍化的环境中,导致其衬砌受到水力侵蚀、暴晒、冰冻以及有害离子侵蚀带来的损伤。不利的环境使得输水明渠耐久性下降,发生失稳破坏。因此,对多种因素作用下的混凝土明渠衬砌的耐久性展开研究,可以为该地区类似工程的设计、施工以及运营过程提供一定的理论依据,对该地区的经济发展也有指导意义。

2. 引水隧洞

引水隧洞是输水系统建筑物中不可或缺的一部分,隧洞常跨越多种地层结构,地形地质条件复杂,在运行过程中,引水隧洞衬砌会遭受水流冲刷、温度变化引起的冷热循环以及地下水中盐离子的侵蚀等一系列破坏影响,长期作用下势必会影响引调水工程的正常运行。据了解,引大入秦工程中的引水隧洞经过多年运行,出现衬砌边壁破损、裂缝、渗漏水以及不均匀沉降等病害险情,不能完全满足工程的设计需求。因此,结合寒旱地区自然特征,研究提高隧洞衬砌混凝土耐久性的方法,并提出经济合理的改善措施是寒旱地区引水隧洞健康运营的关键。

3. 渡槽

渡槽作为输水工程的串联节点工程，是输水工程中的关键性建筑物，其安全性备受关注。在长时间运行过程中，受周围环境的影响，自身结构在各种不利环境因素作用下产生病害，给渡槽运行安全带来一定隐患。通过理论结合实际、主观结合客观，构建评价指标体系和评价模型，分析影响渡槽运行期槽身结构安全的不利因素并采取合理有效的处理措施，不仅可以显著提高渡槽的使用寿命，还能最大化发挥渡槽的经济效益。

1.2　寒旱地区长距离输水工程研究现状

1.2.1　输水明渠工程研究现状

输水明渠作为关键线路工程，同时也是输水串联工程中的一部分，具有不可替代的作用。这里从输水明渠混凝土衬砌的耐久性、氯盐侵蚀、硫酸盐侵蚀、干湿循环耐久性以及冻融循环耐久性五个方面分别阐述其研究现状。

1. 输水明渠混凝土衬砌耐久性研究

寒旱地区输水明渠混凝土衬砌常会出现一些耐久性的问题，如衬砌板破损、边坡出现渗漏、衬砌板勾缝脱落、明渠底板剥蚀、卵石出露等，因此输水明渠混凝土衬砌的可靠性影响着整个输水工程的安全。Suto 等(2012)通过对输水明渠实际结构切块截面的观察，明确了注浆法对输水明渠混凝土结构的裂缝修补效果有明显的提高；王兵(2014)研究了输水明渠衬砌结构防冻胀破坏措施，发现对处于地下水位较高的地区埋设排水设施能够提高其抗冻胀能力；巩永红(2015)通过总结引大入秦工程明渠段渠道破坏原因，进一步提出了浇筑的措施，为渠道除险加固提供了技术参考；孙佑光和王兵(2018)对输水明渠衬砌结构的破坏进行分析归类，从设计、施工、管理方面提出了提高耐久性的对策。

2. 输水明渠混凝土衬砌氯盐侵蚀研究

氯盐侵蚀对输水明渠混凝土衬砌破坏很大，主要是内部结构的侵蚀破坏。针对输水明渠混凝土衬砌结构氯离子侵蚀破坏问题，国内外相关领域的学者通过建立混凝土破坏模型，探索氯盐侵蚀过程和侵蚀机理，取得了大量研究成果。赵高文等(2018)对比分析了现浇混凝土在干湿循环下的离子扩散规律，研究发现氯盐参与的干湿循环侵蚀更为剧烈；张舒柳等(2019)开展了室内加速试验，发现并总结了多因素耦合作用下的混凝土劣化规律；王宇航等(2019)研究发现，在氯盐侵蚀作用下，采用单面冻融带来的破坏程度要远大于纯冻融破坏；毛以雷等(2019)

开展了高强灌浆料在冻融循环和氯盐侵蚀下的破坏试验，结果表明，二者共同作用下的损伤相对于单纯水体冻融破坏性更大，损失更严重；薛军鹏（2019）开展了海水、硫酸盐、氯盐以及二者结合的复合盐对高性能混凝土、钢筋混凝土的破坏试验，结果发现氯离子对硫酸根离子的侵蚀有一定的抑制作用；丁娅等（2019）分析发现，有机阻锈剂对处于氯盐-干湿循环环境下的混凝土破坏有抑制作用，也就是说，有机阻锈剂对保护混凝土结构有益，可以延长建筑物寿命。

3. 输水明渠混凝土衬砌硫酸盐侵蚀研究

输水明渠混凝土衬砌产生硫酸盐侵蚀破坏，实质上就是土体和水体中的硫酸根离子与混凝土中某些物质发生膨胀反应，导致混凝土膨胀开裂，产生裂缝。随着反应的进一步加深，生成的产物越来越多，开裂程度加剧。Alyami 等（2019）对在不同浓度、温度和相对湿度循环的硫酸钠溶液中部分和完全浸泡的混凝土混合物进行测试，得到了水泥基材料抗物理盐侵蚀的标准测试方法；Zhang 等（2019）对再生骨料混凝土在硫酸盐侵蚀和干湿循环作用下的性能进行了试验研究，结果表明，在侵蚀产物相同的情况下，硫酸盐离子在再生骨料混凝土中的累积速度快于天然骨料混凝土；刘赞群等（2020）将水泥净浆浸泡在高浓度的硫酸盐溶液中，发现经过浸泡的试件发生了严重破坏，并检测到 Na_2SO_4 晶体；Bisht 等（2020）将混合色饮料瓶产生的废玻璃骨料用于混凝土中，发现最大掺量的混凝土耐酸性最好；肖前慧等（2020）对再生骨料混凝土进行快冻法冻融循环试验，发现再生骨料混凝土在高浓度硫酸盐下的损伤最严重；方小婉等（2020）通过研究不同工况下水泥混凝土的抗硫酸盐侵蚀性能，并测试分析了不同类型侵蚀下的侵蚀机理，发现硫铝酸盐水泥表现效果最佳；Du 等（2020）对混凝土进行了硫酸盐侵蚀试验，发现随着硫酸盐侵蚀次数的增加，混凝土的相对动弹性模量和抗压强度腐蚀系数逐渐减小。

4. 输水明渠混凝土衬砌抗干湿循环耐久性研究

干湿循环是指混凝土材料受到空气干燥状态和浸泡湿润状态交替作用的过程。在西北干寒地区，输水明渠混凝土衬砌不仅仅受到干湿循环的破坏，更多的是伴随着有害离子侵蚀。"干"状态下收缩，"湿"状态下膨胀，长期的循环累积加剧破坏了其内部的结构体系。因此，混凝土衬砌在干湿循环作用下的耐久性问题被广泛重视。王涛和洪雷（2019）探究预应力加固梁在干湿循环作用下的抗弯性能，发现长期循环作用会对预应力加固梁造成明显的伤害；秦杰（2019）研究沥青混凝土在干湿循环作用下的高温性能，发现循环次数与流动性、抗碾压能力有一定的相关关系；王萧萧等（2019）探究不同外加剂、不同强度的浮石混凝土在干湿-盐侵作用下的宏观规律，发现随着循环次数的增加，耐久性指标出现了先增长后降低的趋势；李悦等(2019)测试了不同干湿循环次数下的试件孔隙率、抗压强度等，通过压汞试验和单轴压缩试验，发现抗压强度有先增大后减小的趋势，而孔隙率的变化过程与之相反；潘波等(2020)研究了纤维混凝土在干湿循环作用下的抗剪特性，发现干湿循环次数较少时，抗剪强度有先增大后减小的趋势，随着干湿循环次数增多，抗剪强度明显降低。

5. 输水明渠混凝土衬砌抗冻融循环耐久性研究

有害离子在冻融循环作用下的传递会导致混凝土耐久性降低，最直观的表现是混凝土物理性能下降，而冻融循环次数对混凝土结构破坏的影响最大。冻融循环最主要的破坏特征在于混凝土表面水泥浆剥落、骨料外漏甚至脱落，整体结构稳定性也会随之降低。Qiu 等(2020)研究了海水冻融循环 0 次、25 次、50 次、75 次、100 次和 125 次后混凝土的应力、应变和损伤变量，结果表明，在不同的冻融循环次数下，升温再降温的过程中，其刚度退化趋势基本一致；Algin 和 Gerginci(2020)研究了宏观合成纤维对碾压混凝土抗冻融性能和透水性能的影响，结果表明，在碾压混凝土生产中使用宏观合成纤维能明显提高其抗冻融能力；Wang 等(2020)研究了冻融循环对 C30 混凝土力学性能和氯离子渗透性的影响，结果表明，随着最低冻结温度的降低，动弹性模量损失明显增加，二者表现出良好的线性关系；Ge 等(2020)对钢筋混凝土-混凝土组合梁在冻融循环作用下的抗弯性能进行了试验和理论研究，发现加固后的试件刚度提高，裂缝扩展，抗弯承载力增大；杨晓明和孙国君(2020)通过冻融循环试验，发现混凝土试件的损伤速度在初期较快，在后期变缓；解国梁等(2021)利用不同梯度的再生骨料掺量探究了盐冻耦合作用下的混凝土劣化规律，发现其破坏程度随着再生骨料替代率的增大而减小。

1.2.2 引水隧洞工程研究现状

由于引水隧洞运营环境的特殊性，针对该部分的国内外研究涉及多层次、多维度、多学科交叉融合。因此，本小节从隧道病害检查与量测、隧道病害成因分析、隧道及隧洞结构安全状态评价、引水隧洞衬砌运营期安全四个方面分别进行阐述其研究现状。

1. 隧道病害检查与量测研究

准确识别病害信息是病害成因分析、病害健康诊断和安全性评价的基础，隧道(洞)结构的病害研究需借助不同的测量仪器与检查方法，检测各类型病害的不同表观形态、发生位置、发展趋势等基本信息。Okano 等(2012)研究了日本铁路隧道平面混凝土衬砌健全度诊断系统，该系统允许自动执行诊断隧道健全性所涉及的大部分工作；Zhao 和 Yang(2011)提出了基于射频识别(radio frequency identification，RFID)技术的城市轨道交通桥梁隧道结构健康检测系统，RFID 技术具有自动识别且能够在恶劣环境下工作的优点。此外，为提高隧道病害治理效率，胡建华和徐玉桂(2012)提出了把地理信息系统技术引入隧道病害数据管理中，为隧道养护和安全评估提供了丰富的数据来源。为了解决基于视觉的隧道疾病检查普遍存在的问题，Hu 等(2015)为整个隧道设计了一种疾病检查技术，该技术通过对隧道全景图像进行高精度的自动分析和评估可对疾病进行识别和分类；针对隧道视觉检测时全方位高效高保真地获取数据难和病害自动检测识别难等问题，汤一平等(2017)提出了一种基于全景图像卷积神经网络的隧道衬砌常见病害问题的识别方法，实现了隧道病害检测的自动化；高永涛等(2018)提出一种基于地质雷达反射波信号多维度分析的隧道病害智能辨识的新方法；高洪等(2019)提出了一种集高精度三维扫描仪和编码器等多种传感器于一体的移动三维激光测量系统，该系统能快速、高精度地获取隧道内轮廓断面尺寸，有效地解决了隧道病害监测中的实际问题。

2. 隧道病害成因分析研究

在隧道病害研究中，只有明确隧道病害发生的原因，才能采取有效合理的治理措施。国外学者 Pöttler(2006)对隧道喷射混凝土衬砌破坏病害问题进行了数值研究；Sandrone 和 Labiouse(2011)将瑞士公路隧道病害成因归纳为施工、环境、运营三方面，并分别阐述了导致隧道发生病害的施工因素、环境因素、运营因素；Salmi 等(2019)研究了导致伊朗西部 Zagros 输水隧道分段混凝土衬砌变质的水文地质因素，该研究结合现场观察、实验室测试和文献研究，确定并讨论了控制恶化机理的关键因素，经评估得出硫酸盐侵蚀是导致 Zagros 输水隧道分段混凝土衬砌劣化的关键机制。近年来，我国在隧道病害成因分析研究中也取得了一定的成果。王晓明和刘斌(2006)、赵永国等(2008)针对公路隧道运营期间混凝土衬砌出现的不同病害，分析总结了诱发这些病害的成因，得出材料劣化、外力作用、设计及施工四大因素是引起隧道病害的主要原因；张素磊等(2012)基于对应分析模型挖掘隧道衬砌结构发生病害的主要成因，指出衬砌结构缺陷、塑性地压、围岩变形是隧道衬砌结构产生病害的主要原因；刘庭金等(2019)通过研究地铁隧道病害的事故概况，归纳整理主要的隧道病害及分布情况，分析探讨病害产生的原因，为其后的病害治理提供了依据。

3. 隧道及隧洞结构安全状态评价研究

在隧道及隧洞结构安全状态评价研究方面，Rao 等(2016)建立了一个三级模糊综合评价模型，并用于岩溶地区在役公路隧道结构的安全性评价；He 等(2015)

针对隧道在运营过程中的过度变形问题提出了一种使用贝叶斯网络的风险评估方法；刘志宽(2017)以大连供水工程中的输水隧洞为研究对象，通过对水工隧洞的外观检查、衬砌强度检测和有限元模拟渗水情况下隧洞的工作状况，评价了水工隧洞的安全性；吴贤国等(2017)以云模型理论为基础，利用云数字特征描述安全风险等级、风险发生概率和损失程度，提出了关于二维及多维云推理的运营隧道结构安全风险评价方法；祁英弟等(2019)结合西北地区引水隧洞在运营期存在的病害问题，建立了引水隧洞病害安全评价指标体系；王景春和王大鹏(2019)采用概率故障树模型构建衬砌多失效模式系统可靠度分析模型，利用当量正态化法计算结构的可靠度指标和失效概率，并分析衬砌结构可靠度在服役期内的变化规律和不同失效模式对可靠性的影响；刘宇等(2019)在深入研究隧道主要结构病害的基础上，将层次分析法(analytic hierarchy process, AHP)与可拓学理论相结合，构建了隧道结构病害等级物元可拓评价模型，并结合具体隧道工程的实际检测数据进行计算分析，以此验证了物元可拓模型的适用性。

4. 水工隧洞衬砌运营期安全研究

水工隧洞作为水利工程的重要组成部分，其运营期的安全关系到整个工程的成败，而衬砌作为水工隧洞的最终支护方式，保证衬砌混凝土的健康运行对隧洞衬砌的长期稳定运行至关重要。Inokuma 和 Inano(1996)通过调查日本公路隧道健康状况，发现影响隧洞衬砌结构破坏的主要因素有渗漏水、衬砌材料劣化、地压变异和冻害作用等；张颖和刘玲(2008)通过实际工程发现地下水扬压力会使底板拱起甚至开裂，并提出了相应的预防处理措施；靳春玲和贡力(2012)通过分析引洮工程隧洞所处地质环境，发现可能发生的病害问题并提出相应的预防措施及处理意见；祁英弟(2020)针对西北地区引水隧洞衬砌混凝土运行期的各个病害因素进行了系统的评价；苏凯等(2020)采用有限元数值模拟方法，研究了水工隧洞钢筋混凝土衬砌结构在水-温联合作用下的开裂特征。

1.2.3 渡槽工程研究现状

渡槽作为寒旱地区长距离输水工程的重要节点工程，在保障水安全方面发挥了重要作用，本节从国内外学者对渡槽结构的研究现状展开介绍。

我国作为农业大国，为了解决水资源问题、提高农业发展，修建了大量输水工程，其中包括大量渡槽。国外渡槽建造较少，研究主要以我国为主。20 世纪以来，我国在渡槽的地震响应、温度应力、流固耦合及结构病害安全方面进行了大量研究。例如，刘云贺等(2002)采用 Housner 模型对渡槽的抗震响应进行计算并验证了此模型的适用性；李正农等(2010)对渡槽在桩-土耦合作用下结构所受水平地震的响应进行分析；李日运等(2004)分析了南水北调中线工程中穿黄矩形薄腹梁渡槽槽墩温度应力情况；冯晓波等（2008）分析研究了大型 U 形渡槽受温度荷载的情况；李玉河和吴泽玉（2008）对比分析了温度应力对 U 形和矩形渡槽的影响，得出的 U 形渡槽和矩形渡槽温度应力基本一致；江仪贞等（1991）利用层次分析法对渡槽老化、损坏程度进行了分析；夏富洲等（2012，2011）对大型渡槽结构安全性进行分析从而构建评价指标体系，并采用不确定型层次分析法和模糊变权法相结合的权重计算方法对渡槽结构状态和可靠性做出评估；尚峰等（2018）采用有限元软件模拟渡槽在各工况下的静、动力状态，对钢筋混凝土渡槽局部与整体的安全稳定性进行多角度的科学评价与病害分析；祝彦知等（2019）以在役渡槽碳化深度为基本控制参数，利用一次二阶矩法建立碳化深度随时间变化的时变模糊可靠度模型。

1.3　本书研究内容

本书旨在研究寒旱地区长距离输水工程运营安全关键技术，为该地区长距离输水工程的建设提供理论依据，主要研究内容如下。

1.3.1　输水明渠

本部分内容主要针对西北寒冷地区输水明渠运行安全风险评价和西北干寒地区输水明渠衬砌劣化机理展开研究，具体研究工作如下：

（1）西北寒冷地区输水明渠运行安全风险评价。针对西北寒冷地区输水明渠工程的特点，建立西北寒冷地区输水明渠运行安全风险指标体系，运用最小信息熵（minimum information entropy, MIE）综合权重法将主、客观权重计算方法进行组合，比较风险评价方法的优缺点，确定多层次灰色理论的运行安全风险评价模型，利用所求出的综合评价值的大小给所有评价明渠排出优劣次序，并确定其风险等级。

（2）西北干寒地区输水明渠衬砌劣化机理试验研究。通过引大入秦工程原型渠道观测和现场试样采集，分析明渠衬砌病害特点，确定室内加速试验的溶液侵蚀介质。在试验中采用两种质量分数的复合盐溶液作为侵蚀介质，并用清水作空白对比；设置干湿循环、冻融循环以及干湿-冻融循环三种破坏方式。另外，在引大入秦工程明渠衬砌所用水灰比基础上，增加两种水灰比作为对比，共计 27 种工况进行试验规律分析。对 27 种工况按破坏方式分类，进行响应面拟合分析。以三种破坏方式下的质量损失率、抗压强度损失率、相对动弹性模量建立响应面分析指标，并对这三个指标建立关于水灰比、质量分数、循环次数三个因素的拟合分析方程。

1.3.2　引水隧洞

引水隧洞运行期间，在经受多种复杂环境因素共同作用后可能出现隧洞衬砌完整性受损、结构失稳及混凝土耐久性衰减等一系列问题。为了确保引水隧洞的运行安全，从以下两个方面进行研究：

(1)西北地区引水隧洞运行期衬砌结构安全状态评价研究。这方面内容涉及引水隧洞衬砌结构病害因素的识别与分析、引水隧洞衬砌结构安全状态评价指标体系的建立、引水隧洞衬砌结构安全状态等级划分、二级评价指标的判定标准、引水隧洞衬砌结构安全状态评价模型等内容。

(2)西北盐渍干寒地区引水隧洞衬砌混凝土劣化规律研究。这方面内容通过调查服役环境，总结出该地区隧洞衬砌混凝土主要受到的侵蚀破坏因素为干湿、冻融以及盐类侵蚀，并确定了侵蚀离子，利用理论分析总结了各个侵蚀因素的破坏特性。模拟西北盐渍干寒地区恶劣的环境条件，设计三种不同的侵蚀环境进行室内加速试验，考虑掺加不同掺量的粉煤灰、聚丙烯纤维以及是否涂抹聚脲涂层构成八种不同改性混凝土，分析不同侵蚀环境下改性混凝土的质量损失率、抗压强度损失率以及相对动弹性模量，得到室内加速试验混凝土劣化规律，用全阶时间幂灰色预测模型确定混凝土室内加速试验寿命，并通过经济分析法确定性价比最高的改性混凝土，来提高该地区隧洞衬砌混凝土的耐久性。

1.3.3　渡槽

以我国引调水工程建设为切入点，针对渡槽运行期的有关情况，对槽身结构安全情况进行分析讨论，并进一步针对西北地区渡槽运行期槽身结构安全评价展开一系列研究：分析矩形和 U 形槽身结构有关受力情况和安全性问题；构建寒旱地区输水渡槽运行期槽身结构安全评价指标体系；构建寒旱地区输水渡槽运行期槽身结构安全评价模型；以引大入秦总干渠及各干渠渡槽为案例，对渡槽运行期槽身结构安全进行评价；结合上述评价结果，提出对策和措施。

第2章 输水明渠运行安全风险评价

2.1 输水明渠运行安全风险评价的相关理论

2.1.1 我国西北寒冷地区环境特征

1. 我国气候区域划分

由于我国的地形地貌、自然环境和土地资源等复杂多样，凸显出地域广阔和地理状况特殊的性质。从我国整个地域的气候划分可以看出，西北地区深居内陆，包括陕西省、甘肃省、青海省、宁夏回族自治区、新疆维吾尔自治区 5 个省、自治区。不同地区的气候、资源和经济发展水平均有所不同，明渠运行安全风险等级评价指标的选取及评价标准的制定也因此受到影响。

2. 西北寒冷地区地形地貌

西北寒冷地区的地貌复杂多样，东西相距较远，且高原地区广阔，不仅有山地，还有不同形状和大小的盆地，不但有辽阔坦荡的高原，而且有浩瀚的平原。西北地区主要位于我国地势的第二级阶梯，以高原、盆地、山地为主，还有丘陵和平原两种类型。山脉纵横交错的同时与高原一同组成了西北地区的地形框架，其余类型的地形均在该框架内，使得西北地区的地形差异较为明显。丘陵地形起伏坡度较缓，山岭地形高度密集坡度大。这些复杂的地质情况使输水明渠在运行过程中，泥石流、滑坡、崩塌等地质灾害发生的概率也有所提高。因此，如何合理选择运行方案，减小地质灾害发生的概率，是引水明渠安全运行需要考虑的重要因素。

3. 西北寒冷地区气候特征情况

西北寒冷地区年平均气温因所处区域的不同而不同。西北地区东部年平均温度在 2～15℃，大部分地区温度处于 5～10℃；西北地区西部年平均温度在–4～10℃，大部分地区温度处于 5～12℃；西北地区中部年平均温度相对较低，处于 –5～10℃，其中最寒冷的地区为青藏高原，其年平均温度在 5℃以下。由于西北地区大部分处于严寒和寒冷地区且气候条件变化极大，在输水明渠运行过程中需要考虑防冻胀、冰塞、冰坝等问题。因此，西北寒冷地区输水明渠运行的过程中在组织管理、运行调度等方面都需要结合气候特征，充分考虑环境对其运行安全的影响。

2.1.2 输水明渠运行安全风险评价的特点及原则

1. 输水明渠运行安全风险评价的特点

西北寒冷地区输水明渠在运行过程中存有许多随机的、未知的、不可避免的风险，这些风险不仅会被自然界的暴雨、洪水、地震、泥石流等，甚至一些重大的意外事故等外部环境因素所影响，同时也受到工程本身强度、稳定性的影响，混凝土裂缝、碳化的影响，钢筋锈蚀等各方面的制约，甚至还受到输水明渠结构强度、稳定性、管理水平和运行调度等诸多因素的限制。在多种影响因素的作用下，输水明渠具有技术要求高、组织管理复杂等特点，所以在运行过程中充满了各种不确定的风险因素，其运行安全风险具有以下特征：

(1)多样性。影响输水明渠运行安全的风险因素很多，且各个风险的性质也不相同，而且各风险因素之间还存在一定的关联性，相互影响、相互作用，所以呈现出多样性的特点。

(2)整体性。风险的发生和存在不是某一阶段或某一因素的，而是存在于输水明渠工程整个运行过程中，任何一个风险因素或多个风险因素耦合都有可能对工程的运行安全造成影响，引发严重的社会问题。

(3)规律性。不同区域、不同自然状况使得各工程均有其独特性，但是风险的出现和影响又有着一定的规律性，通过对已发生的风险及应对措施进行归纳总结，提出更符合实际的风险预防措施，对输水明渠的整个运行安全实行全面的动态管理和控制。

(4)高发性。输水明渠作为一个复杂的系统，其输水线路长、范围广、地质条件复杂，时空差异变化大，且各因素之间存在着错综复杂的关系。输水明渠工程对于引调水工程至关重要，所以应尤为关注其运行安全，一旦在运行过程中出现工程事故、组织管理方面出现问题、运行调度出现偏差等，就会对其安全运行产生影响。

(5)危害性。绝大部分风险都对工程本身有一定的危害，而任何一个可能发生的风险在输水明渠运行过程中都会因为各种原因被放大，故应对风险可能产生的影响提前做出相应的考虑，并提出相应的应对措施。

综上所述，输水明渠在其运行过程中的不确定性，使其安全运行存在巨大的风险。因此，在输水明渠运行过程中一定要进行全方位的调查、识别可能发生的风险因素、制定合理的风险应对措施，减小风险发生对人民和社会造成的损失。

2. 输水明渠运行安全风险评价的原则

西北寒冷地区输水明渠线路长，涉及面比较广，同时由于输水明渠工程所处环境受到自然风险、水污染风险等与之有关联性因素的影响，输水明渠运行安全风险评价结果的科学性和实用性易受到评价指标和评价模型的影响。在选取评价指标、构建评价指标体系、选择评价方法对输水明渠运行安全风险进行评价时，有必要遵循以下几个原则。

1) 系统性

在对输水明渠运行安全风险进行评价时，首先要对输水明渠运行中所有可能引起风险的因素进行统计，并对所有因素进行分析对比，选择出能更加清楚反映输水明渠运行安全风险的评价指标体系。由此建立的评价指标体系应该涉及可能造成输水明渠运行安全风险的各种因素，这样评价的结果才能准确显示出输水明渠在运行过程中存在的风险，并确定其运行安全。

2) 科学性

在对输水明渠运行安全风险进行评价时，应运用科学的方法，遵循科学的规律，从而客观地反映实际情况。首先，要尽可能识别出系统中存在的可能造成风险的所有因素。在此基础上，使用科学的方法对输水明渠运行安全风险进行评价，准确把握风险的程度。得出评价结果后，采取合理的措施改善输水明渠的运行状况，防止输水明渠运行安全事故的发生。

3) 重要性

在对输水明渠运行安全风险进行评价时，应选择重要风险因素。一般情况下，需列举所有影响输水明渠运行安全风险的因素，但依据重要性原理，仅选择其中一部分重要因素进行评价。当然，重要因素选择的过程也就是对被评价对象影响因素重要方面确定的过程，重要因素的选择一定要具有代表性与可靠性。

4) 复杂性

於崇文院士曾对复杂性进行定义，在存在意义方面，复杂性指"事物具有多层次结构、多重时间标度、多种控制参量和多样的作用过程"；在演化意义方面，复杂性指"当一个开放系统远离平衡状态时，不可逆过程的非线性动力学机制演化出的多样化'自组织'现象"。输水明渠运行安全风险是复杂性的典型代表，其影响因素较多，这些影响因素是多层次的、复杂多样的、与多种因素共同作用的过程。因此，输水明渠运行安全风险事故究竟受何种因素影响很难确定。从风险评价的角度来看，复杂性给风险评价带来一定困难，需要从复杂的因素中寻找到能够评价的主要因素。但是，从另一个角度来看，复杂性也给安全风险评价提供了一定的借鉴。由于输水明渠运行安全系统的复杂性，在设定安全风险评价体系时要考虑全面性，不能偏颇于个别指标，以此来确定评价指标的权重。

2.1.3　权重确定方法的分析选择

指标权重反映了某个指标在评价体系中的影响程度，它们对输水明渠运行安全风险评价具有不同的意义，同时对各指标关联度的影响因子也不尽相同。为了使评价结果更为科学合理，它的确定既要弱化人为主观因素影响，又要考虑到能否全面、客观地反映输水明渠运行安全风险效果的真实情况。目前，在指标权重方法的选择上，主观赋权法和客观赋权法是首先被考虑的方法。

1. 主观赋权法

常用的主观赋权法有德尔菲法、主观概率法、层次分析法(AHP)和网络分析法(analytic network process，ANP)，它们主要是相关研究的专家根据实践经验和主观判断进行的赋权方法，易过度受人为主观因素影响。

1) 德尔菲法

德尔菲法又称为专家意见法，指向专家发送设计好的调查问卷，专家通过不记名的方式表达自己的观点和建议，收回后的调查问卷由调查人员统一整理，汇总后再匿名发送给专家，重复此过程直到获得满意的结果为止。德尔菲法预测流程如图 2.1 所示。

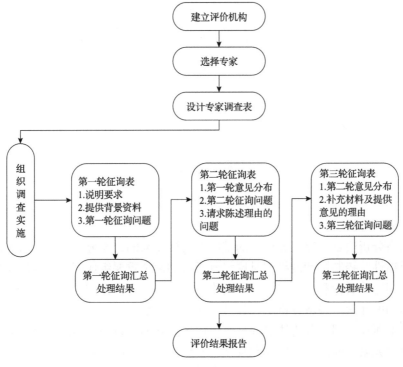

图 2.1　德尔菲法预测流程

2) 主观概率法

主观概率法是专家根据实践经验预测未来发生概率的主观方法。当主观概率法被用于预测时，它会受到判断本身中各种因素的极大影响。主观概率法预测流程如图 2.2 所示。

图 2.2　主观概率法预测流程

3) 层次分析法

层次分析法指通过建立判断矩阵将一个复杂的多目标决策问题分解为若干个层次的系统方法。通常将所有因素进行两两比较并给出 9 个重要性等级及其赋值，以提高准确度。层次分析法预测流程如图 2.3 所示。

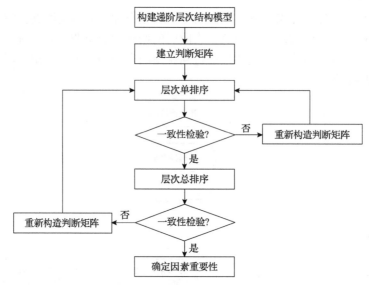

图 2.3　层次分析法预测流程

4) 网络分析法

网络分析法是在层次分析法的基础上发展而来的，充分考虑了元素间的依赖性和反馈性。控制层和网络层是网络分析法的两个重要组成部分，控制层主要包括决策问题的目标和决策准则，而网络层主要指所有由控制层支配的相互依赖、相互影响的元素。网络分析法计算过程如图 2.4 所示。

综上所述，网络分析法能够将系统内各元素的关系用类似网络结构表示，表现各风险元素之间的相互影响和反馈，不仅弥补了层次分析法只强调各决策层之间的单向层次关系的缺陷，而且对复杂系统的描述更深刻，模型更加接近实际情

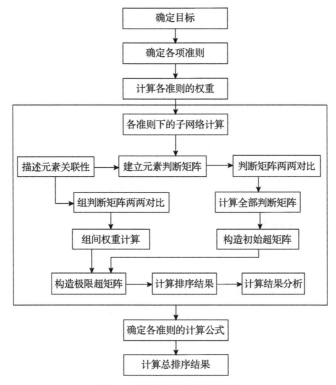

图 2.4　网络分析法计算过程

况。因此，选取网络分析法确定指标主观权重。

2. 客观赋权法

常用的客观赋权法有熵权法、标准离差法、主成分分析法和变精度粗糙集法。根据实际数据和数学计算方法得到最终的权重比值，所得结果较为客观，但由于对数据过于依赖，主观意愿较易被忽略，有时得出的结果会与实际情况不相符。

1）熵权法

熵权法是一种根据属性提供的信息量确定权重的方法。熵是系统有序或无序的度量工具，熵越大，系统的不确定性和无序性越大；反之，系统的确定性和有序性越大。

2）标准离差法

标准离差法的思路与熵权法相似。通常，某个指标的标准差越大，该指标值的变异越明显，对评价的影响也越大，其权重也越大；相反，某个指标的标准差越小，表示该指标的权重也越小。

3）主成分分析法

主成分分析法是一种对多个变量之间相互关联性进行考查的多元统计方法。

该方法主要是从原始变量中输出几个对评价对象影响大的主成分，使它们之间互不相关但又能清楚地表示原始变量的信息。通常情况下，在数学方面对其处理的过程主要是将原有的多个指标进行线性组合，从而得到新的指标对评价对象进行分析。

4）变精度粗糙集法

变精度粗糙集（variable precision rough set，VPRS）法是通过对普通粗糙集理论引入正确分类的阈值参数 β （$0.5 < \beta \leqslant 1$）扩展所得到的一种理论方法，通过指标之间的相互依赖关系来分析指标的重要性，从而得到更加客观的评价结果。

综上所述，变精度粗糙集法能够有效消除专家打分带来的误差，有利于解决属性间无函数或不确定数据的分类问题，同时通过指标之间的相互依赖关系来分析指标的重要性，使得评价结果的客观性、解释性更强。因此，选取变精度粗糙集法确定指标的客观权重。

3. 组合赋权法

主观赋权法和客观赋权法各有其优缺点，如果仅使用其中一种方法，获得的指标权重可能会与实际值存在较大差异。因此，为了使最终的权重值更加合理，运用组合赋权法来计算各指标的综合权重，为输水明渠运行安全风险评价的合理性奠定理论基础。目前常采用的组合赋权法多为归一化赋权法、线性加权赋权法和最小信息熵综合权重法。

1）归一化赋权法

设备指标的主观权重为 v_i，客观权重为 μ_i，则组合权重为

$$w_i = \frac{v_i \mu_i}{\sum_{i=1}^{n} v_i \mu_i} \tag{2.1}$$

2）线性加权赋权法

设备指标的主观权重为 v_i，客观权重为 μ_i，则组合权重为

$$w_i = \theta v_i + (1-\theta)\mu_i, \quad 0 < \theta < 1 \tag{2.2}$$

3）最小信息熵综合权重法

设备指标的主观权重为 v_i，客观权重为 μ_i，则组合权重为

$$w_i = \frac{(v_i \mu_i)^{0.5}}{\sum_{i=1}^{n} (v_i \mu_i)^{0.5}} \tag{2.3}$$

最小信息熵综合权重法是在充分考虑主、客观赋权法各自特点的基础上，寻找主、客观权重的一致或妥协，使主、客观权重离差极小化，具有比较强的

实用性。

2.1.4　评价模型的优选

多层次灰色评价方法作为灰色综合评价法的一种，通过序列算子的作用探索事物运动的现实规律，根据灰数的白化权函数将一些观测指标或对象聚集成多个可以定义的类别，并通过将系统分类为某灰类的过程来检测对象是否属于不同的预设类别，进而对评价对象进行综合评价。

多层次灰色评价方法的优点主要体现在针对"信息不完全"的不确定系统，能够以已有数据为基础，解决相应的评价问题；模型中的白化权函数能够较好地利用指标间的"隐含"信息，对输水明渠运行安全风险进行评价，使得评价结果更加合理有效。

多层次灰色评价方法的缺点在于指标权重的确定往往依赖于专家打分或经验判断，难以保证指标权重的准确性与客观性。

选取风险评价方法时应根据西北寒冷地区输水明渠的特点、具体状况和运行安全风险需要，针对该地区输水明渠的实际情况和运行安全风险，经认真分析比较后选用。

在输水明渠运行安全风险评价体系中，由于指标体系的递阶层次结构不具有独立性，权重确定方法选择层次分析法已不能满足输水明渠的风险评价；其次，影响输水明渠运行安全的各风险指标之间不一定具有明确的数学函数关系，而且不能用精确的数值进行描述。大部分指标只能以定性语言描述，无法用准确的数字表示，且充满了不确定性和模糊性。但是现有的研究成果关于指标的不确定性和模糊性进行描述时，未充分考虑有关指标定性的概念，这使得在进行评价时出现一些不合理的地方，所以需要对之前的评价方法进行改进。考虑到该系统是一个较为复杂的多指标特征参数的综合评价问题，选择用多层次灰色评价方法论构建输水明渠运行安全风险评价模型，以此评估西北寒冷地区输水明渠运行安全的风险等级，该方法中选取的白化权函数使模型的评价过程得以定量，因此评价结果更加科学合理，也增加了评价结果的可信度。

2.2　输水明渠运行安全风险评价指标确定及评价标准

2.2.1　输水明渠运行安全风险识别

1. 风险识别的含义与目的

风险管理的首要条件是进行风险识别，输水明渠风险管理是指负责安全运行的管理人员将与各种风险因素有关的资料进行收集整理，进而运用各种分析方法对其进行判断总结，找出已经发生或将要发生的风险，并评价分析这些风险造成的后果。因此，进行输水明渠运行安全风险识别有以下三个目的。

(1)识别输水明渠安全运行过程中可能会出现的各种风险因素，采用合适的方法对其进行测量分析并判断发生的概率。

(2)分析各风险因素出现的原因及它们之间的相关性，制定相关措施进行风险管理。

(3)确定各风险因素造成的影响。

在输水明渠运行安全风险识别过程中，必须搞明白以下四点：

(1)已经发生或可能发生的风险因素。

(2)风险发生后将要面对的后果、遭受的损失及受到的影响。

(3)风险出现的可能性。

(4)风险对输水明渠运行安全可能造成的影响。

2. 风险识别的依据

全面系统地收集输水明渠本身的信息资料、输水明渠运行过程中遇到的环境问题及相关管理人员的信息并对其详细分析是准确识别输水明渠运行过程中存在安全风险的先决条件。输水明渠运行安全风险识别的依据主要有以下三个方面。

1)风险管理计划

风险管理计划是管理人员进行全面系统的风险管理的最主要依据，是风险管理控制周期中的首要步骤。该管理计划以输水明渠运行角度为切入点，详细介绍风险识别与分析以及风险评价与处理等各个方面的内容，因此制定风险管理计划是输水明渠运行安全风险识别的重要举措。

2)风险因素分类

各方面的不确定性风险因素影响着输水明渠的运行安全,因此科学地进行整理、归纳，并全面系统地进行风险因素的识别是进行风险管理的前提条件。

在识别、分析输水明渠运行安全风险因素时，为了降低其误判率和遗漏率，就必须识别可能会发生风险的各种风险因素，这也是进一步识别、判断关键风险因素的重要举措。

3)相关类似的历史资料

输水明渠运行安全风险识别的主要来源包括以往类似的输水工程和引水工程等运行安全风险评价信息资料、以往统计过的数据及国内外专家学者在类似方面的科研成果，同时相关管理人员总结的类似工程的运行安全风险资料和其在工程管理过程中积累的丰富经验也是输水明渠运行安全风险识别的重要依据。

3. 风险识别的基本方法

采用合理的方法和途径来识别系统风险因子是有效避免整个系统安全运行过程中存在的各类风险的重要举措，专家调查法、情景分析法、态势分析法以及等级全息建模等方法常用于风险因子识别。

20 世纪 40 年代末，美国兰德公司首次提出德尔菲法并逐步开始使用。该方法在找寻可能存在的风险因素时，通过询问相关领域专家在解决类似问题时总结的理论及实践经验，进一步对其进行分析研究，故通常也将该方法称为专家调查法。德尔菲法在询问过程中是匿名进行的，具体流程如下：首先选定相关领域专家并与之沟通建立函件关系，然后将某一问题通过函件发送至各专家询问他们的意见，接着将各专家提出的意见进行统计、整理、归纳，紧接着将归纳的意见再次发送给各专家询问其建议，如此重复多次，直到形成一致意见为止，风险可根据此时归纳的结果进行识别。其过程可简述为：选定专家匿名询问→统计、整理、归纳意见→再次询问、归纳意见→统计、整理、归纳意见……，往复循环得出结论。不过，德尔菲法可能会限制新思想的出现。

情景分析法是一种对假设条件进行分析的方法，该方法最早由美国研究人员于 1972 年提出，它是在相关项目管理经验的基础上判断该项目的进一步发展，分析可能发生的各种情况并加以描述，并在各种综合风险因素条件下识别分析项目。情景分析法在以下情况下运用更加普遍：需要密切关注并给出科学合理意见的风险因素；深入研究关键风险因素发生的概率及发生后给项目造成的后果；提醒相关决策者不能忽视某些技术水平发展过程中可能带给项目新的风险因素。情景分析法作为一种对系统进行分析的技术工具，在不确定因素较多的工程项目中进行风险分析识别应用较广。该方法具体应用过程如下：首先假设一些影响程度较大的风险因素，然后对其发生的各种场景进行预测，最后判断可能造成的后果，风险管理者据此采取相关可行措施并进行预防。

态势分析法是在项目自身特点的基础上判断工程项目遇到的机会和威胁并制定相应的措施来应对的方法，它是由美国韦里克于 20 世纪 80 年代提出的。态势分析法从优势、劣势、机会和威胁各个角度进行工程风险识别，其在风险识别过程中采用矩阵形式，应用合理的分析方法进行研究，得出结论，制定相关对策。

等级全息建模(hierarchical holographic modeling, HHM)是通过多角度、多维度体现一个系统内在的特征及本质来反映其客观面貌的方法，它是一种全面的思想和方法论。Haimes 于 20 世纪 80 年代就提出了等级全息建模，但直到 90 年代它才逐渐进入人们的视野，并在风险研究中应用越来越广。在实际应用过程中，研究者需建立一个特殊的图标，其中应用最广的是鱼骨图，得名于其形如鱼骨，最早由日本质量控制兼统计学专家石川馨教授提出，最初应用于改进车间的质量控制，鱼骨图将某个问题出现的原因及各原因之间的等级关系用图表形式进行形象的展现。

由于输水明渠跨度大、面临的风险因素较多，针对不同风险选用最佳的风险识别方法或方法组合，从而全面且系统地识别风险，为风险分析工作打下良好的基础。

4. 风险识别的基本过程

精准的风险分析离不开对风险源的准确识别，这一步骤称为风险识别，也称为风险辨识。风险识别是决定风险管理工作能否顺利开展的关键因素，也是判断某一风险发生范围及原因的必要条件，更是进一步进行风险评估及应对的保障。管理人员在进行风险识别时会面临各种各样的风险，为了更好地应对这些风险，就需要采用科学合理的措施。进行风险识别的基础是查找相关资料及询问前人总结的经验，据此结合多种研究方法系统地判断相关风险并全程跟踪，锁定发现的风险因素并根据这些风险因素自身的特点进行分类，进一步汇总形成风险清单。风险识别的一般过程如图2.5所示。

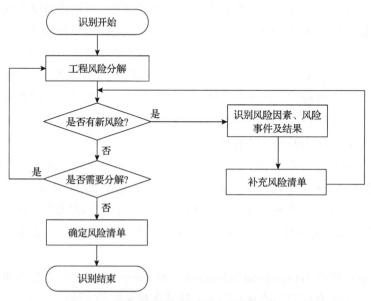

图2.5　风险识别的一般过程

2.2.2　输水明渠运行安全风险评价指标体系

1. 输水明渠运行安全风险评价指标体系建立的原则

评价指标体系是用来概括被评价对象所有方面的框架结构，它将被评价对象分为包含其所有特征信息的多个指标。为此，要想准确构建输水明渠运行安全风险评价指标体系就必须对输水明渠运行中各方面的特征深谙于心，能够准确、充分、具体、合理地识别风险点。基于此建立的评价指标体系才能运用于风险分析中并发挥作用，达到输水明渠运行过程中风险的预防和规避、减少运行过程损失的目的。因此，必须按照一定的构建原则来建立科学规范的评价指标体系。

1) 系统性原则

为了更加全面地进行分析，从各方面掌控输水明渠的运行情况，得出精准数据，选用的评价指标体系要涵盖输水明渠运行过程中各方面的特点。充分发挥所选用的评价指标体系间的内在联系，使评价指标体系内外关联，形成一个完整的整体，分析输水明渠运行过程中在每个部分、每个方面有可能出现的风险，从宏观逐步到微观，使评价指标体系成为一个不可分割的系统。

2) 典型性原则

为使构建的评价指标体系能更好地代表输水明渠运行安全风险情况、准确体现其运行特点，选用的评价指标应具有一定的代表性，才能精准地对输水明渠运行安全风险进行评价。选用评价指标时要综合考虑输水明渠运行过程中的各个方面，不能有遗漏或空缺，这样才能更加全面地对输水明渠运行过程中所包括的风险进行描述。但是，在选用评价指标时不能重复，也不宜过于细致，以免评价指标体系过大给后续评价过程带来影响，甚至使分析出现偏差或错误。

3) 科学、客观性原则

坚持科学、客观地选取评价指标、建立完善的评价指标体系不仅能够真实反映出输水明渠运行过程中的安全风险，还能全面地反映所选取的各指标间的关系。评价指标体系的建立不仅要符合当前科学研究基本理论，还要在客观实际的基础上充分反映输水明渠在运行过程中的实际情况。为了确保评估方法的科学性、结果的客观性和真实性，评价指标的选取必须有其明确的物理意义。

评价指标体系建立后要再次确认其内在的结构，以此筛选删除与评价目的相差较大的评价指标，对剩余的指标间的层次关系进行深入分析并将其分类划分，检查判断所选取的指标间是否有包含关系、重叠关系等，进一步整理分析指标间的独立性和关联性。遇到复杂的评价对象时一般将评价指标体系设置为多个层次进行评价，但是随着层次的增加以及内部指标逐渐减少，评价指标体系和过程更加复杂，评价结果的精准性也降低。

2. 输水明渠运行安全风险评价指标体系建立的思路

输水明渠运行过程中，准确无误地对其安全风险进行评价的先决条件是对输水明渠建立合理的安全风险评价指标体系，但是输水明渠运行过程中地质、水文等条件复杂多变，影响因素的多少关系到评价指标体系建立过程的难易程度，因此必须有一个明确的思路来建立评价指标体系。建立输水明渠运行安全风险评价指标体系的步骤如下：

（1）相关理论准备阶段。深刻认识并熟知安全风险评价相关基础理论是建立输水明渠运行安全风险评价指标体系的先决条件，要使构建的评价指标体系符合工程实际，必须熟知这一点，所以建立评价体系指标时，其中的指标因素必须由相关领域专家及学者研究认可。

（2）风险因素的识别。输水明渠运行过程中将面临各种突发情况，对输水明渠风险进行评价时不仅受水文地质条件和水力学等因素的随机不确定性的影响，还受工程技术、施工质量、环境、人为因素、社会经济等方面的影响。因此，深入分析研究已识别的风险因素并判断风险的大小和发生概率对输水明渠运行安全风险的预防和管理有重要意义。在进行输水明渠运行安全风险影响因素初步识别时运用文献研究法，同时借鉴前人研究取得的成果。

（3）建立、修正完善评价指标体系。查阅国内外相关文献，对其中可能存在的初始因素进行识别，将所识别的初始因素与多名经验丰富的专家进行讨论研究，进一步判断修正，最后将所得出的结论融入研究目的，建立恰当的评价指标体系。后期通过对评价指标的了解熟知，逐步改进原有的框架体系，达到所建体系更加合理、完善的目的。

识别输水明渠风险时，因其系统复杂、面临风险因素多，针对不同风险需采用与之匹配的单一或组合的识别方法，确保风险识别过程较为全面系统，以便后期风险分析工作顺利进行。

3. 影响输水明渠运行安全风险因素初选

识别输水明渠运行过程中复杂多样的风险因子时，应从渠道失事模式出发并结合输水明渠运行过程中的特点，根据其具体风险源将风险分为主体结构风险、自然风险、水污染风险、组织管理风险及运行调度风险等。基于风险因子识别的相关原则结合国内外已有的研究成果进行调查研究，对输水明渠安全运行过程中的风险因子进行初步识别。

1）主体结构风险

主体结构风险主要指渠道建造质量等工程本身存在的隐患，输水明渠的稳定性及安全运行条件受其结构和质量问题等变化的影响，不能正常发挥作用而发生的风险。

　　输水明渠运行过程中输水距离长、经过的地域广、地质条件复杂，而且会经过膨胀土地质地段，虽然在建造过程中已经做了相应的处理措施，但是运行管理过程中仍需加强检测，以免渠道因膨胀土遇水膨胀而出现裂缝甚至失稳。除此之外，地质类风险还有湿陷性黄土失陷、饱和砂土液化、地基沉降等，这些都会给渠道结构带来损伤，影响工程运行安全，并且还可能因其他不利因素而造成地基整体或局部沉降，也可能出现边坡不稳导致滑坡、冬季冻融造成衬砌面板开裂及防渗体断裂引发渗漏等现象。这些都需要工作人员定期进行监测记录，防患于未然。影响渠道主体结构可能发生风险的因素如下：

　　(1)结构强度。对于某一构件及某个结构的全部或部分，结构强度主要是指抗拉强度、抗压强度和抗裂强度。输水明渠运行安全的基本保障应首先考虑结构强度的满足程度。

　　(2)结构稳定性。结构稳定性是指结构的整体稳定性(不倾覆、不滑移等)及其稳定程度(如保持几何稳定和弹性稳定等)，主要由抗滑稳定性和抗倾稳定性指标共同体现。要使输水明渠工程运行安全的风险降低，必须确保其主体结构稳定性达标。

　　(3)抗渗性能。输水明渠使用过程中渠道渗水会导致渠道基土的含水率显著升高，当温度较低时，土壤中的水分发生冻结，因为水的密度大于冰的密度，所以出现水分冻结引起土体膨胀的现象，甚至是混凝土开裂、隆起、折断等现象。随着温度升高，冻结土壤消融，导致输水明渠基土的含水率增大，从而引起土体的稳定性和强度降低，造成衬砌滑塌现象发生概率增大，边坡衬砌层和冻土层之间出现沿边坡衬砌层切向的变形导致其极易失稳破坏。因此，渠道的抗渗性能大小是决定明渠输水安全的重要因素。

　　(4)混凝土碳化。混凝土碳化是指混凝土硬化时水泥水化产物 $Ca(OH)_2$ 与空气中 CO_2 反应生成 $CaCO_3$ 的过程。化学反应过程中生成的碳酸盐等填塞混凝土孔隙，从而提高混凝土强度，但是强度提高程度有限，而且会增加混凝土的脆性。碳化反应过程中混凝土失水、体积减小，表面出现细小裂纹，这些裂纹也成为 CO_2 进入混凝土内部的路径。对混凝土而言，最大的危害莫过于碳化作用引起混凝土碱度降低，造成钢筋锈蚀，影响输水明渠工程在设计使用期间结构的安全性与耐久性，加剧输水明渠运行过程中的不安全性。

　　(5)混凝土裂缝。混凝土产生裂缝的原因复杂，不仅有材料、施工、使用方面的原因，还与环境、结构与荷载等有关。混凝土存在裂缝会在一定程度上削弱建筑物自身承载力和持久度，易使建筑物发生损坏、坍塌，带给人们财产损失甚至是付出生命。裂缝还会加速建筑物的老化过程，缩短其使用寿命，在裂缝扩大时还可能引起建筑物保护层脱落、雨水渗漏及钢筋锈蚀等严重问题，给输水明渠在输水过程中带来潜在的、未知的危害。

(6)钢筋锈蚀。钢筋锈蚀主要是因为输水明渠运行时间久，部分混凝土结构密实度差，工程常年受水冲刷，灌溉水、河道水及空气中的水蒸气进入混凝土内部，在常年的冻融循环、有害物质侵入腐蚀作用下，混凝土碳化深度接触到钢筋层，腐蚀了钢筋钝化膜使其失去表层保护，钢筋在水和氧气常年作用下发生电化反应逐渐锈蚀，加速了钢筋混凝土结构损坏速度，从而给输水明渠的安全运行带来影响。

2)自然风险

自然风险是指在时间或空间上，如洪水或干旱等自然事件可能引发的不利后果及其造成损失的概率。自然风险主要源自自然环境中存在的各种不确定因素，出现这种不确定性的原因不仅有自然事件自身特点，还有人类对自然现象认知不足。明渠输水距离较长，沿途水文气候各不相同，夏秋两季由于雨水较多，其自然风险主要是雨季可能造成的暴雨、洪水风险。面对工程建设设计范围内的洪水，调蓄水库在各段管理人员的配合下即可通过过水解决。但是闸门开启不及时、闸门开度过小就会出现过流量无法达到排涝要求的现象，造成水长期浸泡渠道引起混凝土部件寿命降低。另外，调度不及时也会引起水量过大、洪水漫溢现象，从而给渠道外的农田或居民带来损失。因此，应时刻监测水源地水库的降水量，做好预防工作。

输水明渠在冬季运行时因温度低，渠道内易出现冰凌现象，不仅会出现无冰输水、流冰输水、冰盖输水的状态，还会出现各种输水状态组合的情况。如果出现冰塞、冰坝现象，则会造成渠道输水能力降低或上游水位增高，从而伤害渠道、闸门、倒虹吸、泵站等，甚至中断输水。因此在冬季低温状态下，工作人员应当在泵站、倒虹吸等建筑上游加设拦冰索来降低流冰给水工建筑带来的冲击，采取有效的可行措施对冰进行破除并及时清理泵站前拦污栅上出现的冰层以免发生堵塞现象，同时，也应制定相关应急措施应对闸门因冰冻无法正常启闭时引发的冰灾危害。针对冻融造成的混凝土建筑破坏和冻胀引起的渠道衬砌面板损坏，应立即修缮，避免损伤扩大，给明渠的运行安全带来更大的影响。影响明渠运行安全的自然风险因素主要有以下几个：

(1)暴雨、洪水。洪涝时期若不及时排水，则会造成干渠实际水位超过设计水位，从而对防洪堤和明渠自身安全造成影响，同时，洪水来势凶猛且水位涨落差值大，造成输水明渠所受冲击较大，洪水淘刷渠道致使明渠易失稳破坏，对渠道工程运行安全产生威胁。

(2)冰塞、冰坝。冬季气温过低，输水明渠渠道的弯道、桥下、断面猛升或骤降处及拦污栅前等位置易出现冰花和碎冰堆积形成冰塞或冰坝的现象，从而减小了渠道过水断面，引起上游水位升高，对工程安全运行构成威胁，这就是通常说的冰塞、冰坝突发事件。

(3)地质灾害。地质灾害的发生会给工程带来巨大的危害，如地震、泥石流、黄土失陷、地基沉降等。地质灾害会引起明渠结构的失稳破坏，一旦发生水灾，会对周边地区产生重要影响，严重时甚至出现人员伤亡。

(4)冻胀破坏。具有冻胀性的渠基土表层混凝土结构很容易随着多次冻融循环而破坏，对渠道造成冻胀破坏的因素主要有水分、渠基土种类、大气温度及渠道受力情况，这些均会导致渠道衬砌板断裂或变形，造成混凝土表层剥蚀而引发工程损坏。

3)水污染风险

水污染风险主要包括水源地水污染和渠道输水过程中管理不善致使污染物进入两个方面，汇入水库的各支流污染物含量超标，库区周边生活、工业污水超标排放是引发水源地水污染风险的重要因素，输水过程管控不严造成污染物进入是引发输水过程中污染风险的主要因素。水体自身具有净化能力，但是进入水体的污染物量超过水体自身可净化量将会导致输水线水质受到危害，而且很难逆转，因此全面监控管理水源地水质必不可少。

目前地表渗漏致使部分区域地下水掺杂了一定量的污染物，这些已被污染的地下水的进入将影响渠内水质。及时检测地下水水质必不可少，若存在水质污染现象，应立即减少污染物的排放。干渠沿线存在的工厂企业众多，严格监控邻近企业渠段避免企业偷排十分重要。明渠主要用于输水，水源中已有的少量泥沙随着长期水量运输逐渐沉淀形成淤泥层，因为淤泥层的存在，藻类、水生菌类随之出现并大量繁殖，给渠内水质造成影响，因此应及时做好渠底淤泥监测、清理工作。

此外，输水明渠线路长、输水量大，在其运行时，一定量的杂质会汇入其中，在水体的自净及稀释作用下，环境风险对明渠正常运行影响不大，但在水体输送受各种不确定因素影响时易出现污染性事故，相关管理部门需制定应对突发性水污染事件的应急预案，确保及时降低污染危害、输水畅通。

4)组织管理风险

组织管理风险是指工程运行时因管控不严引发的各种风险，明渠运行过程中若管控不严将会使组织管理风险演变为组织管理问题。现今输水明渠输水距离长、耗资多，受其影响的流域范围广，流经区域多且各区域经济发展程度参差不齐，有利益关系的群体庞大，人员之间的关系复杂，因此运行过程中出现的社会问题形式多样，这也是管理人员所面对的要协调的组织管理风险。

　　现在主要考虑以下几个方面的问题：首先要考虑的是对明渠进行安全监测的问题，安全监测体系主要包括工程检测、水质检测及与之对应的监测制度，建立科学完善的安全监测体系是冬季低温条件下明渠能否安全运行的关键。其次要考虑的是冰情、水情测报问题，精准监测冰情、水情不仅可以有效预防冰凌灾害，还可以在发生暴雨洪水前赢取宝贵时间。国内专家在建立各个观测站水文、水情和冰情的有机联系时，先进行了预报模型和 GIS 地理信息系统的结合，然后将其与水文实时监测数据、巡测信息以及中短期气温预报结合，并以此开发了冰情、水情预报专家系统，对流凌、封河和开河等日期进行预报，提前制定预防冰凌灾害、暴雨洪水事故的相关措施。还要考虑设备的维修保养问题，输水明渠建设完成运行过程中，因地质条件复杂多样，可能会出现混凝土裂缝、冻胀破坏、渗漏、局部滑塌等现象，因此输水明渠运行期间的维护工作成为必不可少的日常工作。为了输水明渠设施正常运行，需加强输水明渠日常管理、定期进行保养维护及降低相应故障发生概率，给输水明渠的稳定运行提供借鉴及帮助。最后要考虑输水明渠运行中的应急抢险问题，由于输水明渠线路长，流经区域地质条件千差万别，容易出现复杂的突发事件。因此，制定系统的救援体系，提高应急抢险能力能够有效地应对所出现的突发问题，制定的抢险方案是否可行、抢险队伍是否高效、抢险设备是否完整、抢险物资储备是否充足是一支队伍应急抢险能力的体现。

　　5) 运行调度风险

　　运行调度是一项运行管理工作的重要任务，尤其是水源区的运行调度工作，该工作不仅要考虑对水源区进行水库防洪，还要考虑综合地区的供水、水库发电效益、船运需求及生态环境保护等问题。明渠调度的主要工作包括渠道内水量控制、输水总量规划与控制、受水区取水管理等，相关管理部门应根据当地气候条件、需水状况、调水时间等制定调度计划，预估调水量，避免发生时间不合理、操作不正确以及计划调水量难以实现的问题。运行调度风险还有人为操作失误、管理人员违章操作等，这些都会影响工程结构的安全性能，调度系统未定期检查导致长期使用出现故障将直接影响工程结构及机电设备的使用寿命及工作状态。输水明渠为一项线性工程，运行调度工作在其运行期间尤为重要，运行过程管控的标准可以衡量工程遭遇风险的大小。

　　4. 输水明渠运行安全风险评价指标体系的建立

　　本节以现有的研究数据为前提，基于国内外相关引调水工程风险研究的最新文献，使用文献研究法→专家调查法→指标体系筛选的研究思路，根据前文阐述的建立评价指标体系的三大基本原则，构建适合输水明渠运行安全研究目的的风险评价指标体系。

1）基于文献识别影响因素

影响输水明渠运行安全的因素大都表现为不确定性和模糊性，甚至还受到评价者、管理者的心理影响，这导致输水工程运行过程中存在更多的风险。输水明渠作为引调水工程的重要组成部分，需对其运行安全进行更深入的研究，该研究借鉴部分学者对引调水工程运行安全评价的相关调查进行讨论。

2）基于专家调查法的因素筛选及评价指标体系的建立

对于在上述文献中初步识别的风险因素，结合研究目的，选择从事相关管理、设计、施工方面的 8 名专家，采用专家调查法将已识别的因素与他们面对面进行交谈，这 8 名专家中有 3 名参与过各大中小型引调水工程的总工程师、3 名高校相关领域研究的教授、2 名维修设计及施工管理人员，探讨的问题主要包括以下两个方面：

（1）在您看来，目前存在的输水明渠运行安全风险因素有哪些？

（2）请您考量研究中识别的初步因素，判断是否合理，对不合理的初步因素提出宝贵意见，另外，请您谈一谈针对输水明渠运行安全风险因素考虑的方面。

经过上述的结构化访谈，综合分析专家的意见，并结合我国当前输水明渠运行的实际现状，最终筛选出 22 个影响因素。将输水明渠运行安全的风险因素分为 5 大类：主体结构风险、自然风险、水污染风险、组织管理风险和运行调度风险，又将这 5 大类因素细分为 22 个指标，以有效表示输水明渠运行安全风险影响因素的定性与定量化，并全面评价输水明渠运行安全的风险水平。因此，建立的西北寒冷地区输水明渠运行安全风险评价指标体系如图 2.6 所示，包括 5 个一级指标、22 个二级指标。

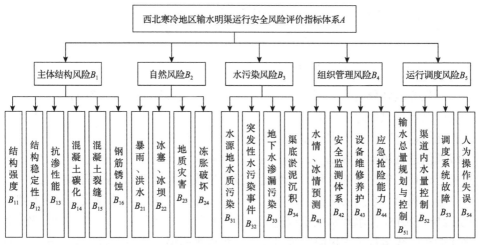

图 2.6　西北寒冷地区输水明渠运行安全风险评价指标体系

2.2.3 评价等级标准的确定

1. 评价等级标准确定的依据

一般的输水明渠运行安全风险评价标准应符合以下基本要求：能够体现输水明渠对工程安全质量造成的影响程度大小，尤其是能够用来衡量输水明渠运行风险的变化给周边工程带来的影响的范围和程度；能够用来规范输水明渠运行风险活动行为且具有易操作性。输水明渠运行安全风险评价指标在取值的过程中还应参考以下原则：

(1)定性指标和定量指标相结合。指标体系主体尽可能选用能够通过数量化计量的定量指标，还要能够反映输水明渠运行的安全。

(2)易操作性和创新性。在满足工程需求的前提下尽量选用简单直观的评价方法，不仅要符合社会可持续发展的要求，还能够在经济、社会发展出现新的技术时及时进行自我调整。

(3)多样性。输水明渠运行安全风险评价受风险的多样性和环境系统的地域性影响不宜选用统一的标准和指标值，应结合输水明渠规模、地域特点进行科学的选取，建立输水明渠运行安全风险评价指标体系是一项复杂的工作，一定要结合当地经济、地理环境等各种情况。

可以定性地建立评价标准，也可以定量地建立评价标准，因此在选用评价标准时应考虑以下原则：

(1)定量问题有可靠度数据作为支撑，评价过程中可参照国家或地区有关数据库(各种规范、法规、制度)、行业统计数据和公认的国际标准等并以此为准则，如果项目在现行规范中无据可依，可根据当地实际水平及需求组织专家进行编订。

(2)定性问题并不能用数据来体现，大多情况下依靠主观进行判断，评分准则大都是描述性的语言，专家结合当地具体情况进行评估。

2. 评价指标等级划分标准

风险等级划分时一定要科学进行，合理的风险等级为各种预案的制定、救援措施的制定提供保障，以此达到避免灾害或降低灾害损失的目的，确保输水明渠工程能够运行安全。根据输水明渠运行过程中内外条件的变化，制定与之对应的等级阈值进行风险等级划分，划分时必须要掌握一定的尺度，避免出现等级设置过松忽略现实中存在的风险、等级设置过严造成风险夸大或误报等问题。

参考我国《水闸安全监测技术规范》(SL 768—2018)、《水闸安全评价导则》(SL 214—2015)、《水利水电工程施工质量检验与评定规程》(SL 176—2007)及《南水北调东中线运行工程风险管理研究》，将输水明渠工程冬季运行安全分为 5 个等级，风险等级划分及判定标准描述如表 2.1 所示。

表 2.1　风险等级划分及判定标准描述

风险等级	可接受程度	工程运行状况
Ⅰ级 （低风险）	可以忽略	基本无影响
Ⅱ级 （较低风险）	风险可以被接受的，不需要设立其他措施，保证能维持现有的控制程序	工程实际工况和各项功能均符合现行规程、规范、标准和设计的要求，仅需进行常规维护即可确保其安全运行
Ⅲ级 （中等风险）	风险可以被容忍，可能需要采取预防措施，并且应该制定适当的程序来控制和保护风险	各种检测数据及其变化规律处于正常状态，可以根据正常运行方式和维护条件保证工程安全运行
Ⅳ级 （较高风险）	风险不容易接受，应确定并实施预防措施，并应在合理的时间内进行改进，以将风险级别降低至中或低	工程功能和实际工况不能完全满足现行的规程、规范、标准和设计要求，这可能会对工程的正常使用产生影响，危险情况数量众多，需要进行安全调查以确定对策
Ⅴ级 （高风险）	风险无法被接受，必须尽可能采取任何降低风险的预防措施，并应尽快加以改善，以将风险级别降低至中或低	根据现行规程、规范、标准和设计要求，工程存在严重危害安全的缺陷，并且在运行过程中存在大量重大危险，必须立即采取措施消除危险并予以加强

2.3　输水明渠运行安全风险评价模型的构建

2.3.1　基于 ANP、VPRS 和 MIE 法的评价指标权重的确定

1. 基于 ANP 法确定指标主观权重

运用 ANP 法可方便快捷地确定各评价指标的主观权重，为输水明渠运行安全风险评价结果的合理可靠性提供保障。在计算评价对象的各指标权重时，应充分考虑输水明渠运行安全风险因素的相互影响及元素间可能存在的关联和反馈关系，使得指标权重的结果更加可信。具体的计算步骤如下：

（1）构造判断矩阵 $W_{(P_s,e_{jl})}$。设 ANP 网络结构中 $P_1,P_2,\cdots,P_n$ 为控制层元素，$C_1,C_2,\cdots,C_n$ 为网络层元素组，$e_{i1},e_{i2},\cdots,e_{in_i}$ 为元素组 $C_i(i=1,2,\cdots,n)$ 中的元素。假设决策准则为控制层元素 $P_s(s=1,2,\cdots,n)$，而次准则为网络层元素组 $C_j(j=1,2,\cdots,n)$ 中的元素 $e_{jl}\left(l=1,2,\cdots,n_j\right)$，将元素组 C_i 中的元素 e_{in_i} 对元素组 C_j 中的元素 e_{jl} 按照 1～9 标度法进行因素之间的比较判断，进而构造判断矩阵 $W_{(P_s,e_{jl})}$。

（2）建立未加权超矩阵 W。由特征根法得到判断矩阵 $W_{(P_s,e_{jl})}$ 的特征向量，进而得到未加权超矩阵 W。

（3）建立加权超矩阵 $\overline{W_{ij}}$。对未加权超矩阵通过一致性检验后，构建加权超矩阵 $\overline{W_{ij}}$。

(4)确定主观权重 $W_1(i)$。对加权超矩阵进行极限化相乘处理,并使 $\overline{W_{ij}}$ 中的数值收敛至某一固定值,进而求得极限加权超矩阵 $\overline{W_{ij}^\infty} = \lim\limits_{k\to\infty} \overline{W_{ij}^k}$,最后由式(2.4)计算得到指标的主观权重值。

$$W_1(i) = \lim_{k\to\infty} \frac{1}{n}\sum_{k=1}^{n}\overline{W_{ij}^k}, \quad i = 1,2,\cdots,n \tag{2.4}$$

2. 基于 VPRS 法确定指标客观权重

采用 VPRS 法可以更加客观地确定各指标的客观权重,为输水明渠的运行安全风险评价结果的客观性提供依据。在计算指标的客观权重时,通过引入正确分类的阈值参数,有利于解决属性间无函数或不确定数据的分类问题。通过指标之间的相互依赖关系来分析输水明渠运行安全风险指标的重要性,从而得到具有更加客观的评价结果。

设四元函数组 $S = (U,C,D,V,f)$ 是一个关于输水明渠运行安全风险的信息系统,其中 U 为所有引水明渠的集合,C 和 D 分别表示条件属性集和决策属性集,V 表示属性值的集合。当 $C\cup D = A$ 且 $C\cup D = \varnothing$ 时,可以用决策信息表或决策信息系统来表示该信息系统。

给定 β $(0.5 < \beta \leqslant 1)$,决策属性集 D 与条件属性集 C 的 VPRS 的分类质量为

$$\gamma^\beta(C,D) = \frac{\left|\overline{R_\beta X}\right|}{|U|}, \quad i \in C, \text{ 其中 } \overline{R_\beta X} \text{ 为 } X \text{ 的 } R \text{ 下 } \beta \text{ 近似集。}$$

1)确定 β 值

β 作为对数据进行分类粗糙隶属度的阈值,其值越大,对粗糙隶属度值的确定越准确。

若决策类 d_j 满足 $\underline{P_\beta}X(d_j) \neq \overline{P_\beta}X(d_j)$,则 d_j 可被 β 辨别,否则 d_j 不可被 β 辨别。对于 d_j 可辨别的定义是相对而言的,想要 d_j 的可辨性尽可能大,只要满足在允许的分辨率误差范围内保持尽可能高的正确分辨率。每一个阈值 β 都有一个与之对应的粗糙集 d_j,使得 d_j 可被 β 辨别。令

$$\text{ndis}(I,d_j) = \left(0.5 < \beta < 1 \middle| \underline{P_\beta}X(d_j) \neq \overline{P_\beta}X(d_j)\right) \tag{2.5}$$

式中,假设 $\text{ndis}(I,d_j)$ 是 d_j 不可被辨别的 β 值的全体,d_j 可被辨别的 β 的最大值称为可辨别的阈值,该阈值等于 $\text{ndis}(I,d_j)$ 的最小上界,即 $\xi(I,D) = \inf \text{ndis}(I,d_j)$。

定理 1 设 $\xi(I,D) = \min(m_1,m_2)$,其中:

$$m_1 = 1 - \max\left(u_d(x) < 0.5\right) = 1 - \max\left\{P\left(d_j\middle|[x]_p\right)\middle|P\left(d_j\middle|[x]_p\right) < 0.5\right\}$$

$$m_2 = \min\left(u_d(x) > 0.5\right) = \min\left\{P\left(d_j\middle|[x]_p\right)\middle|P\left(d_j\middle|[x]_p\right) > 0.5\right\}$$

2) 属性权重确定方法

在变精度粗糙集中，属性重要性由基于属性依赖度和基于属性信息度的重要性来确定。其中，属性依赖度被用作相对 "粗略" 的权重确定方法，而属性信息度被用作更 "精细" 的权重确定方法。因此，属性客观权重的确定可以将前两者有机结合起来，从而使得到的结果更加符合实际。具体的计算步骤如下：

(1) 求基于属性依赖度的权重。在决策系统中，每个条件属性不仅具有不同的状态，而且具有不同的重要性。删除某一属性后，相应的分类能力若发生很大变化，则表明该属性非常重要；否则，该属性相对于信息系统的重要程度较低。

在决策系统 $S = (U, C, D, V, f)$ 中，条件属性 $C' \in C$，则条件属性 C' 关于 D 的重要性定义为

$$\mathrm{sig}(C') = \gamma_C(D) - \gamma_{C-\{C'\}}(D)$$

当 $C' = i$ 时，属性 $i \in C$ 关于 D 的重要性为

$$\mathrm{sig}(i) = \gamma_C(D) - \gamma_{C-\{i\}}(D) \tag{2.6}$$

(2) 求基于属性信息度的权重。设 $U / C = \{Y_1, Y_2, \cdots, Y_n\}$，$U / D = \{X_1, X_2, \cdots, X_n\}$，则条件属性集 C 的信息熵为

$$H(C) = -\sum_{i=1}^{n} p(X_i)\lg p(X_i) \tag{2.7}$$

当条件属性集 C 已知时，决策属性集 D 的条件信息熵为

$$H(D|C) = -\sum_{i=1}^{n} p(Y_i)\sum_{i=1}^{n} p(X_j|Y_i)\lg p(X_j|Y_i) \tag{2.8}$$

条件属性集 C 和决策属性集 D 的互信息量为：$I(D,C) = H(D) - H(D|C)$ 及 $I(C,D) = H(C) - H(C|D)$，当从属性集中删除一个属性 e 后，互信息量的变化即是属性 e 对决策属性集 D 的重要度。

$$\mathrm{SIG}(e, D) = \left|I(C, D) - I(C - \{e\}, D)\right| \tag{2.9}$$

(3) 确定属性的客观权重。在决策系统 $S = (U, C, D, V, f)$ 中，条件属性 $i \in C$ 的

客观权重为

$$W_2(i) = \frac{\text{sig}(i) + \text{SIG}(i, D)}{\sum_{i \in C} \{\text{sig}(i) + \text{SIG}(i, D)\}} \tag{2.10}$$

式中，将 $\text{sig}(i)$ 和 $\text{SIG}(i, D)$ 结合起来计算指标的客观权重值，既对属性在属性集方面进行了考虑，又对属性自身的重要程度进行了斟酌。

3. 基于 MIE 法确定指标综合权重

主观赋权法和客观赋权法均有其优缺点，本节运用 MIE 法将 ANP 法所得的主观权重和 VPRS 法所得的客观权重组合起来，综合双方优点，减小通过不同方法获得的权重与实际权重之间的偏差，基于信息熵理论思想，通过不同方法确定的权重在向量形式的竞争关系中更协调，并寻求更平衡的结果，使所得最终权重更加真实有效，符合实际情况，保证了输水明渠运行安全评价的科学合理性。

通过上述方法得到输水明渠运行安全风险评价指标的主、客观权重值分别为 $W_1(i)$ 和 $W_2(i)$，为了对指标的主观感受和客观真实性均有所考虑，运用最小信息熵原理对指标主、客观权重之间的偏差进行优化。假设各评价指标的组合权重值为 $W(i)$，根据最小信息熵原理，有

$$\begin{cases} \min F = \sum_{i=1}^{n} W(i) \ln \dfrac{W(i)}{W_1(i)} + \sum_{i=1}^{n} W(i) \ln \dfrac{W(i)}{W_2(i)} \\ \text{s.t.} \quad \sum_{i=1}^{n} W(i) = 1, \quad W(i) > 0 \end{cases} \tag{2.11}$$

求解得

$$W(i) = \frac{\left(W_1(i) W_2(i)\right)^{0.5}}{\sum_{i=1}^{n} \left(W_1(i) W_2(i)\right)^{0.5}} \tag{2.12}$$

2.3.2 基于多层次灰色理论的运行安全风险评价模型

在工程运行过程中，经常遇到系统因素不完全明确、因素关系不完全清楚、系统结构不完全知道等系统，将此类系统统称为灰色系统。灰色系统理论、模糊数学理论和概率统计理论是研究不确定性系统的三种方法论，它们均有自己的特点。其中，随机不确定性为概率统计理论的主要研究特点；认知不确定性为模糊数学理论的主要研究方向；而灰色系统是通过数学方法对一些复杂问题进行处理，

多层次灰色评价方法的具体步骤如下。

1. 评价等级的确定

针对定性指标 U，可以通过统一量化的方式将定性指标转换为定量指标，而评价等级的确定有利于定性指标向定量指标转换。将评价标准划分为 5 个等级，同时将低风险、较低风险、中等风险、较高风险、高风险用具体数值 1、2、3、4、5 进行量化。针对评价指标的风险等级处于两个不同等级之间的问题，可以采用 1.5、2.5、3.5、4.5 对该问题进行解决，使得指标得以定量化。

本研究运用 ANP-VPRS-MIE 相结合的方法确定各评价指标的权重。其中，$W=(W_1,W_2,W_3,W_4,W_5)$ 为一级评价指标 U_i 的权重集，同时 $W_i=(W_{i1},W_{i2},\cdots,W_{in})$ 为二级评价指标 U_{ij} 的权重集。

2. 专家评价

假设有 m 位专家对输水明渠运行安全风险评价指标进行打分，以已确定的风险等级评价标准为依据，对需要评价的对象进行打分，进而得到为下一步评价作准备的评价样本矩阵，以便评价能够按序进行下去。

3. 评价样本矩阵的建立

以专家对各指标打分所得结果为基础，得到第 x 个被评价对象的样本数据，并将其改写成矩阵 D^x：

$$D^x=\begin{bmatrix} d_{111}^{(x)} & d_{112}^{(x)} & \cdots & d_{11m}^{(x)} \\ d_{121}^{(x)} & d_{122}^{(x)} & \cdots & d_{12m}^{(x)} \\ \vdots & \vdots & & \vdots \\ d_{1n1}^{(x)} & d_{1n2}^{(x)} & \cdots & d_{1nm}^{(x)} \end{bmatrix} \tag{2.13}$$

4. 评价灰类的确定

对于同一问题，不同的专家对其认识不同，所以也有不同的意见，通过确定评价灰类的等级、灰数及白化权数来防止不同的意见对评价结果造成影响。设评价灰类有 n 个，用 e 表示评价灰类的等级，则有 $e=1,2,\cdots,n$。评价灰类用 5 个风险等级表示，为全面描述上述灰类，同时确定了 5 个灰类白化权函数。

第 I 评价灰类，低风险 ($e=1$)，灰数为 $\otimes_1\in[0,1,2]$，白化权函数 f_1 的表达式为

$$f_1 = \begin{cases} 1, & d_{ijw} \in [0,1) \\ 2 - d_{ijw}, & d_{ijw} \in [1,2] \\ 0, & d_{ijw} \in [0,2] \end{cases} \tag{2.14}$$

白化权函数关系图 I 如图 2.7 所示。

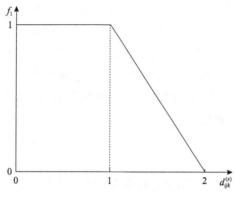

图 2.7　白化权函数关系图 I

第 II 评价灰类，较低风险 $(e = 2)$，灰数为 $\otimes_2 \in [0,2,4]$，白化权函数 f_2 的表达式为

$$f_2 = \begin{cases} \dfrac{d_{ijw}}{2}, & d_{ijw} \in [0,2) \\ \dfrac{4 - d_{ijw}}{2}, & d_{ijw} \in [2,4] \\ 0, & d_{ijw} \in [0,4] \end{cases} \tag{2.15}$$

白化权函数关系图 II 如图 2.8 所示。

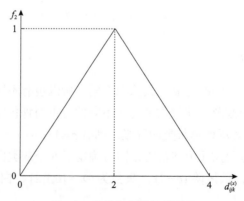

图 2.8　白化权函数关系图 II

第Ⅲ评价灰类，中等风险 $(e=3)$ ，灰数为 $\otimes_3 \in [0,3,6]$ ，白化权函数 f_3 的表达式为

$$f_3 = \begin{cases} \dfrac{d_{ijw}}{3}, & d_{ijw} \in [0,3) \\ \dfrac{6-d_{ijw}}{3}, & d_{ijw} \in [3,6] \\ 0, & d_{ijw} \in [0,6] \end{cases} \tag{2.16}$$

白化权函数关系图Ⅲ如图 2.9 所示。

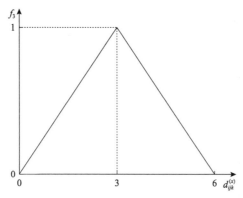

图 2.9　白化权函数关系图Ⅲ

第Ⅳ评价灰类，较高风险 $(e=4)$ ，灰数为 $\otimes_4 \in [0,4,8]$ ，白化权函数 f_4 的表达式为

$$f_4 = \begin{cases} \dfrac{d_{ijw}}{4}, & d_{ijw} \in [0,4) \\ \dfrac{8-d_{ijw}}{4}, & d_{ijw} \in [4,8] \\ 0, & d_{ijw} \in [0,8] \end{cases} \tag{2.17}$$

白化权函数关系图Ⅳ如图 2.10 所示。

第Ⅴ评价灰类，高风险 $(e=5)$ ，灰数为 $\otimes_5 \in [0,5,10]$ ，白化权函数 f_5 的表达式为

$$f_5 = \begin{cases} \dfrac{d_{ijw}}{5}, & d_{ijw} \in [0,5) \\ \dfrac{10-d_{ijw}}{5}, & d_{ijw} \in [5,10] \\ 0, & d_{ijw} \in [0,10] \end{cases} \tag{2.18}$$

白化权函数关系图 V 如图 2.11 所示。

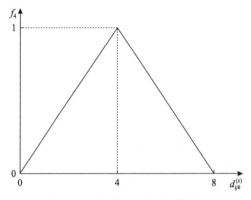

图 2.10　白化权函数关系图Ⅳ

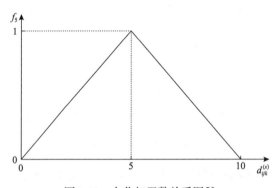

图 2.11　白化权函数关系图 V

5. 计算灰色评价系数

针对任何一个评价指标 U_{ij} ，第 x 个被评价对象属于第 e 个评价灰类的评价系数 $M_{ije}^{(x)}$ 为

$$M_{ije}^{(x)} = \sum f_e\left(d_{ije}^{(x)}\right) \tag{2.19}$$

针对任何一个评价指标 U_{ij} ，第 x 个被评价对象属于各个评价灰类的总评价系数 $M_{ij}^{(x)}$ 为

$$M_{ij}^{(x)} = \sum M_{ije}^{(x)} \tag{2.20}$$

6. 计算灰色评价权向量及灰色评价权矩阵

针对任何一个评价指标 U_{ij} ，第 x 个被评价对象在第 e 个评价灰类上的灰色评

价权为

$$q_{ije}^{(x)} = \frac{M_{ije}^{(x)}}{M_{ij}^{(x)}} \tag{2.21}$$

则第 x 个被评价对象的灰色评价权向量 $q_{ij}^{(x)}$ 为

$$q_{ij}^{(x)} = \begin{pmatrix} q_{ij1}^{(x)} & q_{ij2}^{(x)} & q_{ij3}^{(x)} & q_{ij4}^{(x)} & q_{ij5}^{(x)} \end{pmatrix} \tag{2.22}$$

根据上述步骤可以求得第 x 个被评价对象所有指标的灰色评价权矩阵 $Q_i^{(x)}$：

$$Q_i^{(x)} = \begin{bmatrix} q_{i1}^{(x)} \\ q_{i2}^{(x)} \\ \vdots \\ q_{ij}^{(x)} \end{bmatrix} = \begin{bmatrix} q_{i11}^{(x)} & q_{i12}^{(x)} & \cdots & q_{i15}^{(x)} \\ q_{i21}^{(x)} & q_{i22}^{(x)} & \cdots & q_{i25}^{(x)} \\ \vdots & \vdots & & \vdots \\ q_{ij1}^{(x)} & q_{ij2}^{(x)} & \cdots & q_{ij5}^{(x)} \end{bmatrix} \tag{2.23}$$

7. 综合评价

假设第 x 个被评价对象 U_i 的综合评价结果为 $N_i^{(x)}$，则

$$N_i^{(x)} = W_i \cdot Q_i^{(x)} = \begin{pmatrix} b_{i1}^{(x)} & b_{i2}^{(x)} & b_{i3}^{(x)} & b_{i4}^{(x)} & b_{i5}^{(x)} \end{pmatrix} \tag{2.24}$$

进而可以得到第 x 个评价对象 V_i 所有指标的灰色评价权矩阵：

$$Q^{(x)} = \begin{bmatrix} N_1^{(x)} \\ N_2^{(x)} \\ \vdots \\ N_5^{(x)} \end{bmatrix} = \begin{bmatrix} b_{11}^{(x)} & b_{12}^{(x)} & \cdots & b_{15}^{(x)} \\ b_{21}^{(x)} & b_{22}^{(x)} & \cdots & b_{25}^{(x)} \\ \vdots & \vdots & & \vdots \\ b_{51}^{(x)} & b_{52}^{(x)} & \cdots & b_{55}^{(x)} \end{bmatrix} \tag{2.25}$$

则第 x 个被评价对象 V_i 的综合评价结果为

$$N^{(x)} = W \cdot Q^{(x)} = \begin{pmatrix} b_1^{(x)} & b_2^{(x)} & b_3^{(x)} & b_4^{(x)} & b_5^{(x)} \end{pmatrix} \tag{2.26}$$

8. 综合评价值的计算及排序

由于向量 $N^{(x)}$ 对第 x 个被评价对象综合状况的灰类程度进行了描述，根据最大隶属度原则，可确定具体灰类等级。但是，最大隶属度原则的结果往往会由于实际情况的变化而不可采用，所以对于评价问题的排序，应按照相应的方式进行处理，从而得到第 x 个被评价对象的综合评价值。

为了提高评价结果的可靠性，将各评价灰类等级按灰水平赋值，则各评价灰类等级值向量 $C = (1 \quad 2 \quad 3 \quad 4 \quad 5)$，最终得到输水明渠运行安全风险的综合评价值 $R^{(x)}$ 为

$$R^{(x)} = N^{(x)} \cdot C^{\mathrm{T}} \tag{2.27}$$

式中，T 表示矩阵的转置。

在得到 $R^{(x)}$ 后，将 x 个评价对象的风险等级进行排序。

2.4 工程应用

引大入秦工程作为我国内陆的大型调水工程之一，主要是将甘肃省青海省两省交界处的大通河水调入甘肃省兰州市秦王川地区，为兰州新区的发展提供强有力的支持。而引大入秦工程作为甘肃修建的最大水利工程项目，为秦王川地区甚至兰州和白银两地因缺水问题带来的影响提供了解决办法。

2.4.1 工程概况

1. 引大入秦工程概况

为了缓解秦王川地区的严重缺水状况，国家投资修建了引大入秦工程，将大通河的水调至秦王川地区，以滋养秦王川的贫瘠土地，提高人民生活水平。该工程包括渠首引水枢纽、总干渠、东一干渠、东二干渠、电灌分干渠、黑武分干渠、69 条支渠及斗渠以下田间配套工程，如图 2.12 所示。

图 2.12　引大入秦工程平面布置图

2. 引大入秦工程总干渠明渠运行状况

引大入秦工程总干渠全长 86.79km，从地理位置及地形地貌上分为上、下两段，总干渠上段主要指通过大通河高山峡谷的水磨沟以上段渠线，而通过中低山区的水磨沟以下至总干渠尾段渠线则为总干渠下段。从流量分段上，自渠首至大砂沟段设计流量为 32m³/s，加大流量为 36m³/s；大砂沟至总干渠尾段设计流量为 29m³/s，加大流量为 34m³/s。

引大入秦总干渠从天堂寺渠首到渠尾香炉山总分水闸于 1994 年 9 月实现全线通水，全长 86.79km，现有明渠 8.31km，占干渠总长的 9.57%，坡降 i=1/5000。明渠段主要有两大类：一是隧洞与渡槽之间填挖方明渠(包括渐变段及泄水、节制闸段)，长 4.06km；二是渠首明渠(渠首至 1#那威隧洞进口)，长 4.25km。

1)总干渠自然概况

引大入秦总干渠从天堂寺渠首到渠尾香炉山总分水闸，而总干渠上段经过高、中山峡谷区，地形陡峻；下段通过低山丘陵区和大通河流域与庄浪河流域分水岭(盘道岭隧洞)，地形较平缓。沿线大部地段通过硬岩和中硬岩，部分地段为软岩和砂砾碎石层、黄土状土及山麓堆积层。

引大入秦渠首地处高寒山区，受到东南海洋季风的影响和蒙古高压的控制，气候具有冬长暑短、雨热同季、昼夜温差大等高寒半干旱气候特点。大通河流域上游为祁连山中段，下游为祁连山东段，降水随高程的增加而递增，越向上游，冰冻期越长，气温也低，降水量增大，蒸发量减小。上游在 9 月下旬至翌年 6 月上旬基本上为降雪天气，中下游降水主要集中在汛期，5～9 月降水量占全年总降水量的 80%左右。

根据天堂水文站实测降水和部分蒸发资料以及邻近气象站资料推得渠首处多年平均气温为 3℃，极端最高气温为 30℃，极端最低气温为–28.3℃，多年平均降水量为 483.4mm，年蒸发量为 1408.4mm，5～9 月多年平均降水量为 403.4mm，占全年总降水量的 83.5%，多年平均风速为 2.7m/s，最大冻土深度为 148cm。

2)总干渠明渠现状破损情况

(1)大水池矩形明渠段(桩号 23+169.55～23+305.26)：全长 135.71m，槽身及底板在高水位运行时，有较大渗漏水现象，特别是排洪涵洞上方两跨底板冻融破坏严重，突出表现为槽身混凝土不够密实，渗漏水锈蚀钢筋，危及渠道安全，此段无下渠通道。梯形渠预制板脱落与边坡鼓胀变形如图 2.13 和图 2.14 所示。

(2)盘洞进口矩形明渠段(桩号 62+856.70～62+886.70)：全长 30m，渠基座于第四系全新统洪积黄土状土(粉质壤土)上，天然密度为 1.33～1.52g/cm³，湿陷系数为 0.03～0.05，自重湿陷系数为 0.04～0.07，属中等湿陷性黄土。该工程自通水后，沉降现象一直存在，且累计沉降深度达 15cm 以上，使得原伸缩缝结构发生破坏，虽多次维修，渠道沉降现象仍然存在。连接段破损与浆砌石渠段贯通缝如图 2.15 和图 2.16 所示。

图 2.13　梯形渠预制板脱落

图 2.14　边坡鼓胀变形

图 2.15　连接段破损

图 2.16　浆砌石渠段贯通缝

(3)渠首梯形明渠段(桩号 0+406.92～4+231)：整体破损严重，底板和两侧渠坡多发育裂缝，部分渠段底板凹凸不平，破裂损坏较严重，甚至大范围底板铺设的砌石垫层出露，渠道在渠底低洼处、转弯处、流水回旋处有淤积。局部段渠坡鼓胀现象明显，渠坡塌陷、砌石间勾缝混凝土及渠坡与底板结合部松动、脱落等各类病险较多。底板及边坡现状如图 2.17 和图 2.18 所示。

(4)朱岔沟梯形明渠段(桩号 8+671～9+405)：整段破损严重，底板和两侧渠坡多发育裂缝，底板破损、凹凸不平，甚至大范围底板混凝土冲刷殆尽，底板铺设的砌石垫层出露，渠道在渠底低洼、转弯处淤积严重，淤积物成分主要为混凝土渣、混凝土块、卵砾石、砂及少量滚入的块石，渠坡鼓胀沉降现象严重，部分渠段渠坡浆砌石已塌陷或有坍塌的可能，过水痕迹以下砌石间绝大部分勾缝混凝土松动，两侧渠坡与底板结合部松动、脱落尤为严重，在勾缝脱落的砌石间多呈空洞，且砌石间砂浆松散，多形成渗水通道，护堤外侧见有明显的低洼路面。抹面后边坡拉裂情况及维修处理后底板、边坡破损现状如图 2.19 和图 2.20 所示。

图 2.17　底板现状

图 2.18　边坡现状

图 2.19　抹面后边坡拉裂

图 2.20　底板、边坡破损现状一

(5)拉子台梯形明渠段(桩号 9+972～10+424)：整体破损较严重，底板和两岸坡多发育裂缝，底板凹凸不平，积水较严重，大部分底板冲蚀、破损较严重，较大范围底板混凝土骨料外露，混凝土渣、混凝土块及其他杂物冲刷淤积到下游，渠道在渠底低洼处、转弯处、流水回旋处淤积严重。淤积物主要成分为混凝土渣、混凝土块、卵砾石、砂及少量滚入的块石，两侧渠坡与底板结合部松动、脱落尤为严重，在勾缝脱落的砌石间多呈空洞，且砌石间砂浆松散，多形成渗水通道。底板、边坡破损现状如图 2.21 所示。

图 2.21　底板、边坡破损现状二

2.4.2　引大入秦工程输水明渠运行安全风险评价

1. 运用 ANP、VPRS 和 MIE 法确定各指标权重

1) ANP 法确定主观权重

(1) 风险因素关系。

根据输水工程的实际运行经验，输水明渠运行安全风险因素并非单一作用，而是通过多风险耦合产生影响，使得输水明渠运行安全各风险因素关联情况较为复杂。依据 2.2.2 节建立的评价指标体系，参考已有的研究成果，并结合引大入秦工程总干渠实际状况对 22 个评价指标进行研究，对指标间的相互影响关系进行讨论，即可得到输水明渠运行安全各风险因素关联情况，如表 2.2 所示。

表 2.2　引大入秦工程输水明渠运行安全各风险因素关联情况

因素	B_{11}	B_{12}	B_{13}	B_{14}	B_{15}	B_{16}	B_{21}	B_{22}	B_{23}	B_{24}	B_{31}	B_{32}	B_{33}	B_{34}	B_{41}	B_{42}	B_{43}	B_{44}	B_{51}	B_{52}	B_{53}	B_{54}
B_{11}		√	√	√						√	√					√	√					
B_{12}									√	√		√		√								
B_{13}		√		√	√	√							√						√	√	√	
B_{14}	√	√	√		√	√		√	√	√	√		√			√	√	√			√	
B_{15}	√			√		√							√							√		
B_{16}			√	√						√			√			√				√	√	
B_{21}	√	√	√							√			√			√			√	√		
B_{22}	√	√			√				√	√	√			√		√				√		√
B_{23}	√	√			√										√	√						
B_{24}	√	√			√		√						√	√		√					√	
B_{31}	√	√	√	√									√			√	√	√				
B_{32}														√								
B_{33}	√	√	√							√				√								
B_{34}	√	√							√	√			√		√		√	√				
B_{41}		√		√	√	√				√		√		√		√		√	√	√		
B_{42}	√			√	√					√			√								√	
B_{43}	√	√	√							√			√						√	√		
B_{44}	√			√						√									√			
B_{51}	√								√	√						√			√	√		
B_{52}			√			√				√				√		√					√	
B_{53}	√	√	√	√	√					√	√	√				√			√	√	√	√
B_{54}	√	√	√	√				√		√	√				√		√				√	√

注：顶部元素为被影响因子，左列元素为影响因子，若存在影响关系，则在相应空格里打"√"。

(2) ANP 结构模型建立。

根据表 2.2 的各风险因素关联情况，以输水明渠运行安全风险为研究主体，选取主体结构风险 B_1、自然风险 B_2、水污染风险 B_3、组织管理风险 B_4、运行调度风险 B_5 为准则建立引大入秦工程输水明渠运行安全风险 ANP 结构模型，如图 2.22 所示。

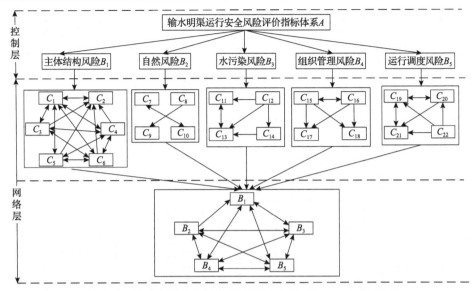

图 2.22　引大入秦工程输水明渠运行安全风险 ANP 结构模型

（3）风险因素权重求解。

在 Super Decision 软件中，输入表 2.2 中的各风险因素关联情况，构建基于 Super Decision 的引大入秦工程输水明渠运行安全风险 ANP 结构模型，如图 2.23 所示。

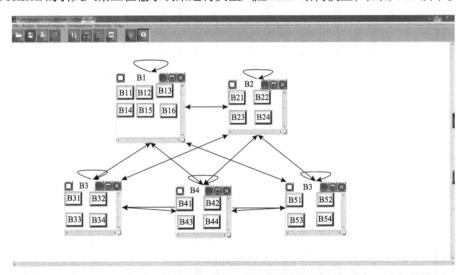

图 2.23　基于 Super Decision 的引大入秦工程输水明渠运行安全风险 ANP 结构模型

在此基础上，点击 Super Decision 软件中 "Computations-unweighted super matrix" 和 "Computations-weighted super matrix" 可得到未加权超矩阵和加权超矩阵的计算结果，分别如表 2.3 和表 2.4 所示。

表 2.3　未加权超矩阵

因素	B_{11}	B_{12}	B_{13}	B_{14}	B_{15}	B_{16}	B_{21}	B_{22}	B_{23}	B_{24}	B_{31}	B_{32}	B_{33}	B_{34}	B_{41}	B_{42}	B_{43}	B_{44}	B_{51}	B_{52}	B_{53}	B_{54}
B_{11}	1.00000	1.00000	0.75000	0.00000	0.00000	0.00000	0.00000	0.00000	0.08815	0.25000	1.00000	0.12196	0.00000	0.00000	0.00000	0.07570	0.00000	0.00000	0.00000	0.00000	0.14286	0.07951
B_{12}	1.00000	0.00000	0.00000	0.00000	0.12196	0.07520	0.12232	0.05529	0.16342	0.00000	0.25000	0.00000	0.00000	0.00000	0.09140	0.07862	0.00000	0.00000	0.00000	1.00000	0.00000	0.07826
B_{13}	0.00000	1.00000	0.47009	0.29954	0.49594	0.28499	0.21778	0.22843	0.25901	0.29280	0.72858	0.68334	0.29005	0.26055	0.00000	0.26211	0.00000	0.00000	0.00000	0.00000	0.25107	0.24804
B_{14}	0.00000	0.00000	0.00000	0.00000	0.00000	0.00000	0.00000	1.00000	0.12630	0.00000	0.00000	0.00000	0.00000	0.00000	0.90000	0.08623	0.00000	0.00000	0.00000	0.00000	0.00000	0.00000
B_{15}	0.00000	0.25000	0.00000	0.00000	0.00000	0.00000	0.32748	1.00000	0.27197	0.00000	0.00000	0.55842	0.00000	0.00000	0.00000	0.30143	0.00000	0.00000	0.00000	0.00000	0.57143	0.26965
B_{16}	0.66667	0.33333	0.66667	0.00000	0.00000	0.00000	0.24021	0.66667	0.00000	0.00000	0.00000	1.00000	0.85714	0.29696	0.33333	0.00000	0.00000	0.00000	0.66667	0.66667	1.00000	0.31081
B_{21}	0.00000	0.00000	0.00000	0.44254	0.00000	0.36905	0.00000	0.00000	0.17067	1.00000	0.00000	0.00000	0.00000	0.00000	0.17017	0.15471	0.00000	0.00000	0.83333	0.00000	0.00000	0.00000
B_{22}	0.55679	0.00000	0.00000	0.44254	0.00000	0.43835	0.44602	0.52129	0.46056	0.52193	0.00000	0.00000	0.44460	0.29995	0.00000	0.35407	0.00000	0.00000	0.16667	0.14286	0.43972	0.44860
B_{23}	0.08866	0.00000	0.10476	0.00000	0.15421	0.05845	0.06102	0.04694	0.05852	0.00000	0.16258	0.19981	0.07738	0.15803	0.00000	0.08490	0.00000	0.00000	0.00000	0.00000	0.06365	0.06028
B_{24}	0.00000	0.00000	0.00000	1.00000	1.00000	0.18203	0.25992	0.00000	0.27197	0.00000	0.00000	0.00000	1.00000	0.00000	0.09152	0.05875	0.00000	0.10000	0.10000	0.10000	0.10000	0.10000
B_{31}	0.00000	0.00000	0.00000	0.00000	0.00000	0.00000	0.25992	0.00000	0.15699	0.75000	0.00000	0.31962	0.00000	0.00000	0.25000	0.15108	0.00000	0.25000	1.00000	1.00000	0.28571	0.17399
B_{32}	0.00000	1.00000	0.00000	0.00000	0.31962	0.74184	0.42359	0.56501	0.53961	0.83333	0.00000	0.66667	0.85714	0.00000	0.69096	0.65863	0.00000	0.00000	0.00000	0.00000	0.66667	0.71665
B_{33}	0.00000	0.00000	0.00000	0.00000	0.00000	0.44892	0.00000	0.00000	0.61706	0.00000	0.00000	0.00000	0.00000	0.00000	0.73831	0.70031	0.00000	0.00000	0.00000	0.00000	0.00000	0.00000
B_{34}	0.16241	0.34401	0.12746	0.00000	0.26720	0.12442	0.12197	0.12213	0.12842	0.11374	0.00000	0.00000	0.13743	0.19982	0.32295	0.14184	1.00000	0.00000	0.00000	0.13999	0.13864	0.00000
B_{41}	0.00000	0.00000	0.00000	0.00000	0.00000	0.00000	0.22704	0.26220	0.00000	0.00000	0.00000	0.00000	0.00000	0.00000	0.00000	0.26275	1.00000	0.75000	0.00000	0.00000	0.00000	0.47685
B_{42}	0.00000	0.00000	0.00000	0.00000	0.00000	0.00000	0.41260	0.00000	0.48289	0.00000	0.00000	0.00000	0.00000	0.16342	0.75000	0.47180	0.00000	0.25000	0.25000	0.33333	0.33333	0.19580
B_{43}	0.00000	0.00000	0.00000	0.00000	0.09378	0.00000	0.20984	0.33333	1.00000	0.07154	1.00000	1.00000	0.00000	0.00000	0.00000	0.11028	0.00000	0.00000	0.25000	1.00000	0.10557	0.10444
B_{44}	0.12729	0.00000	0.08009	0.08009	0.08266	0.00000	0.10531	0.08121	0.09350	0.00000	0.10884	0.11685	0.05055	0.08166	0.11045	0.04680	0.00000	0.00000	0.75000	0.00000	0.00000	0.00000
B_{51}	0.06485	0.00000	0.08113	0.05037	0.08266	0.00000	0.04789	0.00000	0.00000	0.00000	0.10884	0.05055	0.00000	0.53961	0.66667	0.00000	0.00000	0.75000	0.75000	0.75000	0.00000	0.49339
B_{52}	0.33333	0.66667	0.33333	0.00000	1.00000	0.00000	0.54995	0.00000	0.00000	0.00000	0.00000	0.00000	0.00000	0.00000	0.66667	0.00000	0.00000	0.66667	0.00000	0.00000	0.00000	0.00000
B_{53}	0.00000	0.33333	0.00000	0.00000	0.00000	0.00000	0.22704	0.00000	0.00000	0.16667	0.75000	0.00000	0.14286	0.00000	0.00000	0.00000	0.00000	0.10557	0.00000	0.00000	0.00000	0.00000
B_{54}	0.00000	0.00000	0.00000	0.55842	0.55842	0.18296	0.22704	0.11750	0.29696	0.16667	0.75000	0.33333	0.14286	0.00000	0.21764	0.00000	0.00000	0.00000	0.00000	0.00000	0.00000	0.20509

表 2.4　加权超矩阵

因素	B_{11}	B_{12}	B_{13}	B_{14}	B_{15}	B_{16}	B_{21}	B_{22}	B_{23}	B_{24}	B_{31}	B_{32}	B_{33}	B_{34}	B_{41}	B_{42}	B_{43}	B_{44}	B_{51}	B_{52}	B_{53}	B_{54}
B_{11}	0.29849	0.29849	0.13989	0.00000	0.18652	0.00000	0.00000	0.00000	0.01482	0.04204	0.30893	0.03239	0.00000	0.26559	0.00000	0.01352	0.00000	0.00000	0.00000	0.00000	0.02406	0.01339
B_{12}	0.18068	0.18068	0.00000	0.00000	0.01155	0.01377	0.01231	0.00556	0.01645	0.00000	0.05299	0.00000	0.00000	0.18224	0.01031	0.00887	0.00000	0.00000	0.11993	0.11993	0.00000	0.00938
B_{13}	0.00000	0.39493	0.11601	0.11886	0.12239	0.09571	0.06284	0.06592	0.07474	0.08449	0.34907	0.28147	0.07932	0.10732	0.00000	0.06815	0.00000	0.00000	0.00000	0.00000	0.06689	0.06608
B_{14}	0.00000	0.00000	0.00000	0.00000	0.00000	0.00000	0.00000	0.00000	0.00000	0.00000	0.00000	0.00000	0.00000	0.00000	0.00000	0.03291	0.00000	0.61306	0.00000	0.00000	0.00000	0.00000
B_{15}	0.00000	0.00000	0.00000	0.00000	0.00000	0.00000	0.05507	0.16816	0.04573	0.00000	0.00000	0.14831	0.17633	0.04166	0.02227	0.05385	0.00000	0.00000	0.00000	0.00000	0.09624	0.04541
B_{16}	0.08393	0.04197	0.05244	0.00000	0.00000	0.00000	0.01844	0.05119	0.00000	0.00000	0.00000	0.00000	0.00000	0.04166	0.06495	0.05905	0.00000	0.00000	0.00000	0.04388	0.06582	0.02046
B_{21}	0.00000	0.00000	0.00000	0.00000	0.00000	0.18840	0.00000	0.00000	0.06244	0.36586	0.00000	0.00000	0.00000	0.00000	0.02227	0.09206	0.00000	0.00000	0.22200	0.00000	0.00000	0.00000
B_{22}	0.21989	0.00000	0.00000	0.17560	0.00000	0.14722	0.12871	0.15043	0.13290	0.15061	0.07789	0.08230	0.12158	0.12355	0.04440	0.02207	0.00000	0.00000	0.22835	0.03806	0.11714	0.11951
B_{23}	0.03501	0.00000	0.02585	0.00000	0.03805	0.01963	0.01761	0.01355	0.01689	0.00000	0.00000	0.08230	0.02116	0.06509	0.14732	0.02243	0.00000	0.00000	0.04440	0.37942	0.01696	0.01606
B_{24}	0.00000	0.00000	0.00000	0.60320	0.37513	0.09293	0.36586	0.00000	0.03145	0.00000	0.00000	0.00000	0.42922	0.00000	0.03493	0.02699	0.00000	0.00000	0.37942	0.37942	0.37942	0.37942
B_{31}	0.00000	0.00000	0.37513	0.00000	0.00000	0.00000	0.04371	0.00000	0.02640	0.12612	0.00000	0.08489	0.00000	0.00000	0.04466	0.07432	0.00000	0.07970	0.16842	0.04812	0.04812	0.02930
B_{32}	0.00000	0.00000	0.11290	0.00000	0.03609	0.11398	0.04262	0.05686	0.05430	0.08386	0.00000	0.12149	0.10371	0.00000	0.07797	0.26731	0.00000	0.00000	0.00000	0.00000	0.07995	0.08595
B_{33}	0.00000	0.00000	0.00000	0.00000	0.00000	0.22918	0.00000	0.00000	0.22576	0.00000	0.00000	0.00000	0.03758	0.00000	0.28181	0.03688	0.00000	0.00000	0.00000	0.00000	0.00000	0.00000
B_{34}	0.06414	0.00000	0.08489	0.05058	0.06594	0.04178	0.03520	0.03524	0.03706	0.03282	0.00000	0.00000	0.03758	0.08230	0.08397	0.02965	0.00000	0.00000	0.03730	0.03730	0.03730	0.03694
B_{41}	0.00000	0.00000	0.00000	0.00000	0.00000	0.00000	0.02285	0.02638	0.00000	0.00000	0.00000	0.00000	0.00000	0.00000	0.13399	0.08429	0.00000	0.23911	0.00000	0.00000	0.03998	0.00000
B_{42}	0.00000	0.00000	0.00000	0.00000	0.00000	0.00000	0.06938	0.00000	0.08120	0.00000	0.13399	0.08429	0.00000	0.00000	0.00000	0.01670	0.00000	0.00000	0.00000	0.00000	0.00000	0.08031
B_{43}	0.00000	0.00000	0.00000	0.00000	0.00000	0.00000	0.01611	0.02559	0.07678	0.07678	0.00000	0.14027	0.00000	0.00000	0.00000	0.02867	0.37182	0.00000	0.01646	0.02194	0.00000	0.01289
B_{44}	0.05027	0.00000	0.02002	0.03178	0.02040	0.03150	0.03039	0.02343	0.02698	0.02065	0.05214	0.01382	0.01382	0.00000	0.02872	0.01217	0.00000	0.00000	0.00000	0.00000	0.02812	0.02782
B_{51}	0.02561	0.00000	0.02622	0.01999	0.07867	0.00000	0.01382	0.04222	0.02698	0.00000	0.04197	0.04813	0.04813	0.03363	0.04453	0.05010	0.00000	0.00000	0.04937	0.00000	0.00000	0.03248
B_{52}	0.04197	0.08393	0.00000	0.00000	0.00000	0.00000	0.04222	0.00000	0.00000	0.00000	0.00000	0.00000	0.00000	0.07569	0.00000	0.00000	0.00000	0.00000	0.00000	0.00000	0.00000	0.00000
B_{53}	0.00000	0.00000	0.00000	0.00000	0.06305	0.02811	0.02285	0.01182	0.02988	0.01677	0.15898	0.06075	0.01728	0.00000	0.02456	0.02456	0.00000	0.00000	0.02812	0.02812	0.00000	0.00000
B_{54}	0.00000	0.00000	0.00000	0.00000	0.00000	0.00000	0.02285	0.00000	0.02988	0.00000	0.00000	0.00000	0.00000	0.00000	0.00000	0.00000	0.00000	0.00000	0.00000	0.00000	0.00000	0.02460

最后，点击 Super Decision 软件中 "Computations-priorities" 可得出各指标的优势度排序结果，即评价指标的权重图，如图 2.24 所示。

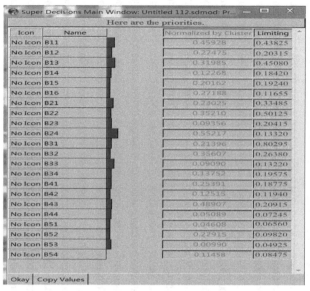

图 2.24　评价指标的权重图

因此，各指标主观权重可从极限加权超矩阵直接得出，如表 2.5 和表 2.6 所示。

表 2.5　基于 ANP 法确定的主观权重（准则层）

指标	B_1	B_2	B_3	B_4	B_5
权重值	0.23627	0.25504	0.18965	0.13325	0.17502

表 2.6　基于 ANP 法确定的主观权重（指标层）

指标	B_{11}	B_{12}	B_{13}	B_{14}	B_{15}	B_{16}	B_{21}	B_{22}	B_{23}	B_{24}	B_{31}
权重值	0.43825	0.20315	0.45080	0.18420	0.19240	0.11655	0.33485	0.50125	0.13320	0.80295	0.20415

指标	B_{32}	B_{33}	B_{34}	B_{41}	B_{42}	B_{43}	B_{44}	B_{51}	B_{52}	B_{53}	B_{54}
权重值	0.26380	0.13220	0.19575	0.18775	0.11945	0.20915	0.07245	0.06560	0.09820	0.04925	0.08475

2）VPRS 法确定客观权重

引大入秦工程输水明渠在运行期间存在安全风险，现对其风险评价指标客观权重进行计算。该系统有 5 个评价对象（u_1, u_2, u_3, u_4, u_5），每个对象具有 5 个条件属性（B_1, B_2, B_3, B_4, B_5）和 1 个决策属性 G，其中条件属性分别为引大入秦工程输水明渠运行安全风险评价的 5 个二级评价指标，建立评价知识体系决策表。依据条件属性的数据等级将其离散化为方便处理的 5 种状态，即评估值使用 5 级度量

(1 表示低风险，2 表示较低风险，3 表示中等风险，4 表示较高风险，5 表示高风险)，得到引大入秦工程输水明渠运行安全风险多元指标决策表，如表 2.7 所示。

表 2.7 引大入秦工程输水明渠运行安全风险多元指标决策表

U	B_1	B_2	B_3	B_4	B_5	G
u_1	4.0	2.5	3.0	3.0	3.5	3.5
u_2	4.0	3.5	3.0	3.0	3.5	3.0
u_3	3.5	2.5	3.0	3.0	3.5	2.5
u_4	4.0	2.5	3.5	3.0	3.5	3.5
u_5	3.5	2.5	3.0	3.0	4.0	3.0

(1)确定正确分类率 β 值。

基于表 2.7 中的条件属性和决策属性，有

$$U/B = \{b_1, b_2, b_3, b_4, b_5\} = \{\{u_1\}, \{u_2\}, \{u_3\}, \{u_4\}, \{u_5\}\}$$

$$U/G = \{g_1, g_2, g_3\} = \{\{u_1, u_4\}, \{u_2, u_5\}, \{u_3\}\}$$

$$\mu(g_1|b_1) = 1, \quad \mu(g_1|b_2) = 0, \quad \mu(g_1|b_3) = 0, \quad \mu(g_1|b_4) = 1, \quad \mu(g_1|b_5) = 0$$

$$\mu(g_2|b_1) = 0, \quad \mu(g_2|b_2) = 1, \quad \mu(g_2|b_3) = 0, \quad \mu(g_2|b_4) = 0, \quad \mu(g_2|b_5) = 1$$

$$\mu(g_3|b_1) = 0, \quad \mu(g_3|b_2) = 0, \quad \mu(g_3|b_3) = 0, \quad \mu(g_3|b_4) = 1, \quad \mu(g_3|b_5) = 0$$

于是有

$$\beta_{g_1} = \xi(I, g_1) = \min\{m_1 d_1, m_2 d_1\} = 0.67$$

$$\beta_{g_2} = \xi(I, g_2) = \min\{m_1 d_1, m_2 d_1\} = 0.67$$

$$\beta_{g_3} = \xi(I, g_3) = \min\{m_1 d_1, m_2 d_1\} = 0.5$$

根据 β 的定义得到 $\beta = 0.5$。

(2)求基于属性依赖度的权重。

基于表 2.7 中的条件属性和决策属性，有

$$U/(B - \{B_1\}) = \{\{u_1, u_3\}, \{u_2\}, \{u_4\}, \{u_5\}\}$$

$$U/(B - \{B_2\}) = \{\{u_1\}, \{u_2\}, \{u_3, u_5\}, \{u_4\}\}$$

$$U/(B - \{B_3\}) = \{\{u_1\}, \{u_2, u_3\}, \{u_4\}, \{u_5\}\}$$

$$U/(B - \{B_4\}) = \{\{u_1\}, \{u_2\}, \{u_3\}, \{u_4\}, \{u_5\}\}$$

$$U/(B - \{B_5\}) = \{\{u_1\}, \{u_2, u_4\}, \{u_3\}, \{u_5\}\}$$

$$\text{POS}_B(G) = \{\{u_1\}, \{u_2\}, \{, u_3\}, \{u_4\}, \{u_5\}\}$$

$$\text{POS}_{B - \{B_1\}}(G) = \{\{u_1\}, \{u_2\}, \{u_4\}\}$$

$$\text{POS}_{B-\{B_2\}}(G) = \{\{u_1\},\{u_4\},\{u_5\}\}$$

$$\text{POS}_{B-\{B_3\}}(G) = \{\{u_2\},\{u_4\},\{u_5\}\}$$

$$\text{POS}_{B-\{B_4\}}(G) = \{\{u_1\},\{u_2\},\{u_3\},\{u_4\},\{u_5\}\}$$

$$\text{POS}_{B-\{B_5\}}(G) = \{\{u_1\},\{u_3\}\}$$

$$\gamma_B(G) = 1.0 , \quad \gamma_{B-\{B_1\}}(G) = 0.6 , \quad \gamma_{B-\{B_2\}}(G) = 0.6$$

$$\gamma_{B-\{B_3\}}(G) = 0.6 , \quad \gamma_{B-\{B_4\}}(G) = 1.0 , \quad \gamma_{B-\{B_5\}}(G) = 0.8$$

根据式(2.6)可得

$$\text{sig}(B_1) = 0.4 , \quad \text{sig}(B_2) = 0.4 , \quad \text{sig}(B_3) = 0.4 , \quad \text{sig}(B_4) = 0 , \quad \text{sig}(B_5) = 0.2$$

(3)求基于属性信息度的权重。

基于表 2.7 中的条件属性和决策属性，有

$$U / G = \{\{u_1,u_4\},\{u_2,u_5\},\{u_3\}\}$$

$$U / \{B_1\} = \{\{u_1,u_2,u_3,u_4\},\{u_5\}\}$$

$$U / \{B_2\} = \{\{u_1,u_3,u_5\},\{u_2,u_4\}\}$$

$$U / \{B_3\} = \{\{u_1\},\{u_2,u_3,u_4,u_5\}\}$$

$$U / \{B_4\} = \{\{u_1\},\{u_2\},\{u_3\},\{u_4\},\{u_5\}\}$$

$$U / \{B_5\} = \{\{u_1,u_2,u_3,u_5\},\{u_4\}\}$$

根据式(2.7)和式(2.8)可得

$$H(G) = -\left(\frac{2}{5}\lg\frac{2}{5} + \frac{2}{5}\lg\frac{2}{5} + \frac{1}{5}\lg\frac{1}{5}\right) = 0.458146$$

$$H\left(G\big|\{B_1\}\right) = -\frac{4}{5}\left(\frac{3}{4}\lg\frac{3}{4} + \frac{1}{4}\lg\frac{1}{4}\right) = 0.195375$$

$$H\left(G\big|\{B_2\}\right) = -\frac{3}{5}\left(\frac{1}{3}\lg\frac{1}{3} + \frac{1}{3}\lg\frac{1}{3} + \frac{1}{3}\lg\frac{1}{3}\right) - \frac{2}{5}\left(\frac{1}{2}\lg\frac{1}{2} + \frac{1}{2}\lg\frac{1}{2}\right) = 0.406685$$

$$H\left(G\big|\{B_3\}\right) = -\frac{1}{5}(\lg1) - \frac{4}{5}\left(\frac{2}{4}\lg\frac{2}{4} + \frac{1}{4}\lg\frac{1}{4} + \frac{1}{4}\lg\frac{1}{4}\right) = 0.361236$$

$$H\left(G\big|\{B_4\}\right) = -\left(\frac{2}{5}\lg\frac{2}{5} + \frac{2}{5}\lg\frac{2}{5} + \frac{1}{5}\lg\frac{1}{5}\right) = 0.178558$$

$$H\left(G\big|\{B_5\}\right) = -\frac{4}{5}\left(\frac{2}{4}\lg\frac{2}{4} + \frac{1}{4}\lg\frac{1}{4} + \frac{1}{4}\lg\frac{1}{4}\right) = 0.120412$$

于是有

$$I(B,G) = 1.000000 , \quad I(B_1,G) = 0.262771 , \quad I(B_2,G) = 0.051461$$

$$I(B_3,G) = 0.096910 , \quad I(B_4,G) = 0.337734 , \quad I(B_5,G) = 0.279588$$

根据式 (2.9) 可得

$SIG(B_1, G) = 0.737229$，　　$SIG(B_2, G) = 0.948539$，　　$SIG(B_3, G) = 0.903090$

$SIG(B_4, G) = 0.662266$，　　$SIG(B_5, G) = 0.720412$

(4) 确定属性的客观权重。

根据式 (2.10) 可得

$W_2(B_1) = 0.16923$，　　$W_2(B_2) = 0.20068$，　　$W_2(B_3) = 0.19391$

$W_2(B_4) = 0.09855$，　　$W_2(B_5) = 0.13696$

引大入秦工程输水明渠运行安全风险一级指标客观权重如表 2.8 所示。

表 2.8　基于 VPRS 法确定的客观权重（准则层）

指标	B_1	B_2	B_3	B_4	B_5
权重值	0.16923	0.20068	0.19391	0.09855	0.13696

选择引大入秦工程输水明渠运行安全风险各指标值为条件属性，以评估结果 D 为决策属性，建立二级指标相对一级指标的评价决策表，如表 2.9 所示。

表 2.9　引大入秦工程输水明渠运行安全风险指标评价决策表

U	B_{11}	B_{12}	B_{13}	B_{14}	B_{15}	B_{16}	B_{21}	B_{22}	B_{23}	B_{24}	B_{31}	B_{32}	B_{33}	B_{34}	B_{41}	B_{42}	B_{43}	B_{44}	B_{51}	B_{52}	B_{53}	B_{54}	D
u_1	4.0	2.0	3.0	4.0	3.5	3.0	3.0	4.0	2.0	4.0	1.5	3.0	3.0	3.5	1.5	3.0	3.5	2.0	3.5	3.0	3.0	3.0	3.0
u_2	4.5	2.5	2.0	3.5	2.5	3.0	3.0	3.5	1.5	2.0	1.0	3.5	2.0	4.0	2.5	2.5	3.5	2.5	3.5	2.5	2.5	2.5	3.5
u_3	4.5	1.5	2.0	4.0	2.5	2.0	3.5	3.0	2.0	3.5	1.0	3.5	2.5	3.5	3.0	4.0	4.0	2.0	4.0	3.5	4.0	4.0	3.0
u_4	3.5	2.0	3.0	3.5	3.0	2.5	2.5	2.5	1.5	4.0	2.0	3.0	3.0	3.5	3.0	3.0	3.0	3.0	3.0	3.5	3.5	3.5	3.5
u_5	4.0	2.5	3.0	3.0	3.0	2.0	3.0	3.0	2.0	3.5	1.5	3.0	3.0	2.5	3.5	3.0	2.5	2.0	3.0	3.0	3.0	3.0	4.0

根据 VPRS 法确定指标权重的步骤，计算得到引大入秦工程输水明渠运行安全风险二级客观指标权重，进而确定各评价指标（指标层）的客观权重，如表 2.10 所示。

表 2.10　基于 VPRS 法确定的客观权重（指标层）

指标	B_{11}	B_{12}	B_{13}	B_{14}	B_{15}	B_{16}	B_{21}	B_{22}	B_{23}	B_{24}	B_{31}
权重值	0.27210	0.34380	0.34945	0.34080	0.40485	0.24135	0.16470	0.41875	0.15585	0.58870	0.35140

指标	B_{32}	B_{33}	B_{34}	B_{41}	B_{42}	B_{43}	B_{44}	B_{51}	B_{52}	B_{53}	B_{54}
权重值	0.23845	0.27425	0.16155	0.32760	0.11260	0.17770	0.18965	0.21385	0.11275	0.11810	0.20515

3）MIE 法确定优化权重

选取最小信息熵对评价指标的主、客观权重引起的偏差进行消减。综合考虑已求得的引大入秦工程输水明渠运行安全风险评价指标主、客观权重值，根据式(2.11)计算得到其多元指标优化权重值，如表 2.11 所示。

表 2.11　基于 MIE 法确定的优化权重（指标层）

指标	B_{11}	B_{12}	B_{13}	B_{14}	B_{15}	B_{16}	B_{21}	B_{22}	B_{23}	B_{24}	B_{31}
权重值	0.33070	0.25309	0.38010	0.23994	0.26727	0.16062	0.22490	0.43875	0.13798	0.65841	0.25650
指标	B_{32}	B_{33}	B_{34}	B_{41}	B_{42}	B_{43}	B_{44}	B_{51}	B_{52}	B_{53}	B_{54}
权重值	0.24018	0.18235	0.17030	0.23750	0.11104	0.18426	0.11225	0.11343	0.10077	0.07304	0.12627

为了更加清晰明确地表现出 ANP 法、VPRS 法及所建立的 MIE 法在评估引大入秦工程输水明渠运行安全风险时指标权重的差异程度，将主观权重、客观权重及优化权重值绘制成评价指标权重雷达图，如图 2.25 所示。

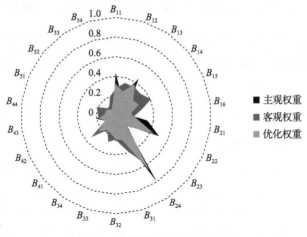

图 2.25　评价指标权重雷达图

图 2.25 中数据为评价指标的权重值，可以看出，权重值的大小随着虚线直径的增大而增大；优化权重封闭区域基本上覆盖了主、客观权重的区域，表明优化权重既反映了评价指标的数据信息，也反映了指标对引大入秦工程输水明渠运行安全风险的客观影响，避免了主观权重及客观权重的不足。

2. 基于多层次灰色理论的引大入秦工程输水明渠运行安全风险评价

1）构建样本矩阵

根据建立的引大入秦工程输水明渠运行安全风险指标系统，评价指标包含 5

个一级指标和 22 个二级指标。数据的选取是通过专家打分获得的，所评测的 5
段明渠均属于引大入秦工程总干渠段，因此选定 5 位专家，包括总工程师 2 人、
维修设计人员 1 人、施工管理人员 2 人，分别从引大入秦工程、南水北调中线
工程、引洮工程、引黄济青工程中选择符合本次调研的专家进行评分，使得评
价结果更加合理可信。根据各位专家的评分结果，得到各待评价明渠段的评价
样本矩阵。

引大入秦工程总干渠各明渠段风险评估，评价样本矩阵用 $D_{(i)}$ 表示，其中
$D_{(1)}$、$D_{(2)}$、$D_{(3)}$、$D_{(4)}$、$D_{(5)}$ 分别代表大水池矩形明渠段、盘洞进口矩形明渠
段、渠首梯形明渠段、朱岔沟梯形明渠段、拉子台梯形明渠段。

2）计算灰色评价系数

针对评价指标 B_{11}，可求得灰色评价系数 $M_{11e}^{(x)}$：

$$M_{111}^{(1)} = \sum f_1\left(d_{11e}^{(1)}\right) = f_1(2) + f_1(3) + f_1(2) + f_1(3.5) + f_1(2) = 0$$

$$M_{112}^{(1)} = \sum f_2\left(d_{11e}^{(2)}\right) = f_2(2.5) + f_2(3) + f_2(2) + f_2(4) + f_2(2.5) = 3.75$$

$$M_{113}^{(1)} = \sum f_3\left(d_{11e}^{(3)}\right) = f_3(3) + f_3(4) + f_3(3.5) + f_3(4) + f_3(3) = 3.83$$

$$M_{114}^{(1)} = \sum f_4\left(d_{11e}^{(4)}\right) = f_4(2.5) + f_4(3.5) + f_4(3) + f_4(3.5) + f_4(4) = 3.13$$

$$M_{115}^{(1)} = \sum f_5\left(d_{11e}^{(5)}\right) = f_5(3) + f_5(2.5) + f_5(3.5) + f_5(2) + f_5(3) = 2.5$$

同理，计算可得

$$M_{121}^{(1)} = 0, \quad M_{122}^{(1)} = 3, \quad M_{123}^{(1)} = 4, \quad M_{124}^{(1)} = 3.5, \quad M_{125}^{(1)} = 2.8$$

$$M_{131}^{(1)} = 0, \quad M_{132}^{(1)} = 0.75, \quad M_{133}^{(1)} = 3.17, \quad M_{134}^{(1)} = 3.63, \quad M_{135}^{(1)} = 2.9$$

$$M_{141}^{(1)} = 0, \quad M_{142}^{(1)} = 1.75, \quad M_{143}^{(1)} = 3.5, \quad M_{144}^{(1)} = 3.13, \quad M_{145}^{(1)} = 2.5$$

$$M_{151}^{(1)} = 0, \quad M_{152}^{(1)} = 2.5, \quad M_{153}^{(1)} = 3.33, \quad M_{154}^{(1)} = 2.75, \quad M_{155}^{(1)} = 2.2$$

$$M_{161}^{(1)} = 0, \quad M_{162}^{(1)} = 1.5, \quad M_{163}^{(1)} = 3.66, \quad M_{164}^{(1)} = 3.26, \quad M_{165}^{(1)} = 2.6$$

$$M_{211}^{(1)} = 0, \quad M_{212}^{(1)} = 2.75, \quad M_{213}^{(1)} = 3.5, \quad M_{214}^{(1)} = 3.63, \quad M_{215}^{(1)} = 2.9$$

$$M_{221}^{(1)} = 0, \quad M_{222}^{(1)} = 0.75, \quad M_{223}^{(1)} = 2.17, \quad M_{224}^{(1)} = 4.64, \quad M_{225}^{(1)} = 3.7$$

$$M_{231}^{(1)} = 0, \quad M_{232}^{(1)} = 2.25, \quad M_{233}^{(1)} = 4.16, \quad M_{234}^{(1)} = 3.88, \quad M_{235}^{(1)} = 3.1$$

$$M_{241}^{(1)} = 0, \quad M_{242}^{(1)} = 1.75, \quad M_{243}^{(1)} = 3.83, \quad M_{244}^{(1)} = 4.13, \quad M_{245}^{(1)} = 3.3$$

$$M_{311}^{(1)} = 0, \quad M_{312}^{(1)} = 2.75, \quad M_{313}^{(1)} = 4.17, \quad M_{314}^{(1)} = 3.63, \quad M_{315}^{(1)} = 2.9$$

$$M_{321}^{(1)} = 0, \quad M_{322}^{(1)} = 3.25, \quad M_{323}^{(1)} = 4.49, \quad M_{324}^{(1)} = 3.39, \quad M_{325}^{(1)} = 2.7$$

$$M_{331}^{(1)} = 0, \quad M_{332}^{(1)} = 1.75, \quad M_{333}^{(1)} = 3.84, \quad M_{334}^{(1)} = 4.13, \quad M_{335}^{(1)} = 3.3$$

$$M_{341}^{(1)} = 0, \quad M_{342}^{(1)} = 3.75, \quad M_{343}^{(1)} = 4.17, \quad M_{344}^{(1)} = 3.13, \quad M_{345}^{(1)} = 2.5$$

$$M_{411}^{(1)} = 0, \quad M_{412}^{(1)} = 3.75, \quad M_{413}^{(1)} = 4.16, \quad M_{414}^{(1)} = 3.39, \quad M_{415}^{(1)} = 2.5$$

$$M_{421}^{(1)} = 0, \quad M_{422}^{(1)} = 3.25, \quad M_{423}^{(1)} = 4.5, \quad M_{424}^{(1)} = 3.38, \quad M_{425}^{(1)} = 2.7$$

$$M_{431}^{(1)} = 0, \quad M_{432}^{(1)} = 2, \quad M_{433}^{(1)} = 4, \quad M_{434}^{(1)} = 4, \quad M_{435}^{(1)} = 3.2$$

$$M_{441}^{(1)} = 0, \quad M_{442}^{(1)} = 4, \quad M_{443}^{(1)} = 4, \quad M_{444}^{(1)} = 3.01, \quad M_{445}^{(1)} = 2.4$$

$$M_{511}^{(1)} = 0, \quad M_{512}^{(1)} = 2.5, \quad M_{513}^{(1)} = 4.33, \quad M_{514}^{(1)} = 3.76, \quad M_{515}^{(1)} = 3$$

$$M_{521}^{(1)} = 0, \quad M_{522}^{(1)} = 2.75, \quad M_{523}^{(1)} = 4.5, \quad M_{524}^{(1)} = 3.63, \quad M_{525}^{(1)} = 2.9$$

$$M_{531}^{(1)} = 0, \quad M_{532}^{(1)} = 1.75, \quad M_{533}^{(1)} = 4.16, \quad M_{534}^{(1)} = 4.13, \quad M_{535}^{(1)} = 3.3$$

$$M_{541}^{(1)} = 0, \quad M_{542}^{(1)} = 2.5, \quad M_{543}^{(1)} = 4.33, \quad M_{544}^{(1)} = 3.76, \quad M_{545}^{(1)} = 3$$

3)计算灰色评价权向量与灰色评价权矩阵

(1)计算指标层 B_{ij} 的灰色评价权向量和准则层 B_i 的灰色评价权矩阵。

针对评价指标 B_{11}，各个评价灰类的总评价系数为

$$M_{11}^{(1)} = 0 + 3.75 + 3.83 + 3.13 + 2.5 = 13.21$$

评价指标 B_{11} 在第 e 个评价灰类上的灰色评价权 $q_{11e}^{(1)}$ 为

$$q_{111}^{(1)} = \frac{M_{111}^{(1)}}{M_{11}^{(1)}} = \frac{0}{13.21} = 0$$

$$q_{112}^{(1)} = \frac{M_{112}^{(1)}}{M_{11}^{(1)}} = \frac{3.75}{13.21} = 0.28$$

$$q_{113}^{(1)} = \frac{M_{113}^{(1)}}{M_{11}^{(1)}} = \frac{3.83}{13.21} = 0.29$$

$$q_{114}^{(1)} = \frac{M_{114}^{(1)}}{M_{11}^{(1)}} = \frac{3.13}{13.21} = 0.24$$

$$q_{115}^{(1)} = \frac{M_{115}^{(1)}}{M_{11}^{(1)}} = \frac{2.5}{13.21} = 0.19$$

所以 B_{11} 的灰色评价权向量 $q_{11}^{(1)}$ 为

$$q_{11}^{(1)} = \begin{pmatrix} q_{111}^{(1)} & q_{112}^{(1)} & q_{113}^{(1)} & q_{114}^{(1)} & q_{115}^{(1)} \end{pmatrix} = (0 \quad 0.28 \quad 0.29 \quad 0.24 \quad 0.19)$$

同理，可以得出

$$q_{12}^{(1)} = (0 \quad 0.23 \quad 0.30 \quad 0.26 \quad 0.21)$$
$$q_{13}^{(1)} = (0 \quad 0.07 \quad 0.30 \quad 0.35 \quad 0.28)$$
$$q_{14}^{(1)} = (0 \quad 0.16 \quad 0.32 \quad 0.29 \quad 0.23)$$
$$q_{15}^{(1)} = (0 \quad 0.23 \quad 0.31 \quad 0.26 \quad 0.20)$$
$$q_{16}^{(1)} = (0 \quad 0.14 \quad 0.33 \quad 0.30 \quad 0.24)$$

因此，求得准则层 B_1 的灰色评价权矩阵 $Q_1^{(1)}$ 为

$$Q_1^{(1)} = \begin{bmatrix} q_{11}^{(1)} \\ q_{12}^{(1)} \\ q_{13}^{(1)} \\ q_{14}^{(1)} \\ q_{15}^{(1)} \\ q_{16}^{(1)} \end{bmatrix} = \begin{bmatrix} 0 & 0.28 & 0.29 & 0.24 & 0.19 \\ 0 & 0.23 & 0.30 & 0.26 & 0.21 \\ 0 & 0.07 & 0.30 & 0.35 & 0.28 \\ 0 & 0.16 & 0.32 & 0.29 & 0.23 \\ 0 & 0.23 & 0.31 & 0.26 & 0.20 \\ 0 & 0.14 & 0.33 & 0.30 & 0.24 \end{bmatrix}$$

按照上述步骤求出 22 个评价指标的灰色评价权向量，进而得到各准则层的灰色评价权矩阵分别为

$$Q_2^{(1)} = \begin{bmatrix} q_{21}^{(1)} \\ q_{22}^{(1)} \\ q_{23}^{(1)} \\ q_{24}^{(1)} \end{bmatrix} = \begin{bmatrix} 0 & 0.22 & 0.27 & 0.28 & 0.23 \\ 0 & 0.07 & 0.19 & 0.41 & 0.33 \\ 0 & 0.17 & 0.31 & 0.29 & 0.23 \\ 0 & 0.13 & 0.29 & 0.32 & 0.25 \end{bmatrix}$$

$$Q_3^{(1)} = \begin{bmatrix} q_{31}^{(1)} \\ q_{32}^{(1)} \\ q_{33}^{(1)} \\ q_{34}^{(1)} \end{bmatrix} = \begin{bmatrix} 0 & 0.20 & 0.31 & 0.27 & 0.22 \\ 0 & 0.24 & 0.32 & 0.24 & 0.20 \\ 0 & 0.13 & 0.29 & 0.32 & 0.25 \\ 0 & 0.28 & 0.31 & 0.23 & 0.18 \end{bmatrix}$$

$$Q_4^{(1)} = \begin{bmatrix} q_{41}^{(1)} \\ q_{42}^{(1)} \\ q_{43}^{(1)} \\ q_{44}^{(1)} \end{bmatrix} = \begin{bmatrix} 0 & 0.27 & 0.30 & 0.25 & 0.18 \\ 0 & 0.24 & 0.33 & 0.24 & 0.20 \\ 0 & 0.15 & 0.30 & 0.30 & 0.24 \\ 0 & 0.30 & 0.30 & 0.22 & 0.18 \end{bmatrix}$$

$$Q_5^{(1)} = \begin{bmatrix} q_{51}^{(1)} \\ q_{52}^{(1)} \\ q_{53}^{(1)} \\ q_{54}^{(1)} \end{bmatrix} = \begin{bmatrix} 0 & 0.18 & 0.32 & 0.28 & 0.22 \\ 0 & 0.20 & 0.33 & 0.26 & 0.21 \\ 0 & 0.13 & 0.31 & 0.31 & 0.25 \\ 0 & 0.18 & 0.32 & 0.28 & 0.22 \end{bmatrix}$$

(2)计算准则层 B_i 的灰色评价权向量和目标层 A 的灰色评价权矩阵。

根据式(2.24)计算得到准则层 B_i 的灰色评价权向量 N_i 为

$$N_1^{(1)} = W_1 \cdot Q_1^{(1)} = (0 \quad 0.301 \quad 0.50 \quad 0.462 \quad 0.369)$$
$$N_2^{(1)} = W_2 \cdot Q_2^{(1)} = (0 \quad 0.189 \quad 0.383 \quad 0.493 \quad 0.394)$$
$$N_3^{(1)} = W_3 \cdot Q_3^{(1)} = (0 \quad 0.181 \quad 0.264 \quad 0.225 \quad 0.18)$$
$$N_4^{(1)} = W_4 \cdot Q_4^{(1)} = (0 \quad 0.152 \quad 0.197 \quad 0.166 \quad 0.130)$$
$$N_5^{(1)} = W_5 \cdot Q_5^{(1)} = (0 \quad 0.074 \quad 0.132 \quad 0.115 \quad 0.092)$$

进而得到目标层 A 的灰色评价权矩阵 $Q^{(1)}$ 为

$$Q^{(1)} = \begin{bmatrix} 0 & 0.301 & 0.50 & 0.462 & 0.369 \\ 0 & 0.189 & 0.383 & 0.493 & 0.394 \\ 0 & 0.181 & 0.264 & 0.225 & 0.18 \\ 0 & 0.152 & 0.197 & 0.166 & 0.13 \\ 0 & 0.074 & 0.132 & 0.115 & 0.092 \end{bmatrix}$$

(3)计算目标层 A 的灰色评价权向量。

根据式(2.26)计算得到引大入秦工程总干渠大水池矩形明渠段运行安全风险的灰色评价权向量为

$$N^{(1)} = W \cdot Q^{(1)} = (0 \quad 0.188 \quad 0.316 \quad 0.320 \quad 0.255)$$

4)实例计算结果

根据式(2.27)得出引大入秦工程总干渠大水池矩形明渠段运行安全风险的综

合评价值 $R^{(1)}$ 为

$$R^{(1)} = N^{(1)} \cdot C^{\mathrm{T}} = 3.880$$

同理，可以计算出引大入秦工程总干渠盘洞进口矩形明渠段、渠首梯形明渠段、朱岔沟梯形明渠段、拉子台梯形明渠段运行安全风险的综合评价值分别为

$$R^{(2)} = 3.671, \quad R^{(3)} = 3.216, \quad R^{(4)} = 3.098, \quad R^{(5)} = 3.352$$

综合上述结果，为清晰地看出 5 段明渠运行安全风险的综合评价值，绘制灰色多层次评价结果柱状图，如图 2.26 所示。

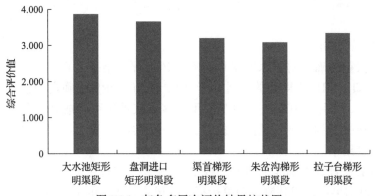

图 2.26　灰色多层次评价结果柱状图

从图 2.26 可以看出，引大入秦工程总干渠大水池矩形明渠段运行安全风险综合评价值最高，其风险等级属于Ⅲ级偏Ⅳ级，5 段明渠运行安全风险等级均属于Ⅲ级。通过与引大入秦工程管理局的相关人员核实，计算所得结果与实际情况基本相符，表明所选方法具有一定科学性和合理性。

2.4.3　评价结果的分析与处理

1. 评价结果的分析

上述对引大入秦工程总干渠的运行安全风险综合评价表明，引大入秦工程总干渠大水池矩形明渠段、盘洞进口矩形明渠段、渠首梯形明渠段、朱岔沟梯形明渠段、拉子台梯形明渠段的运行安全风险均属于Ⅲ级，且大水池矩形明渠段>盘洞进口矩形明渠段>拉子台梯形明渠段>渠首梯形明渠段>朱岔沟梯形明渠段。

大水池矩形明渠段运行安全风险的综合评价值为 3.880，其风险等级属于Ⅲ级偏Ⅳ级，说明该段明渠的运行安全风险较大，可能发生险情的概率较大，需要进行安全性调查，确定相应的对策。

盘洞进口矩形明渠段运行安全风险的综合评价值为 3.671，其风险等级亦属于

Ⅲ级偏Ⅳ级，说明该段明渠的运行安全风险也较大，但是相对大水池矩形明渠段较低，可能发生险情的概率相对较大，需要进行部分安全性调查，确定相应的对策。

渠首梯形明渠段运行安全风险的综合评价值为3.216，其风险等级属于Ⅲ级偏Ⅳ级，且只有略微倾向，说明该段明渠的运行安全风险由中等风险轻微偏向较大风险。

朱岔沟梯形明渠段运行安全风险的综合评价值为3.098，其风险等级基本属于Ⅲ级，说明该段明渠的运行安全风险为中等风险。

拉子台梯形明渠段运行安全风险的综合评价值为3.352，其风险等级属于Ⅲ级偏Ⅳ级，且有略微倾向，说明该段明渠的运行安全风险由中等风险轻微偏向较大风险。

1) 权重的分析

指标权重的确定对输水明渠运行安全风险评价结果是否合理至关重要，由表 2.11 可知，MIE 法得到的权重介于 ANP 法与 VPRS 法确定的权重值之间。该结果表明，采用 MIE 法对主观权重和客观权重进行合成并优化，一定程度上减小主观权重和客观权重间的偏差，验证了实际工程的运行风险，获得科学合理的评价结果。

由 MIE 法计算得到准则层 B_i 的权重，准则层对目标层的权重柱状图如图 2.27 所示。通过结果可以得到输水明渠运行安全风险各指标的最终风险程度，各指标的最终风险程度排序：自然风险 B_2 > 主体结构风险 B_1 > 水污染风险 B_3 > 运行调度风险 B_5 > 组织管理风险 B_4。研究区域引大入秦工程总干渠通过地区冬季气候寒冷，全年气温低于-5℃的时间有 95 天；夏秋季雨水较多，极端自然灾害的发生也会阻碍经济社会的发展。因此，在此次引大入秦工程总干渠明渠段运行安全风险评价过程中，自然环境因素最重要，工程结构风险对其安全运行意义重大，因

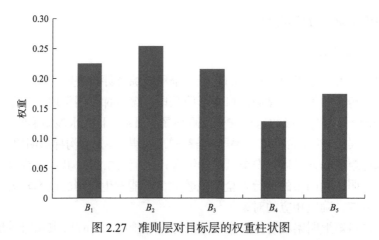

图 2.27　准则层对目标层的权重柱状图

此主体结构风险的重要程度仅次于自然风险。

根据 MIE 法计算得到指标层 B_{ij} 的权重，指标层对准则层的权重柱状图如图 2.28 所示。主体结构风险 B_1 中 $B_{13} > B_{11}$，对引大入秦工程总干渠明渠的运行安全而言，由于该工程位于西北寒冷地区，抗渗性能对明渠运行安全风险的影响更大，因此抗渗性能更重要一些；自然风险 B_2 中 $B_{24} > B_{22}$，在冬季低温、冷空气的影响下，容易形成冰凌灾害，尤其是渠道内的水结冰，渠道边坡衬砌发生冻胀破坏，随着气温的降低，冻胀破坏发生后渠道损害情况更严重，因此在此次评价中冻胀破坏的影响程度更大；水污染风险 B_3 中，水源地水质污染对明渠允许安全以及渠道内水质危害极大，所以该指标权重值最大；组织管理风险 B_4 中，水情、冰情预测对明渠运行安全产生的影响最为明显，因此该指标权重值相对于其他指标较高；运行调度风险 B_5 准则层中，人为操作失误是反映运行调度控制方式的重要指标，所以该指标的权重值相对其他指标较高。

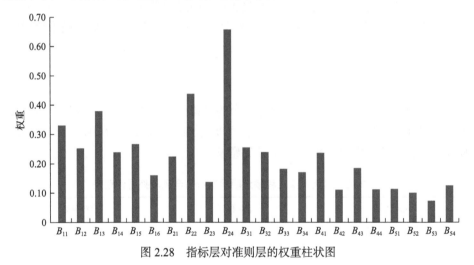

图 2.28　指标层对准则层的权重柱状图

2）运行安全风险分析

依据计算结果可知，引大入秦工程总干渠中的大水池矩形明渠段、盘洞进口矩形明渠段、渠首梯形明渠段、朱岔沟梯形明渠段、拉子台梯形明渠段的运行安全风险等级均属于Ⅲ级。由前面分析可知，主体结构风险、自然风险及水污染风险对长距离输水明渠运行安全的影响程度较大，各位专家学者采取原型观测、模型试验印证了西北寒冷地区输水明渠运行安全应做好相应的防范措施，以避免引大入秦工程总干渠的运行安全风险。引大入秦工程总干渠中的大水池矩形明渠段、盘洞进口矩形明渠段、渠首梯形明渠段、朱岔沟梯形明渠段、拉子台梯形明渠段的运行安全风险存在一定的差别，主要与其所处的地质条件、气候条件、渠道边界结合条件有关，应急抢险能力、维修加固也有一定影响。引大入秦工程管理局通过科学的管理、合理的调度、高质量的维修加固和员工技能素质培养，为引大入秦工程总干渠的安全运行提供了强有力的支撑。

2. 输水明渠运行安全风险应对原则及处置计划

1) 风险应对原则

风险应对应遵循下列原则：

(1) 风险等级由高到低的原则。在输水明渠运行过程中往往存在各种风险，并且风险的发生存在不确定性和随机性，针对这一状况，应在进行风险应对之前确定好各种风险的重要程度，以便提出的风险应对措施能够更加符合工程实际情况。一般情况下，风险重要程度的高低与其应对顺序的早晚相对应，即风险重要程度越高，其应对顺序越早。

(2) 风险损失最小化原则。对输水明渠进行风险管理的主要目的是减小风险的发生对输水明渠运行带来的损失，因此在对风险进行评价时，应根据风险种类选择适合该风险的应对方法，同时在进行风险应对时着重考虑风险损失最小化原则。因此，一旦有风险发生，首先应考虑的风险应对方式为风险控制，其次为风险转移，最后考虑风险规避和风险自留。

2) 风险处置计划

针对西北寒冷地区输水明渠运行安全的具体风险，提出符合工程实际状况的风险处置计划，如表 2.12 所示，其重要程度按 ANP、VPRS、MIE 法计算的权重值分为低、较低、中等、较高、高五个等级。

表 2.12　引大入秦工程输水明渠运行安全风险处置计划表

风险类别	重要程度	应对策略
主体结构风险	较高	风险控制、风险规避
自然风险	高	风险控制、风险转移
水污染风险	中等	风险控制、风险转移
组织管理风险	低	风险规避、风险自留
运行调度风险	较低	风险控制、风险自留

此外，应根据具体问题具体分析的原则对不同风险类别中的不同风险因素运用不同的应对策略。下面将针对引大入秦工程总干渠明渠段的运行安全风险因素给出具体应对措施。

3. 输水明渠运行安全风险应对措施

在进行输水明渠运行安全风险应对时，应根据风险特点选择合理的措施对其进行预防和解决。关于输水明渠在西北寒冷地区运行过程中存在的风险事件，制定如下应对措施：

(1) 应对冻胀风险时应考虑季节变化，在气温较低、冻胀破坏易发地段，工作管理人员需时刻关注天气状况及受天体影响渠道水体状态变化，尤其在易发生冻害时间段要加强相关设施观测并加以保护，做好保温防护措施；渠道水体在冬季低温条件下易发生冻害，因此提前做好预防就显得尤为重要，当冰层较薄时，只需设置拦冰索将水面浮冰拦截，当冰层较厚时，除设置拦冰索外，还应采取加大渠道水流流速、人工破除浮冰、运用排冰闸处理浮冰等有效措施，这一系列的处理措施可以有效避免冰盖的形成。除此之外，还应提前储备好相关物资，方便随时取用。

(2) 应对渗漏风险时最重要的是及时应对，必须在第一时间处理所发生的风险，常用于处理渗漏风险的方法是对渗漏部位进行内堵外导，而最常见的内堵方式为设置排水反滤体，外导方式则为运用防水膜进行压盖处理。当渗漏现象较严重时，应立即排查渗漏通道并采取有效的封堵措施，当渗漏更加严重甚至出现管涌现象时，不仅要采取紧急封堵措施，还要调节渠道水位避免工程安全运行出现意外。此外，在日常管理中应加强巡查力度，确保时刻监控险情，从而减小甚至避免发生风险。

(3) 应对裂缝风险时最重要的是做好日常巡检工作，而进行检查时必须做到覆盖每一个角落，不能遗漏，而且相应的检查次数也应增加。在裂缝易发区域，为了降低风险损失，必须制定有效措施来明确地掌握该区域渠道的全部情况。日常巡检的重点对象是结构裂缝，当发现裂缝时，应立即采取相关措施修补裂缝，而当裂缝老化严重时，为避免裂缝扩大，应及时进行清理。除此之外，当发生暴雨、洪水等自然灾害带来的风险时，也应增加巡检次数，甚至将其列为一个重点专项进行检查。

暴雨洪水的发生，致使渠坡表面出现裂缝，甚至出现渠坡失稳现象，对输水明渠工程造成严重影响。应对暴雨洪水发生造成的影响，可以选择布设闭合混凝土格或植草的方式，便于输水明渠运行安全的管理；在可能出现失稳的渠段采用打入抗滑桩并加设坡体排水措施的方法进行支挡加固，日常工作管理中应当加大巡查力度以免出现结构破坏现象。在汛期，应当密切关注河渠交叉建筑物区域内的降水状况以及由此引发的河道水位上涨情况，若发生洪水，还应时刻关注工程实体受洪水冲刷的变化情况，提前准备好防汛材料以免洪水对输水明渠自身结构造成破坏。在汛期前，应提前准备好防汛物资及设备以备不时之需，同时确保排水系统通畅，加强汛期巡检力度，并采用相关措施进行处理，同时联络当地防汛部门建立相关机制，以便汛情突发后能够及时通知相关人员，及时采取合理措施进行处理。

(4)应对地震地质灾害风险时应当结合实际情况制定相关措施。地震灾害具有突发性且难以提前预知，因此在地震频发地区应经常进行检测，预测地震可能发生时段，并第一时间对人、财、物进行疏散；渠坡采用抗滑工程、支挡工程等预防灾害隐患，预防泥石流易发区域的灾害隐患时，常采用的措施有排导工程、固源工程等。除制定以上措施外，还应普及防震知识、成立具有一定素养的抢险救灾队伍。当遇到膨胀土、湿陷性黄土等地质条件引发的灾害时，为了确保工程实体在运行过程中的环境安全，有效预防地质灾害的发生，除运用改性土更换原土外，还可以运用现代化的检测设备对工程运行状态进行全程监控。

水源地上游及周边水质与水源地水质污染恶化风险密切相关，因此水源地管理单位应当加强水质管理工作，增大检测频率以保证输送水量的水质安全。水体输送时距离较长、流速慢，高温及其他特殊天气状况下易出现水生物集中暴发的现象，日常管理中应加强巡查力度，发现险情第一时间进行治理。输水明渠运行过程中易出现外物入渠现象，针对这一现象，应增加巡查次数确保当外物进入渠内后能够第一时间选择有效措施进行治理，同时制定合理的方案将外物排除。

组织风险不仅与各项风险密切相关，还保障着工程的安全运行。日常维护管理和建设应急管理能力是输水明渠运行安全管理的重点。建立完善的规章制度并严格落实执行是日常维护管理工作的保障，设备管理依旧如此，有效的管理制度在正常运行中必不可少，制定健全的设备管理制度，将传统的人管人模式改为科学的制度管人模式，使管控工作能够有理可依、有据可查。实现设备的现代化管理、确保持续提高劳动生产率的前提是建设标准化的设备维护检修制度及设备运行管理的有效推广。逐步建立管理体系并加以完善的首要工作是建立技术标准、管理标准、工作标准三大标准体系。加强应急管理能力建设愈发重要，运行管理单位十分重视突发事件的应急管理处置措施，制定应急预案时要结合当地实际情况，常需制定的应急预案有人员安全事故预案、消防火灾预案、调度大楼安全预案等，这些预案内容涵盖预防处理地震、洪水等自然灾害造成的运行事故等多个方面。初步建立的应急管理措施包括组织机构、工作职责、工作流程、应急设备材料准备等多个内容。制定的预案机制在应急管理指导工作中有很大作用，但是在实际应用时仍要面对很多问题，如现场不当指挥、预案难以操作、协调难度大、无法进行有效配合、现场人员素养差异大、现场未设置控诉通道等，这些都对故障现场应急处理的准确性、快速性和协调性有一定的阻碍。

应急处理组织机构的设置，可以在出现突发紧急事件时能够更快、更高效地进行处理。将运行、检修及其他多个部门的人员组合并建立专门的应急处理部门，平常应对该部门多进行应急处理演练，在演练过程中清楚地确定每个人员的主要职责，并明确各种故障出现时的处理流程。只有通过大家的互相合作，才能进一步提高应急处理效率。

第3章　输水明渠混凝土衬砌劣化机理试验研究

3.1　输水明渠混凝土衬砌劣化机理的理论分析

寒旱地区输水明渠混凝土衬砌常会出现一些耐久性问题，如衬砌板破损、边坡出现渗漏、衬砌板勾缝脱落、明渠底板剥蚀、卵石出露等。从建筑物宏观意义而言，结构和材料属性方面的安全都有很重要的意义。结构安全更多在于力学方面的研究，如地震荷载、风荷载等。材料则更加注重建筑物本身的属性，主要考虑干寒地区输水明渠衬砌由不利环境导致的材料耐久性问题以及材料的可靠性对整体结构安全性的影响。而输水明渠作为特殊性的串联工程，距离长、单一性强、结构整体性较弱，因此明渠混凝土衬砌的可靠性对整个输水工程安全性具有重要影响。

3.1.1　输水明渠混凝土衬砌劣化分析的基本理论

1. 静水压假说

静水压假说由美国 Powers 提出的，他认为，当温度开始降低时，混凝土结构表面开始产生冰冻并密封，表面结冰会导致冰壳对试件产生挤压作用，使水分更容易通过毛细管进入混凝土内部。随着温度的持续降低以及孔隙水的持续渗入，这些水分在混凝土内部会形成相对较大的水压力，对试件产生不利影响。最后，随着冻融过程的持续累积，试件内部压力突破极限，最终造成混凝土试件破坏。

2. 渗透压假说

由于静水压假说无法解释关于渗透理论的问题，Powers 和 Helmuth 在此基础上提出了渗透压假说。他们认为，当温度在零下时，混凝土内部少量水分会结冰，导致溶质与溶液的比例发生变化，使溶液密度增加。密度的变化导致混凝土内部毛细管和微小孔隙里的溶液形成浓度差，浓度差扩散形成渗透压力。由于混凝土冻结是从内部开始，水在渗透压力的作用下从内部穿过表面，从而形成裂缝。

3. 温度应力假说

Mihta 提出温度应力假说，由于骨料与水泥水化产物的热膨胀系数不同，温度应力存在差异，长期累积效果造成了材料内部的疲劳损伤。该假说表明，骨料尺寸的大小对温度应力也有明显的影响，当骨料尺寸较小时，材料之间的热膨胀系数没有明显的区别，所以产生的温度应力较小，甚至不产生温度应力。

4. 盐结晶压假说

Scherer 和 Bresme 提出了盐结晶压假说，他们在研究骨料和水泥水化产物之间孔隙盐的结晶压力时，发现了在过饱和盐溶液中产生的结晶盐和低温冷冻环境下产生的冰具有相同的机理，二者都会产生结晶，都会对混凝土结构造成破坏。结晶产物所产生的结晶压力是结构破坏的一个重要因素。

3.1.2 输水明渠混凝土衬砌劣化的影响因素

经过实地考察发现，引大入秦工程输水明渠混凝土衬砌存在诸多问题，主要是寒冷盐渍环境下输水明渠衬砌板结构遭到破坏，如果长期不进行修缮，会导致永久失效，造成资源的浪费和经济的损耗。引大入秦工程输水明渠混凝土衬砌主要存在的问题有衬砌板冻胀开裂、边坡失稳垮塌、衬砌板勾缝脱落以及衬砌底板浆体脱落、卵石出露。

1. 复盐侵蚀对混凝土劣化的影响

无论是干湿循环还是冻融循环，盐分的参与都极大地增加了混凝土结构的破坏程度。在无盐分侵蚀时，干湿循环在"干"状态下收缩，在"湿"状态下膨胀；冻融循环则由于孔隙水结冰膨胀。相同点在于二者都会促使裂缝的产生，并且随着试验反应的进行，裂缝数量和种类增加。另外，在有盐分参与的循环过程中，有害离子(如硫酸根离子、氯离子)还能与混凝土中某些物质发生膨胀反应，导致混凝土膨胀开裂，产生裂缝。裂缝又使大量的离子进入内部，加速了反应的进行。总体而言，在盐分参与的情况下，破坏情况更为严重，所以盐分侵蚀是一个重要因素。目前常用以下两种理论来解释离子的传输过程。

1)非饱和状态离子运输方程

氯离子和硫酸根离子在干湿交替环境下的传输方式为典型的非饱和运输过程。非饱和状态下混凝土内水分及离子传输模型的一维形式表达式为

$$\frac{\partial C}{\partial t} = \frac{\partial}{\partial x}\left(D_{\text{Cl}} \times s \times \frac{\partial C}{\partial x} + D_{\text{s}} \times C \times \frac{\partial s}{\partial x}\right) \tag{3.1}$$

$$\frac{\partial s}{\partial t} = \frac{\partial}{\partial x}\left(D_{\text{s}} \times \frac{\partial s}{\partial x}\right) \tag{3.2}$$

式中，C 为离子质量分数，%；s 为孔隙溶液饱和度；D_{s} 为水分扩散系数；D_{Cl} 为

氯离子扩散系数；t 为实际暴露时间，s。

随着混凝土结构密实化，离子扩散系数呈现衰减趋势，表达式为

$$D_{Cl}(t) = D_{ref} \times \left(\frac{t_{ref}}{t_{ref} + t} \right)^m \tag{3.3}$$

式中，D_{ref} 为 t_{ref} 时刻的参照氯离子扩散系数；m 为龄期衰减系数。

2）系数形式偏微分方程

系数形式偏微分方程可以为干湿循环下氯离子运输的模拟提供理论依据，其控制方程为

$$e_a \frac{\partial^2 u}{\partial t^2} + d_a \frac{\partial u}{\partial t} + \nabla \cdot (-c\nabla u - \alpha u + \gamma) + \beta \cdot \nabla u + au = f \tag{3.4}$$

$$\nabla = \left[\frac{\partial}{\partial x} \quad \frac{\partial}{\partial y} \quad \frac{\partial}{\partial z} \right] \tag{3.5}$$

式中，c 为扩散系数；a 为吸收系数；f 为源项；e_a 为质量系数；d_a 为阻尼或质量分数；α 为守恒通量对流系数；β 为对流系数；γ 为守恒通量源。a、f、e_a、β、γ 均设置为 0，d_a 取 1。

2. 干湿破坏对混凝土劣化的影响

根据 Fick 第二定律，干湿循环下试件与环境中水分的关系可表示为

$$W_d = W - W_s \tag{3.6}$$

式中，W_d 为混凝土与环境水分交换量；W_s 为水泥水化耗水量；W 为混凝土内部水分含量。

水分在混凝土内部的扩散过程可表示为

$$\frac{\partial (W - W_s)}{\partial t} = \frac{\partial}{\partial x_i} \left(D_w \frac{\partial (W - W_s)}{\partial x_i} \right) \tag{3.7}$$

式中，D_w 为混凝土的等效水分扩散系数；t 为水分扩散时间；x_i 为不同方向的水分扩散深度。

混凝土干湿循环可分为单一干湿循环与盐分侵蚀下的干湿循环。干湿循环次数的累积加剧了内部裂缝的延伸，导致分散的孔隙全部被串通起来，持续增大了混凝土内部孔隙率。在潮湿环境下，干燥的混凝土会通过自身毛细孔吸收大量的

水分；在干燥环境下，盐溶液蒸发产生结晶，导致膨胀开裂，内部产生裂缝，同时加速了裂缝开裂与盐分侵蚀速度，并加快了侵蚀的反应进程，加剧了混凝土的损伤破坏程度。

3. 冻融破坏对混凝土劣化的影响

冻融循环是由水分状态的变化和浇筑混凝土搅拌不均匀造成的，原始的裂缝和孔隙都是重要的因素。混凝土材料中含有饱和水，在冰冻状态下，孔隙内部结冰膨胀，产生裂缝。随着冻融循环次数的增加，裂缝数量逐渐增多，裂缝变大，这就导致更多的有害离子进入，加速破坏进程。冻融循环使得温度由正变为负，再由负变为正，同时也导致水的冻与融的变化过程。水的密度大于冰的密度，在细小的孔隙中，由反比关系可知水变为冰导致体积增大，使得孔隙遭受冰应力，破坏了原始的材料结构，反复循环使微小裂缝越来越大，重新膨胀又使裂缝连接在一起，形成较大的裂缝。以上过程是从材料内部的微观孔隙破坏转变为外部宏观的结构破坏，从而对结构安全性造成影响。在西北干寒地区，冻融破坏是输水明渠破坏最主要的原因之一，解决冻融破坏的问题对该地区工程的安全运营具有重要意义。

混凝土冻融破坏是考虑冻胀变形的应力场、考虑渗透的达西渗流场和考虑水-冰相变的温度场三场耦合的情况，控制方程如下。

1)考虑冻胀变形的应力场方程

混凝土在冻融循环作用下的破坏是孔隙内部水分结冰膨胀开裂造成的，但这种开裂是经过反复循环多次累积形成的。因此，冻融循环破坏作用也可以看成一种疲劳损伤作用。

$$\sigma = \sigma' - BipI \tag{3.8}$$

式中，σ 为总应力，Pa；σ' 为有效应力，Pa；$\dot{p}$ 为平均孔隙压力，Pa；I 为单位矩阵；Bi 为 Biot 数（即毕奥数），$Bi = 1 - K_0 / K_m$，K_0 为多孔体系弹性模量，K_m 为多孔骨架的体积弹性模量。

有效应力与应变的关系为

$$\sigma' = H\varepsilon_e = H(\varepsilon - \varepsilon_t) \tag{3.9}$$

$$\varepsilon_t = \alpha_L(T - T_{ref}) \tag{3.10}$$

式中，H 为刚度矩阵；ε 为总应变；ε_e 为弹性应变；ε_t 为温度应变；α_L 为线膨胀系数，$1/K$；T 为温度，K；T_{ref} 为温度应变为 0 时的参考温度，K。

力学平衡微分方程为

$$\nabla \cdot \sigma + F = 0 \tag{3.11}$$

式中，F 为体力，N。

$$\sigma = E\varepsilon = E\left(\varepsilon_{t} + \varepsilon_{c}\right) \tag{3.12}$$

式中，E 为弹性模量，Pa；ε_{t} 为温度应变；ε_{c} 为冻胀应变。

2) 考虑渗透的达西渗流场方程

水分在多孔体系中的迁移规律符合达西定律，其达西渗流场方程为

$$\beta p_{w} = \nabla \cdot \left(\frac{D}{\eta}\nabla \dot{p}_{w}\right) + S - b\dot{\varepsilon}_{V} \tag{3.13}$$

式中，

$$\begin{cases} \beta = \dfrac{nV_{w}}{K_{w}} + \dfrac{nV_{i}}{K_{i}} + \dfrac{b-n}{K_{m}} \\[3mm] S = \left(\dfrac{1}{\rho_{i}} - \dfrac{1}{\rho_{w}}\right)w_{i} + \overline{\alpha}T - \dfrac{b-n}{K_{m}} - \dfrac{nV_{i}}{K_{i}}\gamma k \\[3mm] \overline{\alpha} = nV_{w}\alpha_{w} + nV_{i}\alpha_{i} + (b-n)\alpha_{0} \end{cases} \tag{3.14}$$

式中，β 为毕奥模量的倒数，1/Pa；p_{w} 为孔隙压力，Pa；D 为渗透系数，m^2；η 为水的动力黏滞系数，Pa·s；S 为水压力的源项；ε_{V} 为体积应变；n 为孔隙率；V_{w} 为孔隙中水所占体积；V_{i} 为孔隙中冰所占体积；K_{w} 为水的弹性模量，Pa；K_{i} 为冰的弹性模量，Pa；ρ_{i} 为冰的密度，kg/m^3；ρ_{w} 为水的密度，kg/m^3；w_{i} 为结冰量，g；T 为温度，K；γ 为水和冰之间的表面张力，N/m；k 为孔隙曲率，$1/nm$，$k = 2/R_{eq}$，其中 R_{eq} 为孔隙半径，nm；$\overline{\alpha}$ 为体系的体积膨胀系数，1/K；α_{w} 为水的体积膨胀系数，1/K；α_{i} 为冰的体积膨胀系数，1/K；α_{0} 为基质的体积膨胀系数，1/K。

3) 考虑水-冰相变的温度场方程

冻融循环过程中，结冰时会释放一定的热量，融化时会吸收一定的热量，这部分变化的热量是潜热。水相变潜热的热传导方程为

$$\rho C \frac{\partial T}{\partial t} = \nabla \cdot (\lambda \Delta T) + L \frac{\partial w_{i}}{\partial t} \tag{3.15}$$

$$\begin{cases} \lambda = \dfrac{nV_{w}\lambda_{w} + nV_{i}\lambda_{i} + \lambda_{m}}{nS_{w} + nS_{i} + 1} \\[3mm] C = \dfrac{nV_{w}C_{w} + nV_{i}C_{i} + C_{m}}{nV_{w} + nV_{i} + 1} \end{cases} \tag{3.16}$$

式中，ρ 为整个体系的密度，kg/m^3；C 为体系的比热容，$J/(kg \cdot K)$；C_w 为水的比热容，$J/(kg \cdot K)$；C_i 为冰的比热容，$J/(kg \cdot K)$；C_m 为基质的比热容，$J/(kg \cdot K)$；T 为时间，s；L 为水的相变潜热，J/mol；λ 为体系的导热系数，$W/(m \cdot K)$；λ_w 为水的导热系数，$W/(m \cdot K)$；λ_i 为冰的导热系数，$W/(m \cdot K)$；λ_m 为基质的导热系数，$W/(m \cdot K)$。

由三个场耦合可以较为准确地描述冻融循环过程，综合表达式为

$$\begin{cases} \nabla \cdot \sigma + F = 0 \\ \beta p_w = \nabla \left(\dfrac{D}{\eta} \nabla p_w \right) + S - b \dot{\varepsilon}_V \\ \rho C \dfrac{\partial T}{\partial t} = \nabla \cdot (\lambda \nabla T) + L \dfrac{\partial w_i}{\partial t} \end{cases} \tag{3.17}$$

3.1.3 输水明渠混凝土衬砌数值模拟分析

西北干寒地区气候寒冷干燥，高海拔的地区特点决定了明渠等输水建筑物经常遭受正负温差交替和干湿交替的损害，土壤盐渍化也使得明渠在此基础上遭受有害离子的侵蚀。因此，根据地区气象资料，对引大入秦工程总干渠渠首衬砌进行数值模拟，在模拟中用到了传热模块、结构力学模块以及达西定律模块。

1. 输水明渠混凝土衬砌耐久性实例分析

以引大入秦总干渠渠首为例，断面尺寸有两种：①下底×上口×高=6.6m×16.85m×4.1m，②下底×上口×高=4.5m×15.25m×4.3m，渠道内边坡坡度 1:1.25，底坡坡度为 1:5000。以断面尺寸①为例进行数值模拟分析，为耐久性理论做补充。图 3.1 为总干渠渠首剖面示意图，其中冻土深度为 148cm。

图 3.1　总干渠渠首剖面示意图(单位：mm)

引大入秦总干渠渠首位于天堂站下游 1.3km 处，因此数值模拟参考水文资料选择天堂站气象资料。天堂站气象要素与气象特征如表 3.1 所示。

表 3.1　天堂站气象要素与气象特征

月份	多年平均气温/℃	多年平均最高气温/℃	多年平均最低气温/℃
1 月	−11.2	−3.9	−16.2
2 月	−8.5	−1.5	−13.5
3 月	−2.1	4	−7.2
4 月	4.3	9.7	−1.6
5 月	9.5	14.2	3.2
6 月	13.4	17.8	6.8
7 月	15.6	19.7	9.6
8 月	14.7	18.8	9
9 月	9.6	13.8	4.7
10 月	3.7	9	−1.2
11 月	−3.8	2.1	−8.4
12 月	−9.3	−2	−14.1
全年	3	8.5	−2.4

2. 输水明渠基本数据与模拟计算参数

数值模拟计算参数基本数据如表 3.2 所示。

表 3.2　数值模拟计算参数基本数据

名称	数值	描述
rho0	$1000kg/m^3$	清水密度
rho_s	$1200kg/m^3$	盐水密度
c0	$0mol/m^3$	盐溶液初始浓度
c_s	$0.022mol/m^3$	盐溶液浓度
beta	$9090.9kg/mol$	由于盐的浓度而增加的密度
p0	$0Pa$	基准压力
mu	$0.001Pa·s$	黏度系数
kappa	$4.9346×10^{-13}m^2$	渗透系数
epsilon	0.1	孔隙率
D_L	$3.56×10^{-6}m^2/s$	分子扩散系数
C_c	$1250J/(kg·K)$	混凝土比热容
k	$2.141W/(m·K)$	混凝土导热系数
rho_c	$2360kg/m^3$	混凝土密度
poisson	0.17	混凝土泊松比
E_c	$2.55×10^{10}Pa$	混凝土弹性模量

续表

名称	数值	描述
P0	$1.0133 \times 10^5 Pa$	标准大气压
C_s	$1200 J/(kg \cdot K)$	黏土比热容
k_s	$1.25 W/(m \cdot K)$	黏土导热系数
rho_si	$1875 kg/m^3$	黏土密度
poisson_s	0.36	黏土泊松比
E_s	$6 \times 10^6 Pa$	黏土弹性模量
D_s	$2 \times 10^5 m^2/s$	土壤分子扩散系数

图 3.2 为引大入秦工程总干渠渠首环境多年平均气温与平均最低气温。

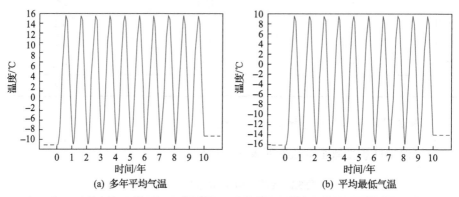

(a) 多年平均气温　　　　　　　　(b) 平均最低气温

图 3.2　引大入秦工程总干渠渠首环境多年平均气温与平均最低气温

干湿-冻融循环条件下明渠一年和三年的应力和应变如图 3.3 所示。经过一年的干湿-冻融循环，明渠的最大应力和最小应力分别为 $1.1 \times 10^7 Pa$ 和 988Pa，最大应变为 -2.5×10^{-4}；经过三年的干湿-冻融循环，明渠的最大应力和最小应力分别为 $1.1 \times 10^7 Pa$ 和 989Pa，最大应变为 -2.5×10^{-4}。

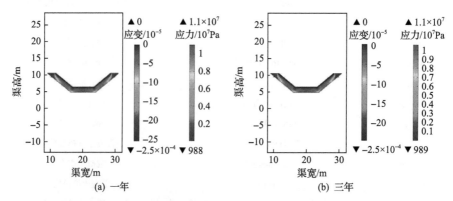

(a) 一年　　　　　　　　　　　(b) 三年

图 3.3　干湿-冻融循环条件下明渠一年和三年的应力和应变

干湿-冻融循环条件下明渠六年和十年的应力和应变如图 3.4 所示。经过六年的干湿-冻融循环，明渠的最大应力和最小应力分别为 1.1×10^7Pa 和 989Pa，应变最大值为-2.5×10^{-4}；经过十年的干湿-冻融循环，明渠的最大应力和最小应力分别为 1.06×10^7Pa 和 957Pa，最大应变为-2.41×10^{-4}。

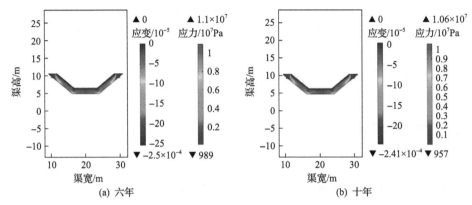

图 3.4　干湿-冻融循环条件下明渠六年和十年的应力和应变

引大入秦工程总干渠渠首在年平均气温、年最低气温作用下十年的应力和应变曲线如图 3.5 所示。

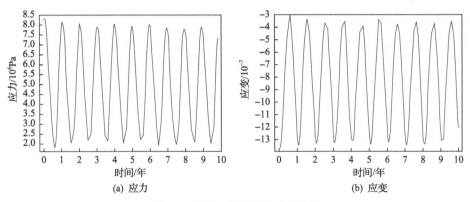

图 3.5　明渠十年应力和应变曲线

由图 3.5(a)可知，在每年的 12 月，即年最低气温-14.1℃时，应力基本达到最大值；在每年的 7 月，即年最高气温 19.7℃时，应力基本达到最小值。由图 3.5(b)可知，在每年的 12 月，应变基本达到最大值；在每年的 7 月，应变基本达到最小值。

明渠衬砌数值模拟分析仅仅是对明渠劣化理论分析过程的简单补充，对于深层次的研究，目前还缺乏模拟经验，需要进一步探讨。

3.2　输水明渠混凝土衬砌破坏的试验分析

试验设计以西北干寒地区引大入秦工程输水明渠混凝土衬砌为研究对象。工程附近的天堂水文站的气象水文资料提供了极端高、低气温以及平均气温，每年的封冻、解冻时期为干湿循环、冻融循环的设计改进过程提供了现场依据。根据现场分析、试样采集，得出现场环境的腐蚀等级并以此来确定试验中的侵蚀介质及其质量分数。总而言之，试验的设计过程离不开实际工程所处环境的指导，以实际工程为依据的设计才有研究意义。

3.2.1　试验方案设计

1. 试件分组与编号

根据现场水样土样资料，设计本试验侵蚀溶液类型为 Na_2SO_4 和 NaCl 组成的复合盐溶液，其质量分数分别为 3%、5%，并以清水（0%）作为对照。参照《普通混凝土拌合物性能试验方法标准》（GB/T 50080—2016），确定混凝土试件水灰比分别为 0.35、0.45 和 0.55。参考《普通混凝土长期性能和耐久性能试验方法标准》（GB/T 50082—2009），确定破坏方式为干湿循环、冻融循环以及干湿-冻融循环三种形式，共计 27 种工况，循环次数设置参照标准执行。其中，干湿循环试件尺寸为边长 100mm 的立方体，冻融循环试件尺寸为截面 100mm×100mm、长度为400mm 的长方体。每组工况个数和大循环次数分配方式如表 3.3 所示。

表 3.3　每组工况个数和大循环次数分配方式

工况	水灰比	清水	3%复合盐溶液	5%复合盐溶液	数量	合计
干湿循环 （20 次记一次大循环）	0.35	G-0-0.35	G-3-0.35	G-5-0.35	81	
	0.45	G-0-0.45	G-3-0.45	G-5-0.45	81	
	0.55	G-0-0.55	G-3-0.55	G-5-0.55	81	
冻融循环 （25 次记一次大循环）	0.35	D-0-0.35	D-3-0.35	D-5-0.35	9	
	0.45	D-0-0.45	D-3-0.45	D-5-0.45	9	540
	0.55	D-0-0.55	D-3-0.55	D-5-0.55	9	
干湿-冻融循环 （6 次干湿+6 次冻融）	0.35	DG-0-0.35	DG-3-0.35	DG-5-0.35	9+81	
	0.45	DG-0-0.45	DG-3-0.45	DG-5-0.45	9+81	
	0.55	DG-0-0.55	DG-3-0.55	DG-5-0.55	9+81	

注：G 代表干湿循环，D 代表冻融循环，DG 代表冻融-干湿循环，0 代表清水侵蚀，3 代表 3%复合盐溶液侵蚀，5 代表 5%复合盐溶液侵蚀，如 D-3-0.55 为冻融循环下经过 3%复合盐溶液侵蚀的一组水灰比为 0.55 的混凝土试件。数量一列中，9 代表 9 个长方体试件，81 代表 81 个立方体试件。

2. 试验方法与步骤

试验方案的设计过程中，在水灰比、破坏方式、侵蚀溶液种类以及质量分数上，严格按照《普通混凝土拌合物性能试验方法标准》(GB/T 50080—2016)和《普通混凝土长期性能和耐久性能试验方法标准》(GB/T 50082—2009)的要求对试验进行设计。另外，结合西北干寒地区输水明渠混凝土衬砌所处的环境，对试验方式做了进一步的改进和补充，使其更加符合工程实际概况。

试验方案实施的具体步骤参考标准执行。

3.2.2　试验配合比设计

参考《普通混凝土配合比设计规程》(JGJ 55—2011)，对配合比进行设计。根据西北干寒地区的气象水文及地质条件，针对输水明渠混凝土衬砌的实际配合比，设计了 0.35、0.45、0.55 三种水灰比混凝土试件，以此来增加试验的规律性。为验证普通混凝土在冻融循环、干湿循环以及复合盐侵蚀等多因素耦合下的劣化规律，在配合比设计中不添加任何外加剂。试验初步配合比如表 3.4 所示。

表 3.4　试验初步配合比

编号	水灰比	水泥/(kg/m³)	水/(kg/m³)	细骨料/(kg/m³)	粗骨料/(kg/m³)	配合比
1	0.35	529	185	556	1130	1:0.35:1.05:2.14
2	0.45	411	185	595	1209	1:0.45:1.45:2.94
3	0.55	336	185	620	1259	1:0.55:1.85:3.75

由于现场测得细骨料含水率为 3.3%，重新计算现场施工配合比，如表 3.5 所示。

表 3.5　现场施工配合比

编号	水灰比	水泥/(kg/m³)	水/(kg/m³)	细骨料/(kg/m³)	粗骨料/(kg/m³)	配合比
1	0.35	529	179	574	1130	1:0.34:1.09:2.14
2	0.45	411	179	615	1209	1:0.44:1.50:2.94
3	0.55	336	179	640	1259	1:0.53:1.90:3.75

试件的制备与养护应符合《混凝土物理力学性能试验方法标准》(GB/T 50081—2019)的要求。把搅拌好的混凝土倒入事先涂抹好脱模剂的试件盒中，利用振动台振动并磨平抛光，成型后带模静置 24h 进行脱模，浇筑与拆模过程如图 3.6 所示。

图 3.6　浇筑与拆模过程

对拆模后的混凝土试件根据试验方案进行分类编号，并在标准养护室中进行养护，如图 3.7 所示。

图 3.7　标准养护室养护混凝土试件

3.2.3　试验材料

1. 水泥

混凝土作为现代建筑中最常用的材料，水泥是必不可少的一种组成成分。水泥在自然界中能很好地硬化，被广泛应用于现代各种建筑工程中。水泥的种类和等级决定了混凝土结构的强度和性能，因此要根据建筑所处环境的要求选择水泥种类。根据引大入秦工程明渠的实际情况，结合试验设计要求，选取符合《通用硅酸盐水泥》(GB 175—2023)品质的 P.O 42.5 普通硅酸盐水泥。P.O 42.5 水泥强度参数指标如表 3.6 所示。

表 3.6　P.O 42.5 水泥强度参数指标

指标	3d 抗折强度/MPa	28d 抗折强度/MPa	3d 抗压强度/MPa	28d 抗压强度/MPa
标准值	≥3.5	≥6.5	≥17	≥42.5
实测值	5.5	7.6	21.6	48.7

P.O 42.5 水泥品质各项参数指标如表 3.7 所示。

表 3.7　P.O 42.5 水泥品质各项参数指标

指标	计量单位	标准值	实测值
比表面积	m^2/kg	≥300	348
初凝时间	min	≥45	145
终凝时间	min	≤600	220
安定性	—	合格	合格
氯离子含量	%	≤0.06	0.012
烧失量	%	≤5.0	1.6
氧化镁含量	%	≤5.0	2.0
三氧化硫含量	%	≤3.5	2.4

2. 细骨料

细骨料为普通河沙，其技术性能指标如表 3.8 所示。

表 3.8　细骨料技术性能指标

细度模数	堆积密度/(kg/m³)	表观密度/(kg/m³)	含泥量/%	含水率/%
3.18	1470	2550	1.3	3.3

3. 粗骨料

粗骨料采用最大粒径为 40mm 粗糙碎石，其技术性能指标如表 3.9 所示。

表 3.9　粗骨料技术性能指标

公称粒径/mm	松散密度/(kg/m³)	表观密度/(kg/m³)	紧堆密度/(kg/m³)	含水率/%
5～25	1510	2660	1620	0.01

4. 水

拌和用水采用自来水。

5. 无水硫酸钠

无水硫酸钠的选择参考《化学试剂　无水硫酸钠》（GB/T 9853—2008），其分子式为 Na_2SO_4，相对分子质量为 142.02，其化学参数如表 3.10 所示。

表 3.10　无水硫酸钠化学参数

Na₂SO₄ 含量/%	pH(50g/L，25℃)	灼烧失重/%	NaCl 含量/%	PO₄ 含量/%
≥99.0	5.0～8.0	≤0.2	<0.001	<0.001
N 含量/%	K 含量/%	Ca 含量/%	Fe 含量/%	Pb 含量/%
<0.0005	<0.001	<0.002	<0.0005	<0.0005

6. 无水氯化钠

无水氯化钠选择参考《化学试剂　氯化钠》(GB/T 1266—2006)，其化学参数如表 3.11 所示。

表 3.11　无水氯化钠化学参数

NaCl 含量/%	pH(50g/L，25℃)	澄清度试验	水不溶物/%	干燥失重/%	I 含量/%	Br 含量/%	SO₄ 含量/%	N 含量/%
≥99.5	5.0～8.0	合格	≤0.005	≤0.5	≤0.002	≤0.01	≤0.002	≤0.001
PO₄ 含量/%	Mg 含量/%	K 含量/%	Ca 含量/%	Fe 含量/%	As 含量/%	Ba 含量/%	Pb 含量/%	硫氰铁含量/%
≤0.001	≤0.002	≤0.02	≤0.005	≤0.0002	≤0.00005	≤0.001	≤0.00005	≤0.0001

3.2.4　混凝土耐久性评价指标

1. 抗压强度损失率

抗压强度损失率指的是每完成一次大循环后的抗压强度损失量与初始抗压强度的比值。轴心抗压测定示例图如图 3.8 所示。

图 3.8　轴心抗压测定示例图

抗压强度损失率的计算公式为

$$K_{\text{f}} = \frac{f_0 - f_n}{f_0} \times 100\% \tag{3.18}$$

式中，K_{f} 为抗压强度损失率，%；f_0 为初始抗压强度平均值，MPa；f_n 为试验后的抗压强度平均值，MPa。

2. 质量损失率

质量损失率指的是完成一次大循环后的质量损失量与初始质量的比值。质量称重示例图如图 3.9 所示。

质量损失率的计算公式为

$$W = \frac{W_0 - W_n}{W_0} \times 100\% \tag{3.19}$$

式中，W 为质量损失率，%；W_0 为初始质量，g；W_n 为试验后质量，g。

3. 相对动弹性模量

混凝土动弹性模量是根据弹性波传递速度的不同来确定的，利用共振法动弹性模量仪对混凝土动弹性模量进行测定，如图 3.10 所示。

图 3.9　质量称重示例图　　　图 3.10　混凝土试件动弹性模量测定示例图

相对动弹性模量的计算公式为

$$P = \frac{f_n^2}{f_0^2} \times 100\% \tag{3.20}$$

式中，P 为相对动弹性模量，%；f_0 为初始横向基频，Hz；f_n 为测定横向基频，Hz。

3.3　输水明渠混凝土衬砌多因素破坏的劣化规律研究

输水明渠在整个串联的供水系统中占据十分重要的作用，明渠混凝土衬砌的健康状态决定了整个供水系统的安全。通过对引大入秦工程输水明渠混凝土衬砌做实验室加速试验，设置了三种水灰比梯度、三种复合盐溶液侵蚀梯度以及三种破坏方式，得出明渠混凝土衬砌在多种破坏形式和多次循环方式下的劣化规律，包括试件的外部宏观变化、质量损失规律、抗压强度损失规律以及动弹性模量损失规律，以及微观方面核磁共振和 X 射线衍射分析的规律。

3.3.1　输水明渠混凝土衬砌多因素破坏的宏观变化

输水明渠混凝土衬砌在干湿循环和冻融循环作用下具体表现为：干湿循环中，"干"状态下的高温与"湿"状态下的潮湿，再结合有害离子，共同作用导致材料和结构的破坏；冻融循环则是由内而外冰的体积扩大对结构造成破坏。从干湿循环和冻融循环的破坏特征来看，在干湿循环前期，试件表现为酥碎松软，掉落残渣为粉末状居多，而在干湿循环后期，试件整体破碎，结构整体性丧失；冻融循环则表现为初期有细微裂缝产生，随着循环次数的累积，裂缝逐渐变大，区别于干湿循环的是试件大量成块脱落。总体来看，干湿循环属于由外到内的酥碎破坏，冻融循环属于整体结构块状破坏。

在复合盐溶液侵蚀和干湿循环、冻融循环共同作用下，试件外观破损虽然各有特点，但整体表现可用以下三个阶段概括：

(1)当受干湿-冻融和复合盐溶液侵蚀时间较短时，混凝土外观轻度破损，边角处出现细微裂缝，并有少量的盐晶体析出，但整体结构仍保持完整，抗压强度也没有明显降低。边角开裂、骨料轻微剥蚀如图 3.11 所示。

图 3.11　边角开裂、骨料轻微剥蚀

(2)当干湿-冻融和复合盐溶液侵蚀次数达到试验设计中期时，试件外观破损加剧，表面及边角处出现了较大的裂缝，水泥浆开始出现剥落，粗骨料开始大量外露，整体强度相对于初期而言有了很大的降低，但是还未达到完全破坏的程度。表面边角开裂、骨料剥蚀外露如图 3.12 所示。

图 3.12　表面边角开裂、骨料剥蚀外露

（3）循环次数和侵蚀次数增加到一定程度时，混凝土表面更加酥碎，较大的裂缝使得试件掉渣较多，成块混凝土开始脱落；粗骨料大量外露，甚至脱落；粗、细骨料分离，水泥凝胶功能丧失导致试件结构整体性丧失，强度已达到破坏的条件。表面酥碎、掉渣、剥落如图 3.13 所示。

图 3.13　表面酥碎、掉渣、剥落

图 3.14 为不同水灰比混凝土试件破坏的外观图片。从图中可以看出，随着水灰比的增大，试件强度降低。从试验进程来看，在经过多次大循环之后，试件受到不同程度的破坏，但水灰比大的试件的破坏程度更大，表面剥蚀更严重，掉渣也更多，骨料外露也更加严重。

| 0.35 | 0.45 | 0.55 | 0.35 | 0.45 | 0.55 |

(a) 试验前　　　　　　　　　　(b) 试验后

图 3.14　不同水灰比混凝土试件破坏的外观图片

图 3.15 为不同质量分数复合盐溶液侵蚀混凝土试件破坏的外观图片。从图中可以看出，由于侵蚀溶液质量分数不同，混凝土试件的破坏程度也不同。随着复合盐溶液质量分数的增加，混凝土试件的破坏程度具体表现为表面剥蚀越来越严

重，掉渣也越多，骨料外露也更加严重。而清水组的试件外观几乎保持原状，破坏不严重，证明复合盐溶液侵蚀是导致结构破坏的一个重要因素。

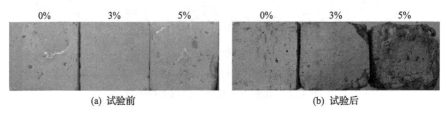

图 3.15　不同质量分数复合盐溶液侵蚀混凝土试件破坏的外观图片

图 3.16 为不同试验龄期混凝土试件破坏的外观图片。从图中可以看出，经过多次循环之后，混凝土试件有了很大程度的破坏。混凝土试件的破坏情况与循环次数呈现正相关关系，即随着循环次数的增加，试件表面剥蚀更严重，掉渣更越多，骨料外露也更加严重。

图 3.16　不同试验龄期混凝土试件破坏的外观图片

3.3.2　干湿循环作用下输水明渠混凝土衬砌劣化规律分析

由干湿循环机理可知，干湿循环对混凝土的破坏表现在："干"状态下收缩，"湿"状态下膨胀，由此导致混凝土产生细微裂缝，长期的循环累积加剧破坏了内部结构体系。此外，盐溶液的侵蚀结合干湿循环，更加剧了破坏的程度。除盐溶液带来的化学损伤外，有害离子(如 SO_4^{2-}、Cl^-)还能与混凝土内部成分发生反应，生成的物质具有膨胀性，导致混凝土膨胀开裂，产生裂缝。盐溶液侵入裂缝内部产生结晶，也是产生裂缝的原因之一。裂缝的产生使大量的离子进入内部，加速了反应的进程。另外，"干"状态下的升温加速了化学反应的进程。

1. 干湿循环对质量损失率的影响

图 3.17 为干湿循环作用下不同水灰比混凝土试件的质量损失率。在干湿循环作用下，三种质量分数溶液侵蚀的混凝土试件的质量损失率都有不同程度的增加。

对于处在清水中的试件，经过 4 次干湿大循环，水灰比为 0.35、0.45、0.55 的混凝土试件质量损失率分别为 1.75%、1.45%、1.78%，经过 8 次干湿大循环，其质量损失率分别为 2.28%、2.66%、2.92%。

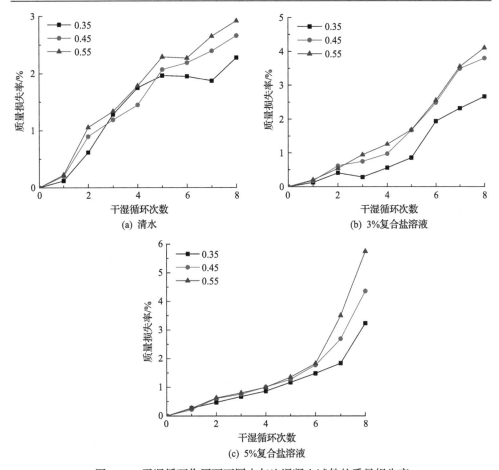

图 3.17　干湿循环作用下不同水灰比混凝土试件的质量损失率

对于处在 3%复合盐溶液中的试件,经过 4 次干湿大循环,水灰比为 0.35、0.45、0.55 的混凝土试件质量损失率分别为 0.56%、0.97%、1.26%,经过 8 次干湿大循环,其质量损失率分别为 2.67%、3.80%、4.11%。

对于处在 5%复合盐溶液中的试件,经过 4 次干湿大循环,水灰比为 0.35、0.45、0.55 的混凝土试件质量损失率分别为 0.86%、1.01%、1.00%,经过 8 次干湿大循环,其质量损失率分别为 3.23%、4.26%、5.75%(失效)。

从整体来看,混凝土试件的质量损失率均随着试验的进行而增大,即质量越来越低,并且水灰比为 0.55 的试件质量损失率增幅最大,5%复合盐溶液侵蚀的试件质量损失率最大。在试验前期,质量分数为 3%和 5%侵蚀溶液中的试件质量损失率相对于清水更低。干湿循环作用下,质量损失率按水灰比排序为:0.55>0.45>0.35,按侵蚀溶液质量分数排序为:5%>3%>0%(清水)。

2. 干湿循环对抗压强度损失率的影响

图 3.18 为干湿循环作用下不同水灰比混凝土试件的抗压强度损失率，在干湿循环作用下，三种质量分数溶液侵蚀的混凝土试件的抗压强度损失率都有不同程度的增加。

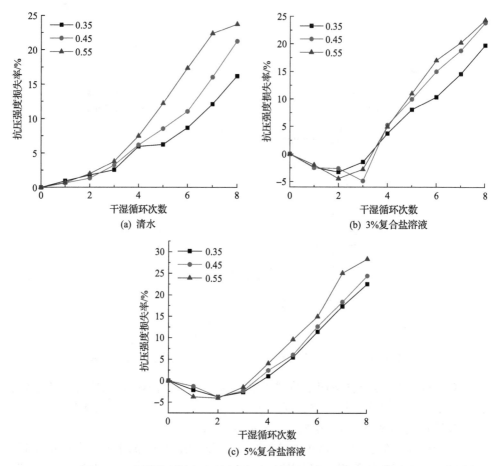

图 3.18　干湿循环作用下不同水灰比混凝土试件的抗压强度损失率

对于处在清水中的试件，经过 4 次干湿大循环，水灰比为 0.35、0.45、0.55 的混凝土试件抗压强度损失率分别为 5.95%、6.16%、7.46%，经过 8 次干湿大循环，其抗压强度损失率分别为 16.18%、21.23%、23.73%。

对于处在 3%复合盐溶液中的试件，经过 4 次干湿大循环，水灰比为 0.35、0.45、0.55 的混凝土试件抗压强度损失率分别为 3.73%、5.26%、4.95%，经过 8 次干湿大循环，其抗压强度损失率分别为 19.77%、23.88%、24.36%。

对于处在 5%复合盐溶液中的试件,经过 4 次干湿大循环,水灰比为 0.35、0.45、0.55 的混凝土试件抗压强度损失率分别为 1.07%、2.45%、4.09%,经过 8 次干湿大循环,其抗压强度损失率分别为 22.56%、24.47%、28.39%(失效)。

从整体来看,随着试验的进行,试件抗压强度损失率与质量损失率有着同样的变化趋势,并且水灰比为 0.55 的试件抗压强度损失率增幅最大,5%复合盐溶液侵蚀的试件抗压强度损失率最大。不同的是,在试验前期,清水组的抗压强度损失率增长趋势要大于其他两组,而且质量分数越大,损失越低;但在试验后期,这一结果恰恰相反,质量分数与抗压强度损失率变化呈正相关。这是前期盐分作用增强了试件的受压能力,而后期大量盐分进入裂隙内部,导致试件受压能力迅速降低,意味着损失率的升高。干湿循环作用下,抗压强度损失率按水灰比排序为:0.55>0.45>0.35,按侵蚀溶液质量分数排序为:5%>3%>0%(清水)。

3.3.3　冻融循环作用下输水明渠混凝土衬砌劣化规律分析

冻融循环是指混凝土在低温下结冰,然后在高温下融化的过程。在冻结过程中,混凝土中的水分会形成冰晶,从而引起混凝土的膨胀。当冰晶膨胀到一定程度时,会破坏混凝土内部结构,导致混凝土的力学性能下降。在融化过程中,冰晶会逐渐融化,释放出水分,从而引起混凝土的收缩,当冰晶完全融化后,混凝土内部结构发生变化,导致混凝土的力学性能下降。在盐冻过程中,裂缝变大,导致更多的有害离子进入,加剧了混凝土试件的破坏。这是输水明渠混凝土衬砌冻融破坏最主要、最根本的原因。

1. 冻融循环对质量损失率的影响

图 3.19 为冻融循环作用下不同水灰比混凝土试件的质量损失率。从图中可以看出,在冻融循环作用下,各试件的质量损失率都有不同程度的增加。

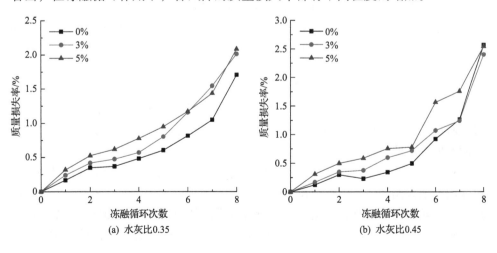

(a) 水灰比0.35

(b) 水灰比0.45

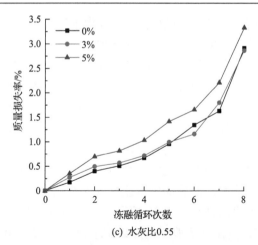

(c) 水灰比0.55

图 3.19　冻融循环作用下不同水灰比混凝土试件的质量损失率

对于水灰比为 0.35 的试件，在 0%（清水）、3%、5%的复合盐溶液侵蚀下，经过 4 次冻融大循环，其质量损失率分别为 0.48%、0.57%、0.78%，经过 8 次冻融大循环，其质量损失率分别为 1.71%、2.01%、2.09%。

对于水灰比为 0.45 的试件，在 0%（清水）、3%、5%的复合盐溶液侵蚀下，经过 4 次冻融大循环，其质量损失率分别为 0.34%、0.60%、0.76%，相对于水灰比为 0.35 的试件，第 4 次冻融大循环的质量损失率略微偏低；经过 8 次冻融大循环，其质量损失率分别为 2.57%、2.40%、2.55%。

对于水灰比为 0.55 的试件，在 0%（清水）、3%、5%的复合盐溶液侵蚀下，经过 4 次冻融大循环，其质量损失率分别为 0.67%、0.72%、1.04%，经过 8 次冻融大循环，其质量损失率分别为 2.91%、2.87%、3.33%。

从整体来看，混凝土试件质量损失率与冻融循环次数呈正相关关系，并且水灰比为 0.55 的试件质量损失率增幅最大，5%复合盐溶液侵蚀的试件质量损失率最大。冻融循环作用下质量损失率按水灰比排序为：0.55>0.45>0.35，按侵蚀溶液质量分数排序为：5%>3%>0%（清水）。

2. 冻融循环对相对动弹性模量的影响

图 3.20 为冻融循环作用下不同水灰比混凝土的试件相对动弹性模量。从图中可以看出，在冻融循环作用下，三种水灰比的混凝土试件的相对动弹性模量都有不同程度的降低。

对于水灰比为 0.35 的试件，在 0%（清水）、3%、5%的复合盐溶液侵蚀下，经过 4 次冻融大循环，其相对动弹性模量分别下降到 94.16%、92.02%、90.33%，经过 8 次冻融大循环，其相对动弹性模量分别下降到 90.49%、85.03%、78.24%。

对于水灰比为 0.45 的试件，在 0%（清水）、3%、5%的复合盐溶液侵蚀下，经

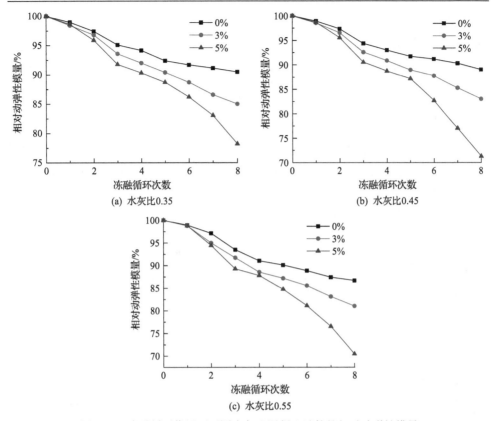

图 3.20 冻融循环作用下不同水灰比混凝土试件的相对动弹性模量

过 4 次冻融大循环，其相对动弹性模量分别下降到 92.99%、90.87%、88.72%，相对于水灰比为 0.35 的试件，经过 8 次冻融大循环，其相对动弹性模量分别下降到89.02%、83.02%、71.28%。

对于水灰比为 0.55 的试件，在 0%（清水）、3%、5% 的复合盐溶液侵蚀下，经过 4 次冻融大循环，其相对动弹性模量分别下降到 91.04%、88.54%、87.80%，经过 8 次冻融大循环，其相对动弹性模量分别下降到 86.68%、81.03%、70.45%。

从整体来看，混凝土试件的相对动弹性模量与冻融循环次数成反比，并且水灰比为 0.55 的试件相对动弹性模量降幅最大，5% 复合盐溶液侵蚀的试件相对动弹性模量降幅最大。冻融循环作用下相对动弹性模量按水灰比排序为：0.55>0.45>0.35，按侵蚀溶液质量分数排序为：5%>3%>0%（清水）。

3.3.4 干湿-冻融循环作用下输水明渠混凝土衬砌劣化规律分析

混凝土衬砌在干湿-冻融循环中经历了双重破坏机制。在干湿循环的初期，试件呈现酥碎松软的状态，残渣多为粉末状，表现出由外而内的破坏过程。随着循环的进行，试件逐渐破坏，整体结构丧失完整性。在冻融循环初期，试件出现细微裂缝，随着循环次数的增加，这些裂缝逐渐扩大，最终导致试件大量成块脱落。总体而言，干湿循环呈现由外而内的酥碎破坏，而冻融循环则表现为整体结构块状破坏。两种循环叠加使得混凝土衬砌在极端环境中遭受复杂而严重的损伤。

1. 干湿-冻融循环对质量损失率的影响

图 3.21 为干湿-冻融循环作用下不同水灰比混凝土试件的质量损失率。从图中可以看出，在干湿-冻融循环与复合盐溶液侵蚀复合作用下，三种水灰比的混凝土试件质量损失率的变化都有一些细微降低的过程，即质量略有增加的现象，而清水组中的试件没有出现质量增加的现象。

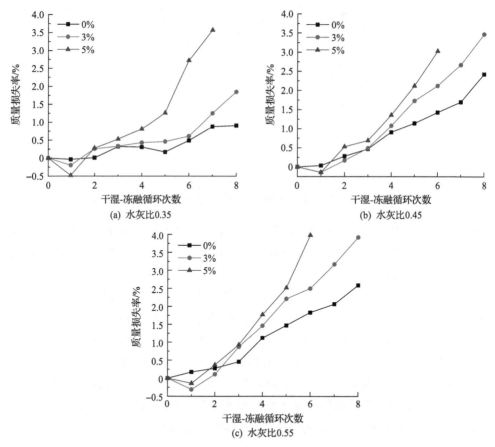

图 3.21　干湿-冻融循环作用下不同水灰比混凝土试件的质量损失率

从整体来看，混凝土试件的质量损失率变化与干湿-冻融循环次数呈正相关关系。在试验前期，盐分侵蚀组试件的质量损失率增长幅度要小于清水组，甚至有下降趋势，这是由于前期盐分作用填充了试件内部的孔隙；但在试验后期，这一结果恰恰相反，质量分数与损失率变化呈现正相关关系，这是由于大量盐分侵蚀了试件表面并进入裂隙内部，导致试件整体受损，意味着损失率升高。并且水灰比为 0.55 的试件质量损失率增幅最大，5%复合盐溶液侵蚀的试件质量损失率最大。干湿-冻融循环作用下质量损失率按水灰比排序为：0.55>0.45>0.35，按侵蚀溶液质量分数排序为：5%>3%>0%(清水)。

2. 干湿-冻融循环对抗压强度损失率的影响

图 3.22 为干湿-冻融循环作用下不同水灰比混凝土试件的抗压强度损失率。

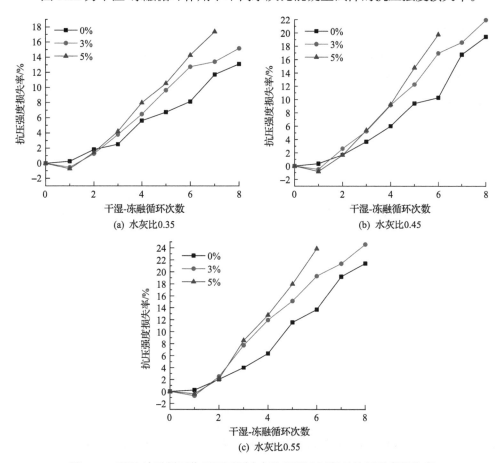

图 3.22　干湿-冻融循环作用下不同水灰比混凝土试件的抗压强度损失率

从整体来看，混凝土试件的抗压强度损失率与干湿-冻融循环次数呈现正比关系。不同的是，在试验前期，0%(清水)组试件的抗压强度损失率增长幅度要大于其他两组，而且侵蚀溶液质量分数越大，抗压强度损失率越低；但在试验后期，这一结果恰恰相反，侵蚀溶液质量分数与损失率变化呈现正相关关系。这是由于前期盐分作用填充了内部孔隙，增强了试件的受压能力；而后期大量盐分进入裂隙内部，导致试件受压能力迅速降低，意味着损失率的升高，并且水灰比为 0.55 的试件抗压强度损失率增幅最大，5%复合盐溶液侵蚀的试件抗压强度损失率最大。干湿-冻融循环作用下抗压强度损失率按水灰比排序为：0.55>0.45>0.35，按侵蚀溶液质量分数排序为：5%>3%>0%（清水）。

3. 干湿-冻融循环对相对动弹性模量的影响

图 3.23 为干湿-冻融循环作用下不同水灰比混凝土试件的相对动弹性模量。

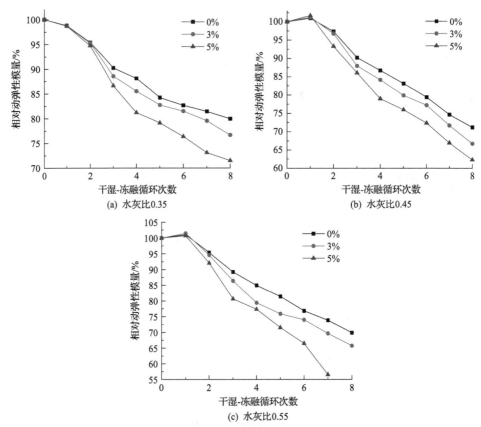

图 3.23　干湿-冻融循环作用下不同水灰比混凝土试块的动弹性模量

从整体来看，混凝土试件的相对动弹性模量与干湿-冻融循环次数成反比。在试验前期，相对动弹性模量有略微增高的趋势，这一现象只针对有盐分参与的循环试验，在清水对照组中表现不明显。在试验后期，相对动弹性模量迅速下降，并且盐分的参与使得整个试验进程加快。水灰比为 0.55 的试件相对动弹性模量降幅最大，5%复合盐溶液侵蚀的试件相对动弹性模量降幅最大。干湿-冻融循环作用下相对动弹性模量按水灰比排序为：0.55>0.45>0.35，按侵蚀溶液质量分数排序为：5%>3%>0%（清水）。

3.3.5　输水明渠混凝土衬砌多因素破坏对微观变化的影响

1. 核磁共振

混凝土试件核磁共振的具体做法为：先对试件做加压饱水，使水分充分进入内部细小孔隙中。通过核磁技术对氢原子进行检测，从而检测出试件内部的孔隙大小、孔隙分布以及孔隙度。材料中孔隙水弛豫时间 T_2 与孔隙半径成正比，其关系为

$$\frac{1}{T_2} = \rho_m \frac{S}{V} \tag{3.21}$$

式中，ρ_m 为材料的弛豫强度，其大小与材料性质有关；S 为孔隙的表面积；V 为孔隙的体积。

1）不同侵蚀龄期的核磁变化

图 3.24 三次大循环下不同质量分数溶液侵蚀混凝土试件的 T_2 图谱。随着冻融-

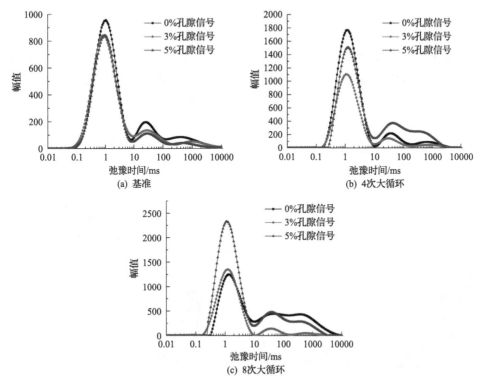

图 3.24　三次大循环下不同质量分数溶液侵蚀混凝土试件的 T_2 图谱

干湿循环次数的增多，混凝土的 T_2 分布谱线有明显变化，图中出现三个峰值，左峰表示小孔隙分布，中峰表示中等孔隙分布，右峰表示大孔隙分布。

由图 3.24 可知，在大循环之前，即基准的核磁共振 T_2 图谱中，三组试件的峰值整体上区别不大。经过 4 次大循环后，图谱所有峰的峰值比初始试件有所升高。左峰峰值按侵蚀溶液质量分数排序为：0%（清水）>5%>3%，这是因为经过 4 次大循环之后，材料内部形成了更多小孔隙；中峰和右峰峰值按照侵蚀溶液质量分数排序为：5%>0%（清水）>3%，这是因为干湿-冻融循环过程的结合，使得材料内部的中等孔隙逐渐扩大并连通成大孔隙。但对于 5%侵蚀来讲，盐溶液的侵入填充了某些中、大孔隙，使其峰值低于清水组。

在经过 8 次大循环后，清水组和 3%复合盐溶液侵蚀的左峰峰值有所下降，但 5%复合盐溶液侵蚀的左峰峰值持续上升，这是由于持续的循环产生了新的裂缝；3%和 5%复合盐溶液侵蚀的中峰峰值几乎不变，但清水对照组的中峰峰值有较大变化，说明中等孔隙分布有所上升，是原先小孔隙在盐溶液结晶膨胀作用下产生的；盐溶液侵蚀组右峰峰值上升明显，这是由于裂缝的不断扩张，大孔隙一步步增大、增多。

2）不同侵蚀质量分数的核磁变化

图 3.25 为三次大循环下不同质量分数溶液侵蚀混凝土试件的孔径分布图。从图中可以看出，清水组试件在经过三次大循环之后，小孔隙（即 $r=0\sim0.1\mu m$）数量随着试验进程逐渐增多，但中孔隙与大孔隙的数量整体上没有太大增长。在 3%复合盐溶液侵蚀下，小孔隙数量呈现出从少变多而后又变少的趋势，而中孔隙数量逐渐减少，大孔隙数量略有增加，且逐渐保持平稳。在 5%复合盐溶液侵蚀下，小孔隙数量一直保持着增多的趋势，而中孔隙数量逐渐减少，大孔隙数量相对减少。

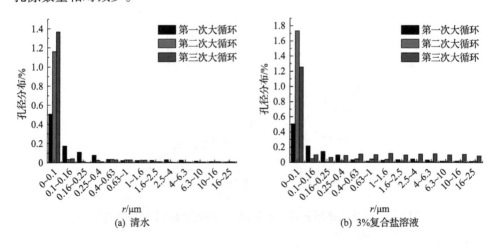

(a) 清水　　　　　　　　　　　　(b) 3%复合盐溶液

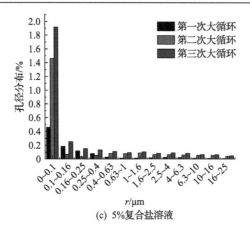

(c) 5%复合盐溶液

图 3.25　三次大循环下不同质量分数溶液侵蚀混凝土试件的孔径分布图

2. X 射线衍射分析

X 射线衍射分析即 XRD，是一种微观研究方法，通过对材料进行衍射分析来获取材料内部的成分、结构及形态，以不同的入射角度和强度来对其内部结构进行研究。X 射线衍射分析机理如图 3.26 所示，其遵循布拉格方程，即

$$2d \sin \theta = n\lambda$$

式中，d 为晶面间距；θ 为入射束与反射面的夹角，θ 为衍射角的一半；n 为衍射级数；λ 为 X 射线的波长。

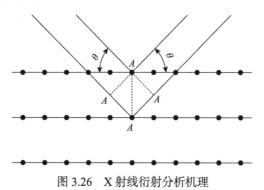

图 3.26　X 射线衍射分析机理

试验结束后仅对干湿-冻融循环破坏下的混凝土试件进行衍射分析，得到在 0%（清水）、3% 和 5% 复合盐溶液侵蚀下试件的 XRD 图谱，如图 3.27 所示。由图可知，没有经过腐蚀的混凝土试件的主要物相为砂石中的 SiO_2 等，以及水泥水化产物 $CaAl_2Si_2O_8 \cdot 4H_2O$ 和 $Ca(OH)_2$，经过 8 次大循环之后，混凝土试件中的 $Ca(OH)_2$ 峰值明显降低，其主要反应式为

$$3CaO \cdot Al_2O_3 \cdot 6H_2O + 3(CaSO_4 \cdot 2H_2O) + 19H_2O = 3CaO \cdot Al_2O_3 \cdot 3CaSO_4 \cdot 31H_2O$$

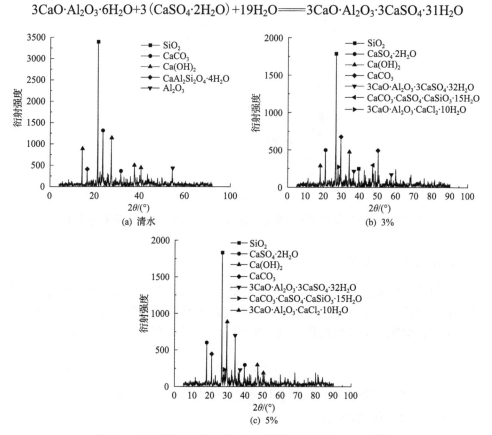

图 3.27 不同质量分数溶液侵蚀下混凝土试件的 XRD 图谱

第4章　引水隧洞运行期衬砌结构安全状态评价研究

4.1　引水隧洞运行期衬砌结构安全状态评价的基本理论

4.1.1　引水隧洞运行期衬砌结构安全理论

隧洞衬砌是指支持和维护隧洞长期稳定和耐久性的，沿隧洞洞身周边用钢筋混凝土等材料修建的永久结构物，主要由拱圈、边墙、仰拱和底板几部分构成。隧洞衬砌的结构形式主要根据隧洞所处的地质地形条件，考虑其结构受力的合理性、施工方法和施工技术水平等因素来确定。在不同的围岩中可采用不同的衬砌结构形式，常用的有喷混凝土衬砌、喷锚衬砌及复合式衬砌。引水隧洞在多数情况下常采用复合式衬砌，复合式衬砌常分为初期支护(一次衬砌)和二次支护(二次衬砌)。

隧洞衬砌支护的效果决定着隧洞工程的安全，为保证引水隧洞安全有效运行，通常需要对隧洞进行衬砌支护。隧洞衬砌必须有足够的强度、耐久性及一定的抗冻性、抗渗性和抗侵蚀性。衬砌的功用是：①支持和维护隧洞的稳定；②限制围岩变形，保证围岩稳定，防止围岩风化；③承受围岩压力、内水压力等荷载；④防止渗漏；⑤保护岩石免受水流、空气、温度、干湿变化等的冲蚀破坏作用；⑥减小表面糙率。

引水隧洞在运行期衬砌结构的安全性决定着整个隧洞工程的安全。对于衬砌结构的质量缺陷病害问题，如果不及时评价并提出合理的满足技术和质量问题的工程处理措施，不仅会影响引水隧洞的正常使用，而且放任其病害发展，势必造成隧洞结构更为严重的损坏和功能的破坏，造成人力和财力损失。

4.1.2　评价指标的选取及权重理论

权重是一个相对的概念，某一指标的权重是指该指标在整体评价中的相对重要程度。在评价过程中，权重表示被评价对象不同侧面的重要程度的定量分配。引水隧洞结构安全状态评价指标体系是一个多项目、多层次的由多指标组成的复杂递阶系统，各个评价指标对引水隧洞结构安全状态的反映程度不同，因而它们在引水隧洞结构安全状态评价中的重要性也不同。

通常来说，传统的主观设置权重的方法有主观经验法、主次指标排队分类法、专家调查法等。在传统主观设置权重的基础上，层次分析法、网络层次分析法、

G1 法等主观赋权法应用也较广泛,但此类方法主要是以研究人员的实践经验和主观判断为主进行赋权,具有很大的主观随意性。鉴于一般的赋权方法主观性太强,缺乏客观性,在选取评价模型方法求解指标权重时主要利用各指标间的相互关系或提供的信息量来确定,即通过对原始客观数据经过数学评价模型处理获取权重(指标重要度),在一定程度上具有较高的可信度和精确度。

4.1.3　常用评价理论模型

1. 模糊综合评价法

模糊综合评价法(fuzzy comprehensive evaluation method,FCEM)是一种以模糊数学理论为基础的定量、客观的评价方法,可以对受多种因素影响的事物做出全面评价,主要包括实测数据标准化、权重确定以及模糊模式识别三个方面。

模糊综合评价法能解决现有评价方法中存在的评价因素复杂、评价指标模糊的现象;其模糊理论知识能够处理和表达模糊信息,弱化主观因素的影响,有利于更加客观地做出评价,在数据资料较少时仍具有很好的适用性。但模糊综合评价法用于引水隧洞结构安全状态评价时评价值与评价因素之间的隶属度函数不易确定,且只能评价一个对象的安全等级,不能排序。该方法不适用于实际操作,指标的重要性需要找多个专家依次评价,然后计算合理性,其实行性不强。

2. BP 神经网络法

BP(back propagation)神经网络是 1986 年由 Rumelhart 和 McCelland 为首的科学家小组提出的,是一种按误差逆传播算法训练的多层前馈网络,是目前应用最广泛的神经网络模型之一,适用于模式识别与分类的应用,其训练流程如图 4.1 所示。BP 神经网络模型拓扑结构包括输入层、隐含层和输出层。BP 神经网络使用最速下降法,通过反向传播调整网络的权值和阈值减少误差,将给定的目标输出作为线性方程的代数和建立线性方程组,从而实现对研究对象的综合评价。

BP 神经网络模型具有高度的自学习和自适应能力、较强的非线性映射能力和一定的容错能力。对于难以用公式表达的非线性复杂问题,可以利用人工智能方法自动提取输入、输出数据间潜在的映射关系,并且三层神经网络能以任意精度逼近非线性连续函数。但 BP 神经网络模型的训练对样本要求高,具有较强的依赖性;在误差曲面上有些区域平坦,误差对权值的变化不敏感,误差下降缓慢,调整时间长,影响收敛速度;而且存在多个极小点,梯度下降法容易陷入极小点而无法得到全局最优解,并且由于学习率的影响,在学习速度加快时容易使权值的变化量不稳定,出现振荡。

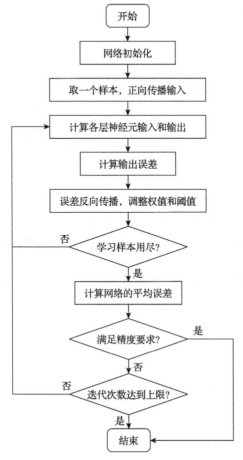

图 4.1　BP 神经网络训练流程

3. TOPSIS 法

TOPSIS（technique for order preference by similarity to ideal solution）法可翻译为逼近理想解排序法，常简称为优劣解距离法，在 1981 年由 Hwang 和 Yoon 首次提出，在 1992 年由 Chen 和 Hwang 做了进一步的发展。TOPSIS 法是一种常用的综合评价方法，能充分利用原始数据的信息，结果能精确地反映各评价方案之间的差距。TOPSIS 法通过最接近理想解且最远离负理想解的距离来确定最优选择，基本过程为先将原始数据矩阵统一指标类型（一般正向化处理）得到正向化的矩阵，再对正向化的矩阵进行标准化处理以消除各指标量纲的影响，并找到有限方案中的最优方案和最劣方案，然后分别计算各评价对象与最优方案和最劣方案间的距离，获得各评价对象与最优方案的相对接近程度，以此作为评价优劣的依据。该方法对数据分布及样本含量没有严格限制，数据计算简单易行，其应用范围广，具有直观的几何意义。

4. 物元可拓方法

物元可拓模型以物元、事元和关系元作为描述事、物和关系的基本元，是定性与定量相结合的一种评价模型，通过构建评价对象等级的经典域、节域与待评物元矩阵，根据已有的数据将评价对象的水平分成若干等级，由数据库或专家意见给出各级别的数据范围，将评价对象的指标代入各等级的集合中进行多指标评定，依据关联函数进行定量计算，有效地评定研究对象所处等级关系，关联度越大，它与其等级集合的符合程度就越佳。物元可拓模型对于描述客观世界的事、物和关系具有简洁、统一、使用方便的特点，可处理多参数、混合度大的矛盾问题，可从数量上反映被评价对象本身存在状态的所属程度，刻画性态分界的节点。但该评价方法运用最大隶属度原则进行关联度计算和等级评价，存在容易导致信息丢失而使判别结果出现偏差或出错的缺陷。

引水隧洞运行期的结构安全状态受多个非线性指标不同程度的影响，经过上述各评价模型的对比分析，传统的数据分析评价方法受到过于数学化的限制，难以找到数据的内在规律和得出准确的评价结果。因此，选用基于加速遗传算法优化的投影寻踪模型对引水隧洞的结构安全状态进行评价，在一定程度上解决了多指标样本分析评价等非线性问题，并在研究对象过多、多元数据具有复杂的拓扑结构时通过引入加速遗传算法，直接在优化区域内寻找最优解，快速高效地找到最佳投影方向，进而综合评价引水隧洞衬砌结构的安全状态。

4.1.4 投影寻踪模型

投影寻踪(projection pursuit，PP)模型属于直接由样本数据驱动的探索性数据分析方法。该方法是把高维数据通过某种组合投影到低维子空间上，对于投影到的构形采用投影指标函数来描述投影原系统中某种分类排序结构的可能性大小，寻找出使投影指标函数达到最优的投影值，然后根据该投影值来分析高维数据的分类结构特征。影响引水隧洞运行期衬砌结构安全状态的各病害因素从表面上看是相互独立的，实际上相互之间存在一定的联系，这就导致单项分析有时难以准确评价引水隧洞的安全状态。投影寻踪模型能充分提取数据信息，描述复杂系统的规律，已被广泛应用于评价问题的研究，根据样本资料自身的特性，在整个操作过程中不受主观因素影响，具有直观和可操作性强的优点。

应用投影寻踪模型主要有以下特点：

(1)在引水隧洞衬砌结构安全状态评价中应用投影寻踪模型的核心点在于构建反映研究问题要求的投影指标函数。

(2)用适应性强的基于实数编码的加速遗传算法(real-coded accelerating

genetic algorithm，RAGA)优化投影指标函数和系统模型的参数。

(3)通过应用投影寻踪方法解决各种实际系统问题，不断提高对这些问题的认识。

投影寻踪模型基本评价思路如下：

(1)评价指标规范化处理。对待评价指标数据通过数据标准化处理方法进行指标无量纲规范化处理。

(2)构造投影目标函数 $Q(z)$。投影寻踪模型的实质是求解出最能充分体现数据特征的最佳投影方向 $e(j)$。

(3)加速遗传算法优化投影目标函数。各评价指标的样本数据给定时，投影目标函数 $Q(z)$ 随着投影方向的改变发生变化，因此可通过求解投影目标函数达到最大化时得出最佳投影方向 $e(j)$。

(4)分类评价。根据求得的最佳投影方向 $e(j)$ 可计算得到各评价样本的投影值 $z(i)$。

4.1.5 概率神经网络模型

概率神经网络(probabilistic neural network，PNN)于 1989 年由 Specht 首先提出，是径向基神经网络的推广和变形，是一种常用于模式分类的神经网络。概率神经网络模型是基于统计原理的神经网络模型，在分类功能上与最优贝叶斯分类器等价，融合了密度函数估计及贝叶斯最小风险准则，概率神经网络区别于传统的多层前向网络，不需要进行反向误差传播的计算，而是完全前向的计算过程。

概率神经网络由输入层、隐含层(模式层)、竞争层(求和层)和输出层组成，如图 4.2 所示。各层功能解释如下：

(1)输入层个数是样本特征的个数，该层将特征向量传入网络。

(2)隐含层的神经元个数是输入样本矢量的个数，隐含层通过连接权值与输入层连接，计算输入特征向量与训练集中各个模式的相似程度，将其距离送入高斯函数得到隐含层的输出。

(3)求和层将各类隐含层单元连接起来，该层的神经元个数是样本的类别数目。

(4)输出层负责输出求和层中得分最高的那一类。

概率神经网络结构图如图 4.3 所示。

与传统 BP 神经网络相比，概率神经网络具有以下主要优点：

(1)训练时间短、收敛速度快，不易产生局部最优，而且它的分类正确率较高。

(2)数学原理清晰，基本结构简单，当获得足够有代表性的样本后可直接使用，在一般的模式识别问题中都能取得比较理想的效果。

(3)允许增加或减少训练数据而无须重新进行长时间的训练。

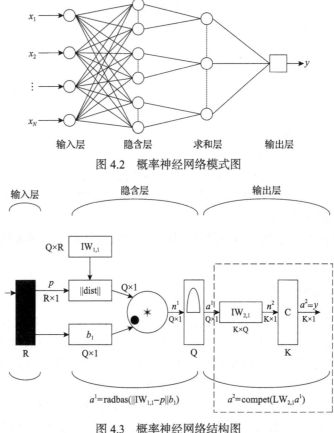

图 4.2 概率神经网络模式图

图 4.3 概率神经网络结构图

R-径向基函数单元；Q-乘积单元；K-核单元；C-竞争层

4.2 引水隧洞运行期衬砌结构安全状态评价指标体系

4.2.1 影响引水隧洞运行期衬砌结构安全的病害因素分析

西北地区气候干寒、地势恶劣、地质缺陷突出，建于西北地区的引水隧洞穿越断层带或大断裂带，存在山体滑坡及洪水灾害，且地下水水质差，富含 Cl^-、SO_4^{2-} 等强酸根离子。各种不良因素的影响导致引水隧洞在运行期间的病害问题突出，影响隧道衬砌结构的安全性和耐久性。

1. 西北地区气候特点及地质概况

1) 干寒气候

西部大部分地区具有冬长暑短、雨热同季、日照时间长、年降水量少、蒸发量大和昼夜温差大的高寒半干旱气候特点。降水随高程的增加而递增，越向上游，冰冻期越长，气温也低，降水量增多，蒸发量减少。根据天堂水文站实测降水和部分蒸发资料以及邻近气象站资料，推得多年平均气温为 3℃，极端最高气温为 30℃，极端最低气温为–28.3℃，最大冻土深度为 148cm。如此恶劣的气候条件造成了引水隧洞长期遭受冻融破坏。

2）湿陷性黄土

西北地区部分引水隧洞的基础位于第四系全新统冲洪积黄土状土或粉质壤土上，属中等湿陷性黄土，如图 4.4 所示。湿陷性黄土是一种特殊性质的土，其土质较均匀、结构疏松、孔隙发育。在未受水浸湿时，一般强度较高，压缩性较小。当在一定压力下受水浸湿时，土结构会迅速破坏，产生较大的附加下沉，强度迅速降低。在黄土分布的地区，由于隧洞渗漏水的影响，黄土在自重或一定荷载作用下受到水的浸湿后，迅速破坏而发生显著下沉，使其上部的建筑物受到破坏，导致基础沉陷，隧洞顶拱、侧墙和底板均产生不同程度的裂缝，裂缝增多导致渗漏进一步加剧，从而形成沉降裂缝的恶性循环。

图 4.4　湿陷性黄土

2. 工程地质条件复杂

由于引水工程线路长，各条隧洞所经过的地区地形地貌差异很大，造成隧洞的地质现象复杂，如甘肃引大入秦工程，从渠首至秦王川盆地区域地貌可分为四个大区：侵蚀断块石质高中山区、侵蚀堆积与侵蚀构造黄土中低山区、侵蚀堆积构造河谷平原区、山前冲洪积盆地平原区。其不良物理地质现象包括风化、坍塌、滑坡、风积流动沙丘、地表湿陷等，其中岩体风化以物理风化为主，由于地形差异、岩性、构造切割不同，其风化深度也有所不同。

3. 西北地区引水隧洞运行期主要病害问题

西北地区引水隧洞穿越断层带或大断裂带，在施工过程中容易出现塌方，隧洞运行过程中容易引起隧洞边墙及顶拱开裂，在断层边界处易引起隧洞断裂，形成横向裂缝、断裂影响带涌水、侧墙开裂、边墙向洞内凸出变形、底板隆起开裂等，加上引水隧洞长期受水力侵蚀，存在很多病害问题，而且由于西北地区地貌特点，在雨季容易形成山体滑坡及山洪灾害，对引水隧洞的结构造成一定的影响。

1）衬砌裂缝

衬砌裂缝是隧洞衬砌结构承受力超出其强度的反应，二次衬砌开裂是引水隧洞工程常见的病害问题。衬砌裂缝是隧洞破损的直接表现形式，反映其承受应力超出了自身强度，包含结构受力自较低状态发展至破裂的变形特征，是引水隧洞运行期衬砌结构安全状态评价的具体指标。

衬砌裂缝按成因可分为变形裂缝和受力裂缝两大类。变形裂缝即非受力形成的裂缝，主要包括由温度效应、混凝土早期收缩、基础不均匀沉降等因素引起的裂缝，其具有以下特征：①由温差和养护条件形成的裂缝一般宽度较小，走向无明显规律，危害性较小；②由不均匀沉降产生的裂缝，通常根据不均匀沉降的方向形成长大的纵向或环向裂缝，与不均匀沉降是否稳定有关。变形裂缝一般不影响结构承载力。受力裂缝一般存在发展且其产状具有较大的规律性和同向性，其裂缝长度、宽度和深度均较大，影响衬砌结构的承载能力，对引水隧洞衬砌结构的安全会产生长期影响，因而危害性较大。图 4.5 为隧洞衬砌不同类型裂缝示意图。

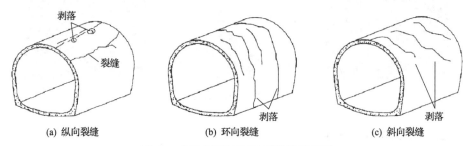

(a) 纵向裂缝　　　　　　(b) 环向裂缝　　　　　　(c) 斜向裂缝

图 4.5　隧洞衬砌不同类型裂缝示意图

衬砌裂缝是引水隧洞工程中的主要病害，准确分析带裂缝的衬砌结构的安全性至关重要。西北地区水文地质特殊，引水隧洞在运行期出现衬砌裂缝问题，原因主要有：①隧洞开挖时施工方法和现场操作不规范、控制不严格及监控量测检查和管理不到位导致个别部位衬砌厚度严重不足和衬砌混凝土厚度不均匀，造成局部应力集中而引起衬砌结构开裂；②早期修建的许多引水隧洞由于技术条件有限，不能科学地判断围岩的变形和收敛情况，盲目进行二次衬砌混凝土的施工，造成混凝土不能抵抗围岩变形从而产生开裂；③模板拆除过早，拆模后养护不当（特别是靠近洞口的地段），造成混凝土承载力不足，不能有效抵抗外力，产生局部变形，进行应力的二次分布而导致衬砌结构开裂；④由于受原始地应力场和地下水作用、温度和收缩应力作用、冻胀性压力作用、腐蚀性介质作用等，引水隧洞衬砌结构产生裂缝。

2）渗漏水

渗漏水是引水隧洞及地下工程最常见的病害之一，对引水隧洞的运行安全及耐久性存在很大的影响，图 4.6 为引水隧洞衬砌渗漏水示意图。影响渗漏水的因素存在于诸多方面，它不仅与水文地质条件、降水量、地表植被等因素有关，还与施工、运行等条件息息相关。渗漏水是加速衬砌材质劣化的原因之一，特别是当漏水显示出强酸性时，混凝土有严重劣化的危险。主要原因为：①混凝土是水硬性材料，水泥在水化过程中会使混凝土的密实度发生改变；②硫酸根离子的侵蚀会导致混凝土孔隙增加，生成的膨胀性产物的膨胀应力达到或者超过混凝土材料的极限抗拉强度，衬砌结构出现微裂缝，进而材料开始损伤，使其逐渐出现恶化。

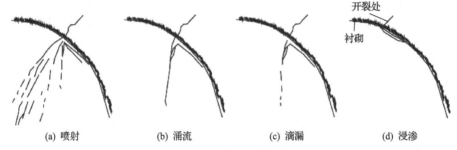

图 4.6　引水隧洞衬砌渗漏水示意图

渗漏对混凝土衬砌结构安全和稳定的影响主要有：①造成混凝土结构承担的扬压力或渗漏压力增大；②溶蚀造成混凝土性能的劣化，即强度降低；③会引发溶蚀、侵蚀、冻融、钢筋锈蚀及地基冻胀等病害，加速混凝土结构老化，缩短引水隧洞的使用寿命；④冬季漏水若发生冻结，还会造成拱部挂冰，随着冻融循环作用产生冻害。

3）材质劣化

在引水隧洞工程中，混凝土衬砌承受高地层应力、高围岩压力、高渗透压力，各种侵蚀性离子的腐蚀尤其是硫酸盐对混凝土衬砌结构的侵蚀及衬砌混凝土的碳化造成了材质劣化问题。

硫酸盐对混凝土衬砌结构侵蚀的原因有：①水泥所含矿物主要有硫酸三钙、硫酸二钙、铝酸三钙、铁铝酸四钙，还含有一定量的石膏。水泥的主要水化产物有氢氧化钙、钙矾石、水化硅酸钙、水化铝酸钙、单硫型水化硫铝酸钙，有些产物在硫酸盐环境中不能稳定存在而与其他产物发生化学反应。②化学反应生成的主要产物石膏、钙矾石等是硫酸盐化学侵蚀产物中最普遍的两种，如果在水化过程中还存在镁离子和碳酸根离子，则侵蚀产物可能还会有氢氧化镁、硅胶和碳硫硅钙石。从反应的生成物可以得知，反应生成的石膏晶体会引起构件体积发生膨胀，从而导致裂纹出现造成材质的劣化。

衬砌混凝土碳化与衬砌强度、钢筋锈蚀两个指标间存在一定的相关性。混凝土碳化使混凝土孔隙溶液的 pH 降低，从而降低混凝土材料的碱度，继而破坏钢材表面的钝化膜，在水和氧气的共同作用下，钢筋发生腐蚀，在表面析出 $Fe(OH)_2$，$Fe(OH)_2$ 失水后生成铁锈，导致体积膨胀对周围的混凝土产生挤压力，并将混凝土保护层胀开，进而使混凝土产生剥落、开裂，破坏钢筋和混凝土之间的黏结力，导致钢筋截面积减小、衬砌结构承载力降低。随着引水隧洞的持续运行，最终导致衬砌结构完全破坏。

引水隧洞混凝土衬砌结构在钢筋发生锈蚀后，钢筋的截面积减小，与混凝土的握裹力下降，联合承载能力下降，抗拉强度和极限拉伸率明显降低，从而降低衬砌结构的承载能力和稳定性，危及输水安全，发生钢筋锈蚀的混凝土结构一般还伴随着裂缝及剥蚀的发生。基于此，当发生严重锈蚀时，应进行全面的加固处理，恢复结构的承载能力。

4) 衬砌变形

引水隧洞衬砌结构产生变形的原因有：①隧洞开挖改变了地下水渗流通道，向隧洞汇集，增加了隧洞衬砌的外压力。静水压力作为附加荷载作用在衬砌上，动水压力对裂隙、结构面产生冲刷，通过岩体的破坏影响衬砌结构；②隧洞在施工期间由于开挖爆破而产生裂隙，导致地下水进入隧洞，裂隙水流动带走岩体间的充填物，降低了岩体的稳定性，加速了岩体的崩解，迅速降低了岩体的承载力，造成岩体坍塌，衬砌开裂变形。

5) 衬砌剥落

引水隧洞在运行期间出现衬砌剥落问题的原因主要有：①位于西北地区的引水隧洞经常受到流冰的威胁，在冬季及开春季节大量流冰进入引水隧洞，不同速度和不同碰撞角度的流冰对隧洞边壁进行碰撞，造成隧洞衬砌的局部破坏，长期碰撞则会造成引水隧洞衬砌混凝土剥落，影响引水隧洞的安全运行，甚至将影响整个输水工程的使用寿命；②受西北地区寒冷气候的影响，当引水隧洞衬砌结构背后的围岩冻结时会产生冻胀力，在冻胀性的围岩中，水体积增加，极易在拱顶附近造成衬砌冻胀开裂，或造成混凝土骨料胀出、砂浆及混凝土剥落等。因此，引水隧洞存在严重冻融剥蚀时应及时进行处理，当冻融剥蚀造成混凝土衬砌结构有效承载断面减小、钢筋锈蚀时，需进行断面复核和应力分析。

6) 衬砌背后空洞

由于施工方法、施工质量、混凝土收缩等多方面的原因，引水隧洞会出现比较严重的衬砌背后空洞问题。造成衬砌背后空洞的原因有：①隧洞衬砌采用整体式模板台车，混凝土灌注接近拱顶时防水卷材预留不足，拱顶防水卷材紧绷造成其背后与初期支护有一定间隙无法灌注混凝土，导致直接空洞；②混凝土灌注至拱顶后，没有及时调整混凝土的水灰比，灌注时泵送压力不稳定，造成拱顶混凝土灌注不充分而形成空洞；③堵头模板与初期支护不密贴，造成混凝土灌注不充分而形成拱顶衬砌前端空洞。

衬砌背后空洞对引水隧洞衬砌结构安全性的危害有：①衬砌背后出现空洞时，围岩对衬砌的约束能力得到解除，从而降低了隧洞衬砌的安全系数；②二次衬砌的受力和围岩的应力状态发生改变，其上边缘容易发生开裂；③空洞作为水的流通通道，渗漏水会沿着空洞和裂缝进入衬砌内部，引起衬砌混凝土碳化、钢筋锈蚀、冻害等病害问题；④当衬砌空洞过深时，不稳定岩体落在衬砌上，会造成衬砌开裂或者局部坍塌等病害。衬砌的动力学特性发生一定的改变，围岩失去应有的支护而松弛、变形，导致失稳、脱落，严重时会发生突发性崩塌。

4.2.2　引水隧洞运行期衬砌结构安全状态评价指标体系的构建

1. 评价指标体系构建的基本原则

1）科学性原则

科学性是指选取的评价指标有清晰的定义，能够清楚地与其他指标区分开来，对引水隧洞的安全运行有一定的影响，并反映出引水隧洞衬砌结构的安全状态。

2）全面性原则

全面性是指选取的评价指标体系能全面有效完整地反映引水隧洞的安全状态，尽可能包含反映引水隧洞安全状态的重要特征和重要影响因素，具有广泛的覆盖性，使引水隧洞衬砌结构安全状态评价结果准确可靠。

3）简明性原则

在选取评价指标时，应当在保证反映引水隧洞衬砌结构安全状态的主要特征和重要影响因素不遗漏的前提下，清晰划分各指标评价等级与层级的关系，尽可能选择具有代表性的评价指标，从而达到减少评价指标数量、便于计算和分析的目的，使评价过程更具实际操作价值。

4）相关性原则

为使引水隧洞运行期衬砌结构安全状态评价指标体系具有整体性，指标间应存在一定的联系，具有一定的相关性。

5）可操作性原则

可操作性是指选取的评价指标能够采用现有的手段和工具进行度量或采用经过研究可获得的方法和手段进行度量。西北地区引水隧洞运行期衬砌结构安全状态评价指标体系的建立是为保障引水隧洞安全运行而服务的，所建立的指标体系应具有实用性，选取的指标应易于取得且可操作性强。

6）层次性原则

引水隧洞衬砌结构安全状态评价是一个复杂的问题，其评价指标体系应能反映不同层次指标的内在结构与关键问题，在进行衬砌结构安全状态评价时将评价指标体系构建为多个层次，形成一个包含多个子系统的多层次梯阶分析系统，以更加全面科学地对引水隧洞的衬砌结构安全状态进行合理的评价研究。

2. 引水隧洞运行期衬砌结构安全状态评价指标体系的建立

分析 4.2.1 节提出的影响西北地区引水隧洞运行期衬砌结构安全的病害因素，针对西北地区引水隧洞在运行期出现的各种病害问题，选取衬砌裂缝、渗漏水、材质劣化、衬砌变形、衬砌剥落、衬砌背后空洞 6 个一级评价指标及衬砌裂缝宽度、衬砌裂缝深度、衬砌强度、衬砌厚度等 13 个二级评价指标，建立西北地区引水隧洞运行期衬砌结构安全状态评价指标体系，如图 4.7 所示。

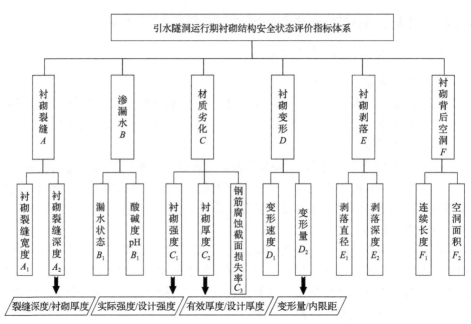

图 4.7　引水隧洞运行期衬砌结构安全状态评价指标体系

4.2.3　引水隧洞运行期衬砌结构安全状态等级划分

1. 现有隧道及隧洞安全状态等级划分方法

1) 三级划分法

我国隧洞安全等级划分为三级，如表 4.1 所示。

在日本《公路隧道维持管理便览》中，以车辆通行的安全性为重点，将检查阶段(包括日常检查、定期检查、异常检查和临时检查)的隧道健全度分为三级，如表 4.2 所示。

表 4.1　我国隧洞安全等级划分

安全等级	判定结论
A	围岩稳定，无坍塌现象； 内流态稳定，未出现超压、负压等现象； 进水口无冲刷、冻融损坏现象，洞身衬砌无明显裂缝、剥落、渗漏、溶蚀、磨损等情况； 能正常安全运行
B	不属于 A 类、C 类的应视为 B 类进水口、隧洞
C	围岩稳定性差，出现较大规模的坍塌现象； 非恒定流情况下出现影响隧洞安全运行的严重超压、负压等现象； 进水口出现严重冲刷、冻融损坏现象； 洞身衬砌出现严重裂缝、剥落、渗漏、溶蚀、磨损等情况； 进出口缺少必要的人畜安全防护设施； 存在其他危及隧洞安全运行的因素

表 4.2　日本公路隧道健康等级的划分

健全度等级	判定结论
A	健全(无变异或有轻微变异，不影响通行车辆安全)
B	变异显著，不能保证通行安全，应采取紧急措施
C	有变异，是否需要补修、补强，需进行异常情况检查或标准检查

根据公路等级、隧道长度和交通量大小，公路隧道养护可分为一级、二级、三级三个等级。根据检测目的、内容和范围的不同，隧道检测可分为经常性检查、定期检查、应急检查和专项检查。我国公路隧道检查结果的判定如表 4.3 所示。

表 4.3　我国公路隧道检查结果的判定

判定等级	检查结论
A	异常情况显著，危及行人、人车安全，应采取处治措施或特别对策
B	存在异常情况，但不明确，应进一步检查或观测以确定对策
S	情况正常(无异常情况，或虽有异常情况但很轻微)

2)四级划分法

日本铁路隧道总体检查中，把隧道健全度分为 A、B、C、S 四个等级，A 级又细分为 AA、A1、A2 三个等级，如表 4.4 所示。

我国公路隧道专项检查中，根据对病害的成因、范围、程度等情况的分析，维修处治对策、技术以及所需资金来进行检查结果的判定，如表 4.5 所示。

3)五级划分法

日本建设混凝土结构耐久性研究会提出了一个隧道劣化度判定标准，该标准实际上是一个基于衬砌混凝土剥落、剥离的判定标准，如表 4.6 所示。

表 4.4　日本铁路隧道健全度等级

健全度等级	对运行安全的影响	变异程度	措施
AA	危险	重大	立即采取
A1	迟早会造成威胁；有异常外力时危险	变异发展，功能继续降低	及早采取
A2	以后有危险	变异发展，功能会降低	必要时采取
B	如果发展，变为 A 级	如果发展，变为 A 级	监视(必要时采取)
C	现状暂时无影响	轻微	重点检查
S	无影响	无	不采取

表 4.5　我国公路隧道专项检查结果的判定

判定等级	检查结论
B	结构存在轻微破损，现阶段对行人、行车不会有影响，但应进行监视或观测
1A	结构存在破坏，可能会危及行人、行车安全，应准备采取对策措施
2A	结构存在较严重破坏，将会危及行人、行车安全，应尽早采取对策措施
3A	结构存在严重破坏，已危及行人、行车安全，必须立即采取紧急对策措施

表 4.6　隧道劣化度判定标准

劣化度	判定标准
Ⅰ	有明确的剥落、剥离危险，须立即进行补修
Ⅱ	有多处可能发生剥落、剥离的部分，如打击检查中发现多处有异常的地点等，须研究是否需要补修
Ⅲ	有可能发生剥落、剥离的部分，如打击声检查中认为存在有异常声的地点
Ⅳ	有可能存在与剥落、剥离有关的部分，如出现开裂和施工缝、出现锯齿状变异等
Ⅴ	没有剥落、剥离的迹象，结构物健全

4)十级划分法

美国《铁路交通隧道和地下建筑物检查方法和程序》和《公路和铁路交通隧道检查手册》将隧道检测中的结构单元状态分为十级，如表 4.7 所示。

表 4.7　美国隧道健康等级判定

健康等级	判定内容
9	新完成的结构
8	极好的状态——没有发现缺陷
7	良好的状态——不需修复，结构只有少量缺陷

健康等级	判定内容
6	5 级和 7 级健康状态之间
5	较好的状态——需少量修复，但结构单元仍能正常工作，有轻度的、中度的和少量严重的缺陷，但没有显著的断面损失
4	3 级和 5 级健康状态之间
3	较差的状态——需大量修复，结构不能正常工作，存在严重的缺陷
2	严重的状态——立即进行大量修复，以保证结构物能为公路和铁路交通开放
1	危险状态——立即停止使用，并进行结构修复的可行性研究
0	危险状态——停止使用，在修复中

2. 安全状态评价等级及评价指标等级标准确定的依据

1) 采用国家相关规范、技术规程的评价标准值

依据《公路隧道养护技术规范》（JTG H12—2015）、《铁路桥隧建筑物劣化评定标准》（Q/CR 405—2018）、《水利水电工程施工质量检验与评定规程》（SL 176—2019）、《水工建筑物抗冰冻设计规范》（GB/T 50662—2011）、《水工混凝土建筑物缺陷检测和评估技术规程》（DL/T 5251—2010）、《铁路桥隧建筑物修理规则》（铁运〔2010〕38 号）、《城市轨道交通隧道结构养护技术标准》（CJJ/T 289—2018）划分引水隧洞衬砌结构安全状态评价等级，建立引水隧洞衬砌结构安全状态评价指标体系的判定标准，具有科学可靠性。

2) 采用相关引水工程的安全监测指标的评价标准值

引水隧洞作为引调水工程的重要组成部分，借鉴相关引水工程安全评价的某些指标的等级划分。

3) 参考国内外其他隧道工程的安全等级划分方法

国内外其他隧道工程，如铁路隧道、公路隧道等，在安全等级划分方面较成熟，相关参考规范较多，因此引水隧洞衬砌结构安全等级划分可参考国内外其他隧道工程的安全等级划分方法。

3. 西北地区引水隧洞运行期衬砌结构安全状态评价等级的设计

1) 安全状态判定标准

西北地区引水隧洞衬砌结构安全状态判定标准如表 4.8 所示。

2) 安全状态评价指标分类等级判定标准

对西北地区引水隧洞运行期衬砌结构进行安全状态评价主要是为了确保水资源的安全输送，防止因隧道结构问题导致水资源浪费和可能的灾害风险，其评价指标分类等级判定标准如表 4.9～表 4.18 所示。

表 4.8　引水隧洞衬砌结构安全状态判定标准

安全等级	判定内容
D（极不安全）	结构存在严重破坏，已危及输水运行安全，必须立即采取紧急应对措施
C（不安全）	结构存在较严重破坏，将会危及输水运行安全，应尽早采取应对措施
B（基本安全）	结构存在破坏，可能会危及输水运行安全，应准备采取应对措施
A（安全）	结构无破损或存在轻微破损，对输水运行不会有影响

表 4.9　衬砌结构破损技术状况评定标准

判定等级	技术状况描述	
	外荷载作用所致	材料劣化所致
A	出现变形、位移、沉降和裂缝，但无发展或已停止发展	存在材料劣化，钢筋表面局部腐蚀，衬砌无起层、剥落，对断面强度几乎无影响
B	出现变形、位移、沉降和裂缝，发展缓慢，边墙衬砌背后存在裂缝，有扩大的可能	材料劣化明显，钢筋表面全部生锈、腐蚀，断面强度有所下降，结构物功能可能受到损害
C	出现变形、位移、沉降，裂缝密集，出现剪切性裂缝，发展速度较快；边墙处衬砌压裂，导致起层、剥落，边端混凝土有可能掉下；拱部背面存在大的空洞，上部落石可能掉落至拱背；衬砌结构侵入内轮廓界限	材料劣化严重，钢筋断面因腐蚀而明显减小，断面强度有相当程度的下降，结构物功能受到损害；边墙混凝土起层、剥落，混凝土块可能掉落或已有掉落
D	衬砌结构发生明显的永久变形，裂缝密集，出现剪切性裂缝，发展速度较快；边墙处衬砌压裂，导致起层、剥落，边墙混凝土有可能掉下；拱部背面存在大的空洞，上部落石可能掉落至拱背；衬砌结构侵入建筑界限	材料劣化非常严重，断面强度明显下降，结构物功能损害明显；由于拱部材料劣化，混凝土起层、剥落，混凝土块可能掉落或已有掉落

表 4.10　裂缝分类

判定等级	A	B	C	D
裂缝特性	龟裂或细微裂缝	表面或浅层裂缝	深层裂缝	贯穿性裂缝
裂缝宽度 δ/mm	$\delta<0.2$	$0.2\leqslant\delta<0.3$	$0.3\leqslant\delta<0.4$	$\delta\geqslant0.4$
k（裂缝深度/衬砌厚度）	$k<0.3$	$0.3\leqslant k<0.5$	$0.5\leqslant k<0.7$	$k\geqslant0.7$

表 4.11　衬砌渗漏水技术状况评定标准

判定等级	技术状况描述
A	衬砌表面存在浸渗，对输水运行无影响
B	衬砌拱部有滴漏，侧墙有小股涌流，底板有浸渗但无积水，拱部、边墙因渗水形成少量挂冰，边墙脚积冰，不久可能会影响输水运行
C	衬砌拱部有涌流，侧墙有喷射水流，沙土流出、拱部衬砌因渗水形成较大挂冰、胀裂，影响输水运行
D	拱部有喷射水流，侧墙存在严重影响输水安全的涌水，伴有严重的沙土流出和衬砌挂冰，严重影响输水运行

表 4.12　渗漏水酸碱度判定标准

判定等级	A	B	C	D
酸碱度(pH)	pH≥6.0	5.0≤pH<6.0	4.0≤pH<5.0	pH<4.0

表 4.13　钢筋锈蚀判定标准

判定等级	A	B	C	D
钢筋锈蚀状态描述	钢筋表面存在轻微锈蚀	钢筋部分表层存在浅层锈蚀	钢筋部分断面因锈蚀导致截面减小或者大部分钢筋表层存在浅层锈蚀	钢筋全断面存在锈蚀，截面明显减小
钢筋腐蚀截面损失率 r	$r<10\%$	$10\%\leq r<25\%$	$25\%\leq r<40\%$	$r\geq40\%$

表 4.14　衬砌强度判定标准

判定等级	A	B	C	D
衬砌强度	$q_i/q\geq0.85$	$0.75\leq q_i/q<0.85$	$0.65\leq q_i/q<0.75$	$q_i/q<0.65$

注：q_i 为实际强度，q 为设计强度。

表 4.15　衬砌厚度判定标准

判定等级	A	B	C	D
衬砌厚度	$h_i/h\geq0.9$	$0.75\leq h_i/h<0.9$	$0.6\leq h_i/h<0.75$	$h_i/h<0.6$

注：h_i 为有效厚度，h 为设计厚度。

表 4.16　结构变形判定标准

判定等级	A	B	C	D
变形速度 $v/(\text{mm}/\text{年})$	$v<1$	$1\leq v<3$	$3\leq v<10$	$v\geq10$
s(变形量/内限距)	$s<0.25$	$0.25\leq s<0.5$	$0.5\leq s<0.75$	$s\geq0.75$

表 4.17　衬砌剥落判定标准

判定等级	A	B	C	D
剥落直径 d/mm	$d<50$	$50\leq d<75$	$75\leq d<150$	$d>150$
剥落深度 l_b/mm	$l_b<6$	$6\leq l_b<12$	$12\leq l_b<25$	$l_b\geq25$

表 4.18　衬砌背后空洞判定标准

判定等级	A	B	C	D
连续长度 l/m	$l<3$	$3\leq l<5$	$5\leq l<10$	$l\geq10$
空洞面积 s/m^2	$s<1$	$1\leq s<3$	$3\leq s<5$	$s\geq5$

4.3　引水隧洞运行期衬砌结构安全状态评价模型的构建

4.3.1　RAGA-PP 安全状态评价模型

建立基于实数编码的加速遗传算法(RAGA)优化投影寻踪(PP)模型(简称为 RAGA-PP 模型)最佳投影方向的西北地区引水隧洞运行期衬砌结构安全状态评价模型。RAGA-PP 模型评价流程如图 4.8 所示。

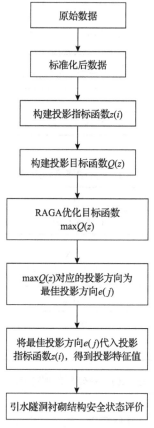

图 4.8　RAGA-PP 模型评价流程

1. 建立投影寻踪初级评价模型

(1)标准化。设有 n 个评价对象, m 个评价指标,其评价指标集表示为$\{x(i,j)|i= 1,2,\cdots,n;\ j=1,2,\cdots,m\}$,对越大越优型指标和越小越优型指标分别用式(4.1)和式(4.2)进行数据标准化处理。

$$x(i,j) = \frac{x(i,j) - x_{\min}(j)}{x_{\max}(j) - x_{\min}(j)} \tag{4.1}$$

$$x(i,j) = \frac{x_{\max}(j) - x(i,j)}{x_{\max}(j) - x_{\min}(j)} \tag{4.2}$$

(2) 构建投影指标函数。将 m 维数据 $\{x(i,j) \mid j = 1,2,\cdots,m\}$ 转化为以单位长度向量 $e = (e(1)\ e(2)\ \cdots\ e(m))$ 为投影方向的一维投影值。

$$z(i) = \sum_{j=1}^{m} e(j)x(x,j) \tag{4.3}$$

(3) 构建投影目标函数。

$$Q(z) = S_{(z)}D_{(z)} \tag{4.4}$$

$$S_{(z)} = \left[\sum_{i=1}^{n}(z(i) - \overline{z(i)})^2 / (n-1)\right]^{1/2} \tag{4.5}$$

$$D_{(z)} = \sum_{i=1}^{n}\sum_{l=1}^{n}(R - d(i,l))f(R - d(i,l)) \tag{4.6}$$

式中，R 为局部密度窗口半径，一般取 $R = 0.1S_{(z)}$；$f(R - d(i,l))$ 为单位跳跃函数，当 $R - d(i,l) \geqslant 0$ 时取值为 1，当 $R - d(i,l) < 0$ 时取值为 0；$d(i,l)$ 为投影值间的距离。

$$d(i,l) = |z(i) - z(l)| \tag{4.7}$$

(4) 优化目标函数。

$$\max Q(z) = S_{(z)}D_{(z)} \tag{4.8}$$

$$\text{s.t.} \ \sum_{j=1}^{m} e^2(j) = 1 \tag{4.9}$$

2. RAGA 求解最佳投影方向

PP 模型最佳投影方向的求解是一个非常复杂的非线性优化问题，应用一种改进的遗传算法——RAGA 作为求解最佳投影方向的优化算法。通常标准遗传算法（simple genetic algorithm，SGA）的选择、杂交、变异过程是依次进行的，编码过程烦琐，计算量大，结果计算缓慢，而且很容易出现早熟收敛问题，导致解的准确度较差。与 SGA 相比，RAGA 的选择、杂交、变异过程是并行的，RAGA 比 SGA 拥有更广的搜索域，因此在获得最优解方面有一定优势、精度更高。

(1)优化变量的实数编码。

$$x(j) = e(j) + y(j)(f(j) - e(j)), \quad j = 1, 2, \cdots, m \tag{4.10}$$

由上节可知 $Q(z) = S_{(z)}D_{(z)}$ 为待优化的目标函数，m 为优化变量的数目。通过式(4.10)将在区间 $[e(j), f(j)]$ 上的第 j 个待优化变量 $x(j)$ 对应到[0,1]区间上，其在[0,1]区间上的对应值为实数 $y(j)$，定义 $y(j)$ 为 RAGA 中的遗传基因。以此类推，将所有待优化问题的变量对应的遗传基因顺次连在一起构成问题解的编码 $(y(1), y(2), \cdots, y(m))$ 表示的染色体。

(2)父代群体的初始化。

设定父代群体的数量为 n，生成几组在[0,1]区间上的均匀随机数，即 $\{u(j,i) | (j = 1, 2, \cdots, m; i = 1, 2, \cdots, n)\}$。设 $u(j,i)$ 为初始群体的父代个体值 $y(j,i)$，将 $y(j,i)$ 代入式(4.10)得到优化变量值 $x(j,i)$。将 4.3.1 节中建立的投影寻踪评价模型获得的目标函数值 $\{Q(i) | (i = 1, 2, \cdots, n)\}$ 进行从小到大排序，对应个体 $y(j,i)$ 亦跟着排序。目标函数值的大小代表个体适应能力的强弱，称通过排序后获得的前 k 个个体为优秀个体，使其直接进入下一代。

(3)计算父代群体的适应度评价函数。

用适应度评价函数对种群中每个染色体 $y(j,i)$ 设定概率，以使染色体被选择的可能性与其适应度成正比。基于序的评价函数 eval($y(j,i)$)，根据染色体的序进行再生分配，设参数 $\alpha \in (0,1)$ 给定，则定义基于序的评价函数表示为

$$\text{eval}(y(j,i)) = \alpha(1-\alpha)^{i-1}, \quad i = 1, 2, \cdots, N \tag{4.11}$$

根据问题的类型，由目标函数按一定的转换规则，计算群体中各个个体的适应度，适应度值越高的个体称为优秀个体。

(4)选择下一代个体。

通过旋转赌轮 N 次，按照每个染色体的适应度在每次旋转中选择一组新的染色体，产生第一代群体 $\{y_1(j,i) | j = 1, 2, \cdots, m\}$。选择过程如下：

每个染色体 $y(j,i)$ 计算累计概率 $q_i(i = 0, 1, 2, \cdots, N)$，即

$$\begin{cases} q_0 = 0 \\ q_i = \sum_{j=1}^{i} \text{eval}(y(j,i)), \quad j = 1, 2, \cdots, p; i = 1, 2, \cdots, N \end{cases} \tag{4.12}$$

从区间 $[0, q_i]$ 中产生一个随机数 r，若 $q_{i-1} < r < q_i$，则选择第 i 个染色体

$y(j,i)$。

重复步骤(2)和步骤(3)共 N 次，可得到 N 个复制的染色体，组成新一代个体。

(5)对父代种群进行交叉操作。

定义参数 p_c 为交叉操作的概率，说明在种群中将有期望值为 p_c 的 N 个染色体进行交叉操作。若在[0,1]中产生的随机数 $r < p_c$，则选择 $y(j,i)$ 作为一个父代。用 $y_1'(j,i), y_2'(j,i), \cdots, y_N'(j,i)$ 表示选择的父代，并把它们随机分成两两配对，即

$$(y_1'(j,i), y_2'(j,i)), \ (y_3'(j,i), y_4'(j,i)), \ (y_5'(j,i), y_6'(j,i)), \ \cdots$$

采用算数交叉法解释整个交叉操作的过程，首先从[0,1]中产生一个随机数 c，然后在 $y_1'(j,i)$ 和 $y_2'(j,i)$ 之间进行交叉操作可获得 X 和 Y 两个后代，操作过程如下：

$$X = c \times y_1'(j,i) + (1-c) \times y_2'(j,i) \tag{4.13}$$

$$Y = (1-c) \times y_1'(j,i) + c \times y_2'(j,i) \tag{4.14}$$

以此类推，经过以上杂交操作过程得到第二代群体 $\{y_2(j,i) \mid j = 1,2,\cdots,m; i = 1, 2,\cdots,n\}$。

(6)对父代种群进行变异操作。

定义参数 p_m 为遗传算法系统中的变异概率，说明种群中将有期望值为 p_m 的 N 个染色体进行变异操作。若在区间[0,1]中产生的随机数 $r < p_m$，则选择 $y(j,i)$ 作为变异的父代，对每一个选择的父代用 $y_3'(j,i)$ 表示，按如下方法进行变异。

在 n 维空间中随机选择变异方向 d，则

$$y_3'(j,i) + Md \tag{4.15}$$

通过设置 M 为(0,1)上的随机数使式(4.15)可行，以此来保持种群的多样性。如果出现在预先给定的迭代次数内没有找到可行解，则设置 $M=0$。

用 $X = y_3'(j,i) + Md$ 代替 $y_3'(j,i)$，以此类推，经过变异操作得到新一代种群 $\{y_3'(j,i) \mid j = 1,2,\cdots,m; i = 1,2,\cdots,n\}$。

(7)演化迭代。

通过选择、杂交和变异所产生的 $3n$ 个子代个体按其适应度函数值大小依次进行排序，选择前 $n-k$ 个优秀子代个体作为新的父代个体种群，重复步骤(3)，进行下一阶段的演化过程，重新对父代个体进行评价、选择、杂交和变异过程。

(8)加速处理。

确定第一次和第二次产生优秀个体的区间，作为下一代优化变量的迭代区间。由于进化次数过多会影响加速算法的寻优能力，通过 RAGA 再次转入步骤(1)，如此加速循环，使优秀个体的变化区间逐步缩小。当最优个体的目标函数值

小于设定值或算法运行达到预定加速次数时结束，此时把当前群体中最优秀个体作为 RAGA 的寻优结果，对于优化的投影寻踪模型来说即为最佳投影方向 $e = \{e(1), e(2), \cdots, e(m)\}$。

4.3.2　概率神经网络模型

概率神经网络在 RBF 神经网络的基础上，融合了密度函数估计和贝叶斯决策理论，其中关于模式分类的贝叶斯决策理论如下：

假设分类问题为二分类：$c = c_1$ 或 $c = c_2$。先验概率为

$$h_1 = p(c_1), \quad h_2 = p(c_2), \quad h_1 + h_2 = 1 \tag{4.16}$$

给定输入向量 $x = (x_1 \ x_2 \ \cdots \ x_N)$ 为得到的一组观测结果，进行分类的依据为

$$c = \begin{cases} c_1, & p(c_1 \mid x) > p(c_2 \mid x) \\ c_2, & 其他 \end{cases} \tag{4.17}$$

式中，$p(c_1 \mid x)$ 为 x 发生情况下类别 c_1 的后验概率。

根据贝叶斯公式，后验概率为

$$p(c_1 \mid x) = \frac{p(c_1)p(x \mid c_1)}{p(x)} \tag{4.18}$$

在实际应用中需考虑到损失与风险，因此调整分类规则。定义动作 α_i 为将输入向量指派到 c_i 的动作，λ_{ij} 为输入向量属于 c_j 时采取动作 α_i 所造成的损失，则采取动作 α_i 的期望风险为

$$R(\alpha_i \mid x) = \sum_{j=1}^{N} \lambda_{ij} p(c_j \mid x) \tag{4.19}$$

假定分类正确的损失为零，将输入归为 c_1 类的期望风险为

$$R(c_1 \mid x) = \lambda_{12} p(c_2 \mid x) \tag{4.20}$$

则贝叶斯判定规则变成

$$c = \begin{cases} c_1, & R(c_1 \mid x) < p(c_2 \mid x) \\ c_2, & 其他 \end{cases} \tag{4.21}$$

写成概率密度函数的形式，有

$$R(c_i \mid x) = \sum_{j=q}^{N} \lambda_{ij} p(c_i) f_i \tag{4.22}$$

$$c = c_i, \quad i = \arg \min(R(c_i \mid x))$$

式中，f_i 为类别 c_i 的概率密度函数。

基于以上贝叶斯决策理论，概率神经网络模型建模过程如下。

(1) 设该模式分类问题中有 n 个训练样本，样本的特征向量维度为 m，那么训练样本矩阵为

$$X = \begin{bmatrix} x_{11} & x_{12} & \cdots & x_{1m} \\ x_{21} & x_{22} & \cdots & x_{2m} \\ \vdots & \vdots & & \vdots \\ x_{n1} & x_{n2} & \cdots & x_{nm} \end{bmatrix} = \begin{bmatrix} X_1 \\ X_2 \\ \vdots \\ X_n \end{bmatrix} \quad (4.23)$$

(2) 将需要分类的测试样本逐个送入 PNN 的输入层。

(3) 特征向量传入网络，输入层个数是样本特征的个数。该层每个节点单元的输出为

$$f(X, W_i) = \exp\left[-\frac{(W_i - X)^{\mathrm{T}} (W_i - X)}{2\sigma^2} \right] \quad (4.24)$$

式中，W_i 为输入层到样本层的权重；σ 表示平滑参数。

(4) 计算模式之间的欧氏距离(作为输入的测试样本与样本矩阵中各样本的欧氏距离)。隐含层通过连接权值与输入层连接，计算输入特征向量与训练集中各个模式的匹配程度，也就是相似度，将其距离送入高斯函数得到隐含层的输出。隐含层的神经元个数是输入样本矢量的个数。

(5) 隐含层神经元被激活，并得到初始概率矩阵 P。假设输入的测试样本共有 P 个，则有

$$P = \begin{bmatrix} \mathrm{e}^{-\frac{E_{11}}{2\sigma^2}} & \mathrm{e}^{-\frac{E_{12}}{2\sigma^2}} & \cdots & \mathrm{e}^{-\frac{E_{1n}}{2\sigma^2}} \\ \mathrm{e}^{-\frac{E_{21}}{2\sigma^2}} & \mathrm{e}^{-\frac{E_{22}}{2\sigma^2}} & \cdots & \mathrm{e}^{-\frac{E_{2n}}{2\sigma^2}} \\ \vdots & \vdots & & \vdots \\ \mathrm{e}^{-\frac{E_{p1}}{2\sigma^2}} & \mathrm{e}^{-\frac{E_{p2}}{2\sigma^2}} & \cdots & \mathrm{e}^{-\frac{E_{pn}}{2\sigma^2}} \end{bmatrix} \quad (4.25)$$

式中，E_{pn} 为测试样本 p 与训练样本 n 的欧氏距离，这里的概率大小等于输入的测试样本向量落入以当前模式层神经元代表的训练样本向量为中心的高斯窗的概率。

(6) 求和层将各个类的隐含层单元连接起来，这一层的神经元个数是样本的类别数目。将与输入向量相关的所有类别综合在一起，进行某类的概率密度函数求和，网络输出为表示概率的向量。由 Cacoullos 扩展的适用于多变量情况的 Parzen

方法，在高斯核的特殊情况下，得出各类的概率密度函数估计：

$$f_A(X) = \frac{1}{(2\pi)^{p/2}\sigma^p} \frac{1}{m} \sum_{i=1}^{m} \exp\left[-\frac{(X-X_{Ai})^{\mathrm{T}}(X-X_{Ai})}{2\sigma^2}\right] \qquad (4.26)$$

式中，i 为样本号；m 为训练样本总数；X_{Ai} 为类别 θ_A 的第 i 个训练样本；σ 为平滑参数；p 为度量空间的维数。

（7）根据测试样本对应于每个类别的概率和训练样本的种类求出测试样本对应的类别。

4.4　典型引水隧洞运行期衬砌结构安全状态评价

4.4.1　工程概况

随着兰州新区"秦王川"的建设，引大入秦工程凸显了作为兰州市可持续发展"生命线"的重要性。盘道岭隧洞是引大入秦工程的"咽喉"，是引大入秦工程总干渠的控制性工程且为最长的无压引水隧洞，于 1992 年建成，1994 年通水，隧洞长 15.723km（桩号 76+235～91+958.154），为圆拱直墙带反拱底板断面，成洞净宽 4.2m，净高 4.4m，隧洞设计流量为 29m³/s，设计纵坡坡度为 1:1000，最大埋深 404m，衬砌形式为钢筋混凝土预制拱片。图 4.9 为盘道岭隧洞断面图。

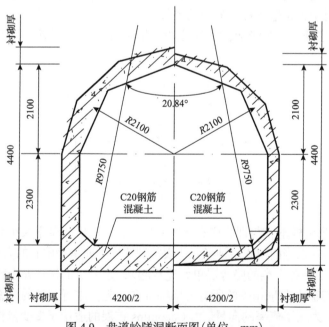

图 4.9　盘道岭隧洞断面图（单位：mm）

1. 工程水文地质概况

盘道岭隧洞围岩由软岩、极软岩组成，岩体强度较低，部分位置极低，根据施工地质统计报告，质量差、极差类岩体占 89.4%，其塑性流变特征岩体占 33.6%，其地质岩组特征及分布如表 4.19 所示。盘道岭隧洞洞身围岩属白垩系地层长度为 2685m，新近系地层长度为 12832m，第四系地层长度为 206m。隧洞洞身围岩分为两类：一类是稳定性差的 V 类围岩，长度 2444m，此类围岩的蠕变特征不明显，较易产生塑性地压；另一类是不稳定的 V 类围岩，长度 13279m，此类岩体为层状碎裂结构或散体结构，自稳能力差，具有明显的塑性地压。施工开挖中，沿断层带的围岩中往往有较大的地下水涌出，在疏松砂岩或疏松含砾砂岩段的掌子面曾多次发生流砂。地下水硫酸根离子含量为 3332~6878mg/L，对普通混凝土和钢结构有侵蚀性破坏。盘道岭隧洞围岩岩性软弱、地下水丰富，围岩主要为中细砂岩，

表 4.19　盘道岭隧洞工程地质岩组特征及分布

地层岩性	岩组编号	地质特征	累计长度/m
白垩系	k1hk2c-1	橘红、砖红、肉红色厚层砂岩、含砾岩夹紫红色细砂岩、砂纸泥岩和泥质粉砂岩	607
	k1hk2c-2	褐红、砖红、厚层疏松砂岩、含砾岩夹薄层砂质黏土岩、细砂岩、粉砂岩	1498
	k1hk2c-3	褐红、砖红色厚层砂岩，局部夹含砾砂岩、砂砾岩	635
新近系	N1X1-1	褐红色厚层-巨厚层砂砾岩、泥钙质胶结，不甚坚硬，层间结合极差	308
	N1X1-2	褐红、蓝灰、灰黄色砂岩、细砂岩夹薄层泥质粉砂岩，砂质泥岩，局部夹青灰色砂砾岩、灰白色砂岩、含砾砂岩	2456
	N1X1-3	橘红、褐红色厚层砂岩夹薄层泥质砂岩与砂质泥岩	1891
	N1X1-4	橘红、褐蓝、褐红色厚层砂岩夹灰白色砂岩含砾砂岩，局部夹薄层砾砂岩	4001
	N1X2-1-1	砖红、褐红、灰白、青灰色厚层砂砾岩、砾砂岩夹薄层砂岩、含砾砂岩	3713
	N1X2-1-2	褐蓝、肉红、灰白色山岩、含砾砂岩互层，呈厚层状，局部夹少量泥质粉砂岩、砂质泥岩薄层	400
	N1X2-1-3	褐红色泥质砂岩、粉砂岩、灰白色含砾砂岩、砂岩、土黄色砂质泥岩，局部夹灰白和粉红色泥质砂岩	被斜井穿过
	N1X2-1-4	淡黄、橘红色砂岩夹褐红、橘红色泥质砂岩、砂质泥岩薄层、上部有橘红色含钙质结核的疏松砂岩	被斜井穿过
	N1X2-1-5	紫红、暗红、褐红色泥质砂砾岩、含砾砂岩、砂岩夹泥质砂岩，多为泥质黏结	分布于地表
第四系	Q31,Q21	黄土状土家砂砾透镜体，土的块石碎岩层	206

成岩性差，胶结不良，易风化，遇水软化并崩解，施工中根据不同洞段的地层岩性、地质条件和地下涌水状况，采用全断面法、短台阶法、插板法、管棚法等多种施工方法；初期支护采用喷混凝土、挂钢筋网、锚杆、钢插板等多种手段控制围岩变形；二次衬砌采用混凝土和钢筋混凝土两种形式。

2. 工程运行概况

盘道岭隧洞内渗水量较大，水质对普通混凝土具有结晶类硫酸盐型强腐蚀性。由于隧洞所处位置地质条件差，在建设期间曾出现围岩变形塌方、衬砌混凝土裂缝、地下水出露等问题。在盘道岭隧洞运行期间，对危及隧洞结构安全的洞段进行了多次加固处理，为隧洞安全输水运行提供了保障。但由于以下原因，盘道岭隧洞衬砌结构仍存在以下安全问题：①盘道岭隧洞在建设初期大部分洞段的二次衬砌混凝土仅为C15素混凝土，极易产生衬砌裂缝、变形等病害问题；②盘道岭隧洞部分洞段的地下水出露严重且地下水矿化度高，长期经地下水的腐蚀、冲刷作用，二次衬砌混凝土抵抗围岩变形的能力不足，造成围岩软化，降低了围岩的强度，对盘道岭隧洞的安全运行造成了较大的影响；③由于盘道岭隧洞穿越大断层破碎带，地质条件差、部分洞段埋深大，二次衬砌混凝土裂缝有缓慢增大的趋势；④通过增设锚杆和固结灌浆加固处理后的部分洞段，混凝土裂缝呈现出继续开裂的趋势和渗水现象；⑤通过钢拱架加固处理后的部分洞段，存在钢架变形、混凝土多处开裂的问题；⑥盘道岭隧洞的圆拱直墙平底断面形状与围岩的变形特征不相适应、部分洞段锚杆长度不够及渗透水压力较大，加速了围岩的塑性变形和流动变形。

鉴于隧洞地质的特殊性、输水过程的长期性以及工程的重要性，有必要在现有检测技术的基础上，采用先进的检测设备，实施盘道岭隧洞结构安全监测，对实时掌握隧洞运行安全状况，保证隧洞安全运行，并为隧洞的后续补强加固处理提供理论依据具有重要意义。

4.4.2　工程检测结果及病害情况

盘道岭隧洞地质条件恶劣、岩性复杂，而且是极软岩类，在勘查检测过程中，收集了施工地质编录资料、声波测试成果、岩石和地下水水质试验资料及围岩收敛变形量测资料、岩体内部位移量测和衬砌应力量测资料。参考《混凝土结构现场检测技术标准》（GB/T 50784—2013），根据隧洞病害和加固处理的情况，选定有代表性的隧洞断面埋设仪器进行观测研究。

1. 主要检测内容

1）隧洞变形观测

在选定的断面上，埋设多点位移计，量测围岩的位移；埋设隧洞净空收敛变形观测仪，观测断面处隧洞不同方向的收敛变形。在加固的钢拱架上埋设钢板应变计，量测钢拱架在加固处理后的受力情况；在二次衬砌混凝土内埋设混凝土应变计，量测混凝土内部应力和应变情况，并运用全站仪检查，得出隧道的变形速率。

2）混凝土裂缝观测

观测方案为结合现有裂缝观测，在二次衬砌混凝土表面固定裂缝计，观测裂缝的变化情况，主要观测裂缝的形式、宽度、长度、深度及裂缝发生的部位和分布情况，并对裂缝的成因和危害进行分析。

3）混凝土强度检测

采用超声回弹综合法和钻心法相结合的方法进行强度检测，首先进行较大范围的回弹检测，根据回弹检测结果，结合隧洞衬砌混凝土的外观、裂缝等现状条件，选取有代表性的部位进行混凝土芯样钻取试验，检测混凝土结构物的强度。

4）钢筋锈蚀状况检测

采用钢筋探测仪确定待测钢筋位置，剔除混凝土保护层，露出钢筋。采用游标卡尺直接测量钢筋的剩余直径、蚀坑深度、长度及锈蚀物的厚度，测量精确到0.01mm。

5）地下水水质和渗水压监测

在现场采集水样，对其水质进行总矿化度、pH 和各种有害离子的分析测试。在选定断面的拱顶、左右侧墙及底板中部各埋设一支渗压计，量测地下水的渗透压力变化情况。

6）衬砌厚度和衬砌背后缺陷探测

采用地质雷达检测，这是一种非破坏性检测方法，主要是通过发射电磁波并接收反射信号、分析数据来确定衬砌的完整性。

2. 检测结果及病害情况

1）观测洞段病害情况

在各监测断面上布设相应的多点位移计、裂缝计、钢板应变计、混凝土应变计、渗压计、隧洞净空收敛变形观测仪等设备，检测到各洞段的病害情况如图 4.10～图 4.20 所示。

（1）77+833～79+097 长 1264m，79+435～79+475 长 40m，85+091～85+113 长 22m，90+070～91+500 长 1430m，纵斜向裂缝主要分布于地下水出露洞段和断层地段，位于起拱线以下 0.3～0.8m。纵斜向裂缝分布密集，纵环向裂缝多而长，沿裂缝多有地下水渗出，并伴有白色析出物。在经多次加固处理后又大部分开裂，渗水量较大，析出物多，是裂缝处在微变化状态的洞段和纵向裂缝宽度大于 6mm 的洞段。

图 4.10　隧洞底板破损

图 4.11　底板股状水流

图 4.12　隧洞底板裂缝

图 4.13　隧洞底板蜂窝状麻面

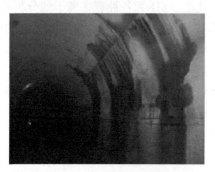

图 4.14　隧洞洞壁渗水

图 4.15　侧墙纵缝贯通、伴有析出物

图 4.16　侧墙破裂为多片

图 4.17　底板加固后错台

图 4.18　侧墙股状水流

图 4.19　隧洞顶部空腔

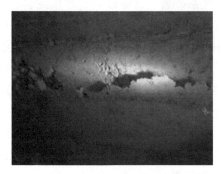

图 4.20　隧洞顶部挤压错台

①78+200 断面地质和病害情况。该断面位于重点观测段 77+833～79+097，此处围岩岩性为较疏松，遇水易软化，为崩解的新近系粉砂岩、砂质泥岩、泥质砂岩、砂砾岩等。结构类型以层状结构和碎裂结构为主，有地下水出露。该断面处沟道下侧，顶部围岩厚 27m，开挖时涌水量大。以前处理的四条裂缝(左侧墙 73、98 号，右侧墙 63、64 号)已开裂渗水，纵斜向裂缝分布密集，析出物多，裂缝还处于微变化状态。

②79+099 断面地质和病害情况。该断面位于加固处理段 77+833～79+097 下游 2m 处，属加固处理段和一般观测洞段连接段，77+833～79+097 段加固处理后，由于地下水的腐蚀渗透、不稳定围岩的流变等因素，连接段处于相对不稳定的状态。

③79+477 断面地质和病害情况。该断面位于 79+435～79+475 重点观测段下游 2m 处，围岩岩性为上新近系粉砂岩、砂质泥岩、泥质砂岩、砂岩、砂砾岩、含砾砂岩等。多为泥质点接触黏结(或胶结)，局部为泥钙质胶结，强度低，遇水易软化、崩解。结构类型以层状结构为主，有地下水出露。本段隧洞左右侧墙纵斜向裂缝分布密集，大部分裂缝修补后再次开裂，根据观测，79+447 处 2 条裂缝宽度由 2.65mm 增大到 5mm。洞段渗水量较大，析出物多，右侧直墙衬砌混凝土

有向隧洞内侧隆起的现象。

④CH85+096 断面地质和病害情况。该断面位于 85+091～85+113.6 重点观测洞段，隧洞岩性为新近系砂岩、含砾砂岩、砂质泥岩和泥质砂岩，多为泥质点接触黏结(或胶结)，局部为泥钙质胶结，强度低，遇水易软化、崩解。结构类型以层状结构为主，是无地下水洞段。右侧墙裂缝宽度 7mm，左侧墙裂缝宽度 6mm，且有错台。右侧墙裂缝为已处理又开裂的，左侧墙裂缝为新开的。经多年连续观测，裂缝一直处于微变化状态。

⑤CH91+502 断面地质和病害情况。该断面位于 90+070～91+500 洞段下游 2m 处，此处围岩岩性为白垩系砂岩、含砾砂岩、砂质泥岩、泥质砂岩、细砂岩和砂质黏土岩，多为泥质点接触黏结(或胶结)，局部为泥钙质胶结，强度低，遇水易软化、崩解。结构类型以层状结构为主，有地下水出露。顶拱斜向裂缝分布密集，白色析出物多，有地下水渗出，侧墙纵斜向裂缝处于微变化状态。

(2)79+097～79+435 长 338m，79+475～79+779 长 304m，总长 642m，纵斜向裂缝修补后基本无变化，是裂缝处渗水量较小的洞段。

(3)76+988～77+833 长 845m，79+779～85+091 长 5312m，85+113～90+070 长 4957m，91+500～91+765 长 265m，总长 11379m，纵斜向裂缝宽度大部分小于 0.35mm，修补后裂缝变化甚微。

(4)76+235～76+988 长 753m，91+765～91+958.154 长 193.154m，总长 946.154m，是早先引大入秦工程施工的进出口洞段。

2)地下水化学性质

盘道岭隧洞地下水化学性质测试结果如表 4.20 所示。可以看出，地下水存在

表 4.20　盘道岭隧洞地下水化学性质测试结果

参数指标	单位	最大值	最小值	平均值	样本容量
矿化度	mg/L	33394	1385	11563.82	66
总硬度	德国度[①]	562.5	4.09	264.43	77
总碱度	德国度	58.9	0.32	6.81	77
$K^+ + Na^+$含量	mg/L	8760	17.19	694.8	235
Mg^{2+}含量	mg/L	7452	1.691	190.5	235
Ca^{2+}含量	mg/L	12166	0.528	255.42	235
SO_4^{2-}含量	mg/L	6877.9	8.912	493.43	235
Cl^-含量	mg/L	13942.5	6.46	1101.89	235
HCO_3^-含量	mg/L	4656	0.03	168.99	213
pH	—	12.08	6.3	8.12	77

①1mmol/L=5.6 德国度(°dH)。

段矿化度很高，主要分布于 5000~30000mg/L，水化学类型为 Cl^--$(K^+ + Na^+)$、Cl^--$(K^+ + Na^+) \cdot Mg^{2+}$、$Cl^-$-$(K^+ + Na^+) \cdot Ca^{2+} \cdot Mg^{2+}$、$Cl^- \cdot SO_4^{2-}$-$(K^+ + Na^+)$、$Cl^- \cdot SO_4^{2-}$-$(K^+ + Na^+) \cdot Ca^{2+}$、$Cl^- \cdot SO_4^{2-}$-$(K^+ + Na^+) \cdot Mg^{2+}$ 型，地下水的水质差，对普通混凝土具有结晶性硫酸盐型强腐蚀性，对钢结构具有强腐蚀性。

3. 检测数据统计与处理

引水隧洞衬砌结构安全状态以隧洞单个区间为基本单位评定，统计分析各隧洞段病害检测数据，结果如表 4.21 所示。

表 4.21　各隧洞段病害数据检测统计表

隧洞段	衬砌裂缝 A		渗漏水 B		材质劣化 C			衬砌变形 D		衬砌剥落 E		衬砌背后空洞 F	
	A_1	A_2	B_1	B_2	C_1	C_2	C_3	D_1	D_2	E_1	E_2	F_1	F_2
76+235~76+988	0.12	0.09	0.02	8.11	0.83	0.76	0.06	2.62	0.53	76.23	6.33	0.85	0.66
76+988~77+833	0.53	0.22	0.31	7.83	0.69	0.78	0.12	2.82	0.32	88.96	8.68	1.27	0.92
77+833~79+097	5.08	0.39	0.48	7.66	0.59	0.67	0.19	3.22	0.31	89.55	8.19	0.87	2.89
79+097~79+435	0.89	0.26	0.29	7.92	0.59	0.76	0.23	3.01	0.29	79.86	9.02	1.68	3.81
79+435~79+475	2.94	0.62	0.39	6.22	0.52	0.68	0.46	2.65	0.18	90.26	8.27	1.41	3.29
79+475~79+779	1.07	0.88	0.23	8.92	0.53	0.96	0.43	3.21	0.19	80.86	7.02	1.08	2.74
79+779~85+091	0.49	0.38	0.44	6.95	0.66	0.81	0.21	2.97	0.37	86.35	7.98	0.99	1.06
85+091~85+113	5.85	0.34	0.40	6.62	0.34	0.59	0.16	2.62	0.37	92.98	8.48	1.97	2.02
85+113~90+070	0.32	0.27	0.38	7.61	0.79	0.77	0.22	2.33	0.39	87.96	8.88	1.07	1.36
90+070~91+500	3.24	0.42	0.62	6.29	0.50	0.78	0.49	4.08	0.25	90.55	6.55	2.01	2.85
91+500~91+765	0.35	0.37	0.38	8.63	0.69	0.73	0.29	3.34	0.49	89.92	7.18	0.87	2.16
91+765~91+958	0.09	0.08	0.10	8.70	0.79	0.68	0.06	3.16	0.51	82.77	7.89	0.82	1.71

4.4.3　引水隧洞运行期衬砌结构安全评价

1. 安全等级划分

表 4.22 为西北干寒地区引水隧洞运行期衬砌结构安全状态评价指标判定标准。基于此提取各安全等级分界点数据，如表 4.23 所示。参考文献中的数据标准化计算公式对各分界点数据进行标准化处理，运用 MATLAB 软件，将标准化处理后的数据代入 RAGA-PP 模型经 5 次优化得到投影平均值，如表 4.24 所示，进而划分得出引水隧洞运行期衬砌结构安全等级投影范围，如表 4.25 所示。

表 4.22　西北干寒地区引水隧洞运行期衬砌结构安全状态评价指标判定标准

一级指标	二级指标	安全等级			
		A	B	C	D
衬砌裂缝 A	衬砌裂缝宽度 δ/mm	$\delta<0.2$	$0.2\leqslant\delta<0.3$	$0.3\leqslant\delta<0.4$	$\delta\geqslant0.4$
	k(衬砌裂缝深度/衬砌厚度)	$k<0.3$	$0.3\leqslant k<0.5$	$0.5\leqslant k<0.7$	$k\geqslant0.7$
渗漏水 B	漏水状态	浸渗	滴漏	涌流	喷射
	酸碱度(pH)	pH$\geqslant$6.0	5.0$\leqslant$pH$<$6.0	4.0$\leqslant$pH$<$5.0	pH$<$4.0
材质劣化 C	衬砌强度	$q_i/q\geqslant0.85$	$0.75\leqslant q_i/q<0.85$	$0.65\leqslant q_i/q<0.75$	$q_i/q<0.65$
	衬砌厚度	$h_i/h\geqslant0.9$	$0.75\leqslant h_i/h<0.9$	$0.6\leqslant h_i/h<0.75$	$h_i/h<0.6$
	钢筋腐蚀截面损失率 r/%	$r<10\%$	$10\%\leqslant r<25\%$	$25\%\leqslant r<40\%$	$r\geqslant40\%$
衬砌变形 D	变形速度 v/(mm/年)	$v<1$	$1\leqslant v<3$	$3\leqslant v<10$	$v\geqslant10$
	s(变形量/内限距)	$s<0.25$	$0.25\leqslant s<0.5$	$0.5\leqslant s<0.75$	$s\geqslant0.75$
衬砌剥落 E	剥落直径 d/mm	$d<50$	$50\leqslant d<75$	$75\leqslant d<150$	$d\geqslant150$
	剥落深度 l_b/mm	$l_b<6$	$6\leqslant l_b<12$	$12\leqslant l_b<25$	$l_b\geqslant25$
衬砌背后空洞 F	连续长度 l/m	$l<3$	$l\leqslant l<5$	$5\leqslant l<10$	$l\geqslant10$
	空洞面积 s/m²	$s<1$	$1\leqslant s<3$	$3\leqslant s<5$	$s\geqslant5$

表 4.23　安全等级分界点数据

二级指标	初始分界点数据			标准化分界点数据		
	A∧B	B∧C	C∧D	A∧B	B∧C	C∧D
A_1	0.2000	0.3000	0.4000	0.5000	0.2500	0.0000
A_2	0.3000	0.5000	0.7000	0.5714	0.2857	0.0000
B_1	0.3000	0.6000	0.9000	0.6667	0.3333	0.0000
B_2	6.0000	5.0000	4.0000	1.0000	0.8333	0.6667
C_1	0.8500	0.7500	0.6500	1.0000	0.8824	0.7647
C_2	0.9000	0.7500	0.6000	1.0000	0.8333	0.6667
C_3	0.1000	0.2500	0.4000	0.7500	0.3750	0.0000
D_1	1.0000	3.0000	10.0000	0.9000	0.7000	0.0000
D_2	0.2500	0.5000	0.7500	0.6667	0.3333	0.0000
E_1	50.0000	75.0000	150.0000	0.6667	0.5000	0.0000
E_2	6.0000	12.0000	25.0000	0.7600	0.5200	0.0000
F_1	3.0000	5.0000	10.0000	0.7000	0.5000	0.0000
F_2	1.0000	3.0000	5.0000	0.8000	0.4000	0.0000

表 4.24　各等级节点 RAGA-PP 模型优化

优化次数	A∧B	B∧C	C∧D
1	2.5840	1.6844	0.2960
2	2.5726	1.6684	0.2787
3	2.5792	1.6755	0.2899
4	2.5764	1.6693	0.2818
5	2.5932	1.6866	0.3025
平均值	2.5811	1.6768	0.2898

表 4.25　引水隧洞运行期衬砌结构安全等级投影范围值

安全等级	A	B	C	D
投影范围	>2.5811	1.6768～2.5811	0.2898～1.6768	<0.2898

2. 基于 RAGA-PP 模型的引水隧洞运行期衬砌结构安全评价

运用 MATLAB 软件,基于式(4.1)调用 mapminmax(x) 函数将表 4.24 中的数据经标准化处理后代入 RAGA-PP 模型中,经 5 次优化得出各段投影平均值及所处安全等级,如表 4.26 所示。最佳投影方向为 e =(0.3698　0.1501　0.2495　0.2746　0.2511　0.2139　0.3012　0.2115　0.0321　0.3677　0.3082　0.3531　0.3207),最佳投影方向对应指标重要度如图 4.21 所示。各指标最佳投影方向值的大小表示各

表 4.26　RAGA-PP 模型计算结果

序号	隧洞段	1	2	3	4	5	平均值	安全等级
1	76+235～76+988	3.0626	3.0509	3.0723	3.0760	3.0415	3.0607	A
2	76+988～77+833	2.1270	2.1610	2.0984	2.1348	2.0781	2.1199	B
3	77+833～79+097	1.4724	1.5679	1.4873	1.5403	1.4639	1.5063	C
4	79+097～79+435	1.6890	1.8440	1.7761	1.7765	1.6434	1.7458	B
5	79+435～79+475	1.1127	1.1109	0.9801	1.0958	1.0687	1.0736	C
6	79+475～79+779	2.1251	2.0093	2.0697	2.1348	2.0666	2.0811	B
7	79+779～85+091	2.1168	2.0093	1.9659	2.0290	2.0608	2.0364	B
8	85+091～85+113	0.8672	0.8769	0.8992	0.8608	0.8124	0.8633	C
9	85+113～90+070	2.1251	2.1600	2.0659	2.1345	2.0655	2.1102	B
10	90+070～91+500	0.9740	0.8767	0.9123	0.8614	0.9131	0.9075	C
11	91+500～91+765	2.1255	2.1606	2.0699	2.1344	2.0665	2.1114	B
12	91+765～91+958	2.5738	2.7340	2.6255	2.6694	2.5639	2.6333	A

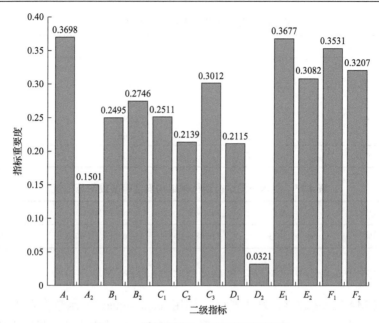

图 4.21　最佳投影方向对应指标重要度

因素指标的重要程度，即表明该指标对引水隧洞运行期衬砌结构安全状态的影响程度，权重越大的指标，对引水隧洞运行期衬砌结构安全状态的影响越大。

由图 4.21 可直观得出影响程度较大的指标有衬砌裂缝宽度(A_1)、剥落直径(E_1)、衬砌背后空洞连续长度(F_1)、衬砌背后空洞面积(F_2)、剥落深度(E_2)、钢筋腐蚀截面损失率(C_3)等。

将表 4.26 中 RAGA-PP 模型计算结果绘制成雷达图，如图 4.22 所示。

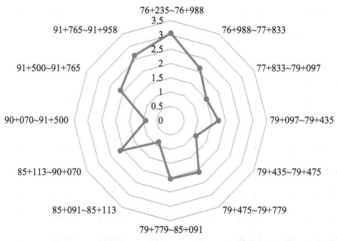

图 4.22　盘道岭隧洞各洞段安全评价结果雷达图

3. 基于 PNN 模型的评价结果对比分析

基于 RAGA-PP 模型对引大入秦工程盘道岭隧洞 12 个隧洞段的衬砌结构安全评价结果，运用 PNN 模型进行评价结果验证，并绘制测试评价结果聚类图，如图 4.23 所示。将前 6 个隧洞段经标准化后的数据样本及安全评价结果作为训练样本，后 6 个隧洞段作为预测样本。在用 PNN 模型的评价结果对比分析时将 RAGA-PP 模型得出的相应安全等级(A,B,C,D)分别用(1,2,3,4)表示，如表 4.27 所示，衬砌结构安全状态评价结果对比如图 4.24 所示。

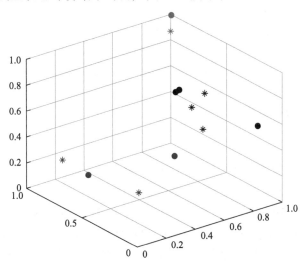

图 4.23　PNN 模型测试评价结果聚类图

表 4.27　衬砌结构安全状态 PNN 模型测试评价结果对比

序号	隧洞段	RAGA-PP 模型评价结果	PNN 模型测试结果	安全等级
7	79+779～85+091	B	2	B
8	85+091～85+113	C	3	C
9	85+113～90+070	B	2	B
10	90+070～91+500	C	3	C
11	91+500～91+765	B	2	B
12	91+765～91+958	A	1	A

根据测试结果可知，PNN 模型得出的后 6 个隧洞段的衬砌结构安全状态等级评价结果与 RAGA-PP 模型优化得出的结果是一致的，由此可得 RAGA-PP 模型在对引水隧洞运行期衬砌结构安全状态进行评价时具有一定的可靠性。

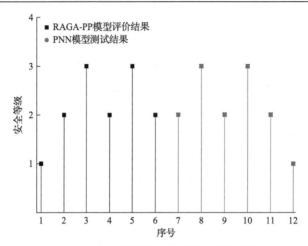

图 4.24　衬砌结构安全状态评价结果对比

4.4.4　评价结果分析及处理对策

1. 评价结果分析

根据评价结果可得，76+235～76+988、91+765～91+958 两隧洞段衬砌结构安全状态为 A 级(安全，结构无破损或存在轻微破损，对输水运行不会有影响)，76+988～77+833、79+097～79+435、79+475～79+779、79+779～85+091、85+113～90+070、91+500～91+765 隧洞段衬砌结构安全状态为 B 级(基本安全，结构存在破坏，可能会危及输水运行安全，应准备采取应对措施)，77+833～79+097、79+435～79+475、85+091～85+113、90+070～91+500 隧洞段衬砌结构安全状态为 C 级(不安全，结构存在较严重破坏，将会危及输水运行安全，应尽早采取应对措施)。盘道岭隧洞衬砌结构破坏的原因主要有以下几个：

(1)地下水的影响。盘道岭隧洞开挖后，施工破坏了地下水的原始储存，使含水层间本来不含水且隔水的新近系粉砂岩、泥质砂岩、砂质泥岩和白垩系泥质砂岩、砂质黏土岩、粉砂岩洞段底板和侧墙积聚了含水层渗入洞内的地下水；另外，一次喷混凝土和二次衬砌完成后，地下水沿围岩断层、裂隙和施工形成的各种空隙、钢插板、支撑封堵物的空隙渗漏移运，使洞段渗水部位加长，并有继续发展的趋势。

(2)围岩岩性及地质构造因素的影响。岩性软弱，围岩岩体(粉砂岩、砂岩、泥质砂岩等)遇水易崩解、软化、坍塌，特别是砂岩类颗粒较细时，在水的作用下易发生流变、突砂现象。盘道岭隧洞病险段围岩系新近系和白垩系极软岩地层，具有显著塑性流变特征，加上施工开挖后应力重分配，后期支护(一次喷混凝土、二次衬砌、打入锚杆和钢拱架支护等)及地下水的渗透、软化作用造成围岩收敛变形引起岩体内部位移而造成松动产生偏压，导致底鼓和衬砌混凝土变形，危及洞身安全。

(3)施工不当的影响。隧洞开挖后，一次支护的喷混凝土与围岩易形成空腔，二次衬砌完成后虽进行了回填注浆，但未对钢插板背后的空洞进行回填灌浆处理，水泥凝结缩水后仍有空隙，加之回填注浆质量不高，必然造成混凝土裂缝；部分洞段喷混凝土层厚度很薄，甚至局部岩面裸露，用沙袋和木板代替喷混凝土，填充钢拱架外侧的空洞。日久天长，木材腐烂，失去支撑作用，顶部松动围岩坍塌，造成拱顶下沉变形，出现裂缝、混凝土错台、掉块现象等。隧洞二次衬砌振捣不够，混凝土表面存在蜂窝状麻面现象，二次衬砌两跨接触处止水效果不好；二次衬砌混凝土厚度未达设计要求，且拱顶留有空腔；素混凝土衬砌强度偏低、部分洞段二次注浆不到位、施工期混凝土养护不到位、硫酸盐腐蚀、原预留排水孔堵塞；新奥法施工中存在的问题等，均可能造成混凝土裂缝。

2. 对策措施建议

基于引大入秦工程供水结构的调整，特别是给兰州新区承担供水任务，必须对洞内病险段进行彻底加固改造。对策措施建议如下：

(1)对病险洞段进行锚杆注浆加固处理并结合钢拱架加固衬砌，同时加强防渗处理，进行回填、固结灌浆或接触灌浆等。如果拆除改建，需及时支护，并采用钢拱架加强支护、加强防渗衬砌，并需采用抗硫酸盐水泥。

(2)对洞内裂缝，特别是病险段纵环向裂缝和浇注仓接缝等进行处理，并需采取防渗、防腐蚀措施。

(3)对底板鼓起变形，因冲刷、冻胀等引起的底板凹坑、混凝土护面破损段及侧墙、拱顶混凝土剥落、掉块洞段进行加固处理，并需采取防冻胀、防渗、防腐蚀措施。

(4)疏通原排水孔，加强、完善排水设施。

(5)其他有微小混凝土裂缝或裂缝暂时无明显变化的洞段及洞内潮湿暂无明显渗水洞段需继续检测，发现问题及时处理。

(6)在加固改造时，在原病险段埋设监测设备，继续对混凝土裂缝、洞室净空和围岩收敛变形等进行监测。

第5章　引水隧洞衬砌混凝土劣化规律研究

5.1　寒旱地区引水隧洞衬砌耐久性分析

随着引大入秦等众多水利项目的陆续开展，引水隧洞在西北地区的应用日益广泛，起到了非常重要的枢纽作用，并为西北地区水资源的配置做出重要的贡献。引水隧洞衬砌作为隧洞围岩外围修建的混凝土保护层，起到支撑与保护周围岩体稳定性的作用，同时也起到将隧洞内的水与外围岩体相隔离的作用，阻止了隧洞内的运输水和周围岩体之间相互渗流。在运行的过程中，有部分引水隧洞还未达到使用年限就出现了老化现象，甚至影响工程的正常运行，而隧洞衬砌混凝土又直接和外界接触，遭受到的破坏是最大的。因此，正确定位不同引水隧洞衬砌混凝土所处的侵蚀环境并了解破坏机理，对提高隧洞衬砌混凝土耐久性有重要的作用。

5.1.1　隧洞衬砌服役环境调查分析

我国西北盐渍干寒地区引水隧洞衬砌混凝土结构长期受盐渍土、干冷气候变化的影响，导致很多隧洞均出现还未到达使用年限就已失效的现象，因此选定我国西部盐渍干寒代表区域甘肃省境内的引大入秦工程进行研究。据了解，引大入秦工程自建成至今已运行几十年，供水用途也由农田灌溉用水变为兰州新区水源地供水，用水量大幅增加，供水模式也从季节性供水向长年供水转变，供水性质的变化迫使对隧洞工程的质量要求越来越高。从《引大入秦工程除险加固实施方案》中可以看出，很多隧洞在运行多年后，需要修补加固才能保证正常运行。

引大入秦工程中总干渠工程一共有 33 座隧洞，有 13 座隧洞需要除险加固后方可正常运行，其中 1#～8#隧洞、11#～14#隧洞主要存在的问题是：底板破损现象普遍；1#、2#、4#、7#、8#、14#隧洞大部分洞段位于地下水位以下，存在不同程度的渗水问题，且沿渗水部位两侧多伴有白色析出物；5#、8#、12#隧洞存在不同程度拱顶混凝土腐蚀脱落掉块现象，所出露的岩体较完整，未发现有大面积岩体塌落迹象；37#盘道岭隧洞穿越了软～极软岩地层和少量第四系地层，地层岩性复杂，地质条件恶劣，多处侧墙和拱顶有新裂缝出现和原裂缝发展变化趋势；部分洞段有地下水渗出，并伴有白色析出物；洞底、侧墙及拱顶有混凝土腐蚀剥落现象等，具体破坏现状如图 5.1 所示。

(a) 衬砌底板破损　　　　　　　　　　　(b) 底板蜂窝状麻面

(c) 侧墙破损且有白色析出物　　　　　　(d) 骨料外露

(e) 地下水渗出　　　　　　　　　　　　(f) 顶拱混凝土剥落

图 5.1　隧洞衬砌的侵蚀破坏

　　基于此，选取引大入秦工程混凝土侵蚀较为严重区域的水样、土样进行化验分析，并取混凝土残渣进行衍射分析，得到并验证影响混凝土材料劣化的主要侵蚀介质，再通过温度与湿度的分析，确定干湿与冻融的环境。

1. 侵蚀环境分析

　　引大入秦工程区域常年干旱缺水，大面积的蒸发作用促使了盐碱地的形成，由收集的资料可知，我国盐渍土面积占耕地面积的 5%～10%，而且大部分盐渍土就分布在我国西北地区，盐渍土不仅会影响农业和社会的可持续发展，还会影响盐渍土地上建设工程的服役寿命，因此确定侵蚀离子显得尤为重要。

1）水环境分析

引大入秦工程沿线地质条件较差、岩性复杂，导致隧洞周边围岩结构松散，同时伴有很多破碎带，常有地下水涌出，且地下水中含有大量的侵蚀离子，妨碍了隧洞衬砌混凝土的正常运行。为查明地下水环境中所含侵蚀离子并明确调用水对隧洞衬砌混凝土有无影响，选取引大入秦工程隧洞周围地下水以及工程调用水进行化验，结果如表 5.1 所示。

表 5.1　引大入秦工程调用水以及被侵蚀隧洞周围地下水监测分析报告（单位：mg/L）

水样	Ca^{2+}含量	Mg^{2+}含量	SO_4^{2-}含量	Cl^-含量	矿化度
东二干渠庄浪河	64.77	22.09	35.45	58.21	257
东二干渠 1#隧洞(0+897)地下水	56.67	58.90	5813.80	353.15	10550
盘道岭隧洞(65+290)地下水	501.96	373.05	2729.65	1133.20	5950
盘道岭隧洞(76+950)地下水	1020.12	876.19	5796.08	1170.07	10555
先明峡沟	82.99	17.18	32.61	113.51	325

由《岩土工程勘察规范》（GB 50021—2001）中混凝土防侵蚀标准可知，在 II 类环境条件下，水中 SO_4^{2-} 含量大于 2000mg/L 时，属于强腐蚀环境；Mg^{2+} 含量小于 2000mg/L 时，属于弱腐蚀环境；在干湿交替作用下，水中 Cl^- 含量大于 500mg/L 时，属于中强腐蚀环境；总矿化度小于 20000mg/L 时，属于弱腐蚀环境。从表 5.1 发现，引大入秦工程调用水中所含侵蚀离子对隧洞衬砌混凝土的影响不大，地下水中 Ca^{2+}、Mg^{2+} 含量以及矿化度不足以对衬砌混凝土产生强腐蚀性，而 SO_4^{2-} 含量达到了强腐蚀环境，Cl^- 含量处于中等腐蚀环境。

2）土环境分析

引大入秦工程区由于地形地质、气候以及大面积灌溉的影响，很多地区盐渍土含量大幅增加，在调水运营过程中或在降水的作用下，土样中的侵蚀离子极易渗透到地下水中，进而造成对隧洞衬砌混凝土的侵蚀破坏，严重影响了隧洞的正常运行。鉴于此，选取盐渍土含量高的建筑物附近的土样进行化验分析，结果如表 5.2 所示。

由《岩土工程勘察规范》（GB 50021—2001）中混凝土防侵蚀标准可知，土中 SO_4^{2-} 含量大于 3000mg/kg 时，属于强腐蚀环境；Mg^{2+} 含量小于 3000mg/kg 时，属于弱腐蚀环境；在干湿交替作用下，水中 Cl^- 含量大于 750mg/kg 时，属于中强腐蚀环境；总矿化度小于 30000mg/L 时，属于弱腐蚀环境。从表 5.2 可知，土中所含离子对混凝土有侵蚀作用的是 SO_4^{2-} 和 Cl^-，且 SO_4^{2-} 对混凝土具有强腐蚀性，Cl^-

表 5.2　引大入秦工程部分侵蚀建筑物附近土样化验分析报告（单位：mg/kg）

土样	Ca^{2+}含量	Mg^{2+}含量	Cl^-含量	SO_4^{2-}含量
东二干渠 43-900	1192	998	1843.92	4075.79
东二干渠 6 号闸门	1933	1707	2099.32	3862
邓家嘴渡槽	4052	3388	1066.86	2710.4
庄浪河渡槽	2932	2318	2302.77	7159.88
东二干渠 41	1393	1177	1885.95	4413.64

对混凝土具有中度腐蚀性。综合水环境及土环境的化验结果可以看出，对混凝土具有侵蚀性的主要离子是 SO_4^{2-} 和 Cl^-，且含量最高的侵蚀离子是 SO_4^{2-}。

3) 混凝土残渣分析

选择现场收集得到的东二干渠 43-900 处以及东二干渠 6 号闸门处的混凝土残渣做衍射分析，首先将混凝土残渣放进烘箱烘干，研磨至粉末状，利用 X 射线衍射试验测得衍射光谱，如图 5.2 所示。

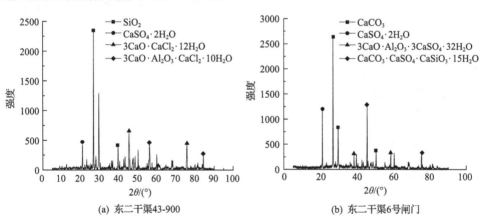

(a) 东二干渠43-900　　　　　(b) 东二干渠6号闸门

图 5.2　混凝土残渣 X 射线衍射光谱

由图 5.2 可知，除 SiO_2、$CaCO_3$ 外，混凝土残渣中主要的化学成分有 $CaSO_4\cdot2H_2O$、$3CaO\cdot CaCl_2\cdot12H_2O$、$CaCO_3\cdot CaSO_4\cdot CaSiO_3\cdot15H_2O$ 以及 $3CaO\cdot Al_2O_3\cdot CaCl_2\cdot10H_2O$等，主要为 SO_4^{2-} 及 Cl^- 的生成物或衍生产物。

由水环境分析、土环境分析得到主要的侵蚀离子是 SO_4^{2-} 和 Cl^-，但各个地区这两种离子的含量各不相同，整体趋势是 SO_4^{2-}含量要高于 Cl^-含量，并通过混凝土残渣分析印证了这个结论。在模拟盐渍环境时，为加速劣化进程，达到试验效果，考虑到不同地段盐离子含量不同，设置了三种侵蚀环境，分别为质量分数为 5%的复合盐溶液（即硫酸钠与氯化钠的混合溶液，其中 SO_4^{2-} 与 Cl^-含量之比定为 3:1）、质量分数为 5%的硫酸钠溶液以及不含侵蚀离子的清水，下面将三种侵蚀溶液分别用 5%复合盐溶液、5%Na_2SO_4 溶液以及清水表示。

2. 冻融与干湿环境分析

引大入秦工程沿线 120 多公里，横跨青海、甘肃两大省，属于温带大陆性气候区。根据西北地区邻近气象站资料推得多年平均气温仅有 3℃，极端最低气温为–28.3℃，最冷月平均气温为–14.6℃，极端最高气温为 30℃，日温差年内均值13.5℃，冻土层最大冻深 148cm，极不利于衬砌混凝土的正常使用。

西北地区的水文站实测降水和部分蒸发资料显示，由于地形影响，山区降水量能达到 400mm 以上，但平原与丘陵降水量只有 250～300mm，但多年蒸发量高达 1100～1300mm，干旱指数达到 3.0～5.0，属于半干旱带；且在输水过程中，输水量的变化会使衬砌混凝土遭受干湿变化。

隧洞衬砌混凝土处于常年干旱、年际温差及日温差大的地区，所以该地区必须考虑到干湿交替、冻融循环对混凝土的破坏作用。在设计冻融循环试验时，根据该地区最冷月的平均气温设计冻融循环试验，冷冻时的温度设置为–15℃±2℃，为使混凝土完全融化，融化时的温度略高于多年平均气温，设置为 6℃±2℃；设计干湿循环试验时，考虑到干湿循环变化是一个缓慢的过程，为使干湿循环达到极致，干燥过程中将混凝土在 80℃±2℃的烘箱内完全烘干，湿润过程全浸泡在20℃±2℃的不同侵蚀溶液中并达到饱和。

综上所述，引大入秦工程区引水隧洞衬砌混凝土主要遭受到的破坏因素为干湿循环、冻融循环以及盐类侵蚀。

5.1.2　隧洞衬砌混凝土破坏方式与机理

隧洞衬砌处于地质条件比较复杂的地下空间，不仅会受到内部大气环境的影响，还会受到外部地层所含侵蚀离子的侵蚀作用。衬砌混凝土材料在如此复杂的环境下，经过一系列的物理化学反应后在性能上逐渐劣化，整体结构受到损伤，不足以支撑围岩对衬砌混凝土结构的压应力以及为满足隧洞外围围岩形状而产生的拉应力。针对 5.1.1 节中引水隧洞衬砌混凝土劣化的影响因素分别进行破坏过程及机理分析，对后续试验过程中不同破坏现象分析有着重要的理论指导意义。

1. 盐类侵蚀

盐类侵蚀是隧洞衬砌混凝土处于盐离子环境时出现的一种现象，其根本原因是衬砌混凝土材料本身不够致密，导致地下水中盐离子侵入混凝土内部，与混凝土发生一系列反应，生成体积膨胀的新产物或盐结晶，迫使混凝土产生微裂缝，而盐离子在微裂缝的作用下增加了与混凝土的接触面积并加速了盐类结晶反应的进行；随着盐离子的逐渐侵入，微裂缝不断扩展致使水泥石结构遭到破坏，混凝土整体性能变差，承载能力降低，便出现了未达到使用年限就已无法使用的现象。

1) 衬砌混凝土在硫酸盐侵蚀环境下的破坏机理与方式

硫酸盐对混凝土的侵蚀主要是 SO_4^{2-} 与混凝土发生物理、化学侵蚀反应的过程；物理侵蚀是指盐离子侵入混凝土内部出现盐类结晶现象，造成混凝土体积膨胀，使隧洞衬砌混凝土逐渐失效；化学侵蚀是指 SO_4^{2-} 与混凝土内部阳离子相结合，生成体积膨胀的新产物的过程。根据不同的反应类型及不同的阳离子对硫酸盐侵蚀的过程简单分为以下几类：

(1) 硫酸盐结晶型侵蚀。

硫酸盐结晶型侵蚀属于物理侵蚀，是指硫酸盐侵入混凝土内部，填充混凝土内部孔隙达到一定浓度后，成为结晶体，具体化学反应式如下：

$$Na_2SO_4 + 10H_2O \longrightarrow Na_2SO_4 \cdot 10H_2O \tag{5.1}$$

(2) 石膏结晶型侵蚀。

石膏结晶型侵蚀属于化学侵蚀，是指混凝土中的 $Ca(OH)_2$ 与硫酸盐发生中和反应生成石膏的现象，化学反应式如下：

$$Ca(OH)_2 + Na_2SO_4 + 2H_2O \longrightarrow CaSO_4 \cdot 2H_2O + 2NaOH \tag{5.2}$$

$Ca(OH)_2$ 转化成石膏会导致体积膨胀 124%。

(3) 钙矾石结晶型侵蚀。

石膏 (CSH_2) 性能不稳定，容易与铝酸三钙 (C_3A)、单硫型硫铝酸钙 (C_4ASH_{12})、水化铝酸钙 (C_4AH_{13}) 等发生进一步的化学反应生成钙矾石 $(C_6AS_3H_{32})$，化学反应式如下 (H 代表 H_2O，CH 代表 $Ca(OH)_2$)：

$$3CSH_2 + C_3A + 26H \longrightarrow C_6AS_3H_{32} \tag{5.3}$$

$$C_4ASH_{12} + 2CSH_2 + 16H \longrightarrow C_6AS_3H_{32} \tag{5.4}$$

$$C_4AH_{13} + 3CSH_2 + 14H \longrightarrow C_6AS_3H_{32} + CH \tag{5.5}$$

以上反应分别使体积膨胀了 283%、55%、48%，而且钙矾石溶解度极低，会在混凝土内部稳定存在且与混凝土内部水结合生成钙矾石结晶，使体积在原来的基础上继续膨胀 1.5 倍。

混凝土受硫酸盐侵蚀破坏分为三个阶段，在第一阶段，侵入混凝土体内的硫酸盐与混凝土内部空腔中的 $Ca(OH)_2$ 溶液发生反应，生成膨胀产物填充了混凝土内部的孔隙；内部孔隙全部填满后进入第二阶段，此时反应继续进行，膨胀应力致使混凝土出现微裂缝，强度降低；随着反应的继续进行，进入第三阶段，SO_4^{2-} 的侵蚀速度加快，混凝土体积膨胀，微裂缝发展成贯穿裂缝，表面剥落严重，呈现松散状态，强度持续下降。

2）衬砌混凝土在氯盐侵蚀环境下的破坏机理与方式

Cl^- 侵入混凝土内部后会与混凝土中的阳离子发生反应，除此之外，若混凝土内部存在钢筋，还会与钢筋发生反应，一方面，盐溶液以自由氯离子的形式存在，这部分离子会中和混凝土内部的碱溶液，易使钢筋钝化，形成铁锈；另一方面，与硫酸盐侵蚀一样，侵入的氯离子与铝酸三钙 (C_3A) 发生化学反应，造成混凝土体积膨胀。

2. 冻融循环

冻融循环破坏是指混凝土在饱水状态下反复经受冻结和融化而导致混凝土出现疲劳损伤的现象。对于冻融破坏机理，现存的较为成熟的理论有静水压理论与渗透压理论，揭示了混凝土冻融循环破坏发生的根本原因是在正负温交错作用下，混凝土中水的物理状态发生改变，水结冰体积膨胀产生的冻胀压力以及为保持内外水分子平衡而产生的渗透压力联合作用的疲劳应力，使混凝土表面微裂缝不断扩大，出现剥蚀现象并不断向内扩展，发展成相互连通的大裂缝，使混凝土强度降低，最终导致混凝土建筑物失效。若引水隧洞衬砌周边地下水含量较多，在外界冻胀力的作用下可能会使衬砌混凝土直接开裂破坏，严重影响隧洞衬砌结构的安全。

3. 干湿循环

干湿循环是指混凝土处于干燥与湿润不断交替的环境中，在此作用下混凝土会出现一种非荷载变形。干燥状态下，混凝土孔隙中的水分蒸发，水化硅酸钙失去物理吸附能力，使混凝土出现收缩现象，同时水分的蒸发使毛细孔形成负压出现收缩力；再回到湿润状态后，混凝土吸收到水分后部分干缩变形得到恢复，但仍有 30%～50%的干缩是不可逆的。随着干湿循环的进行，混凝土结构连续出现干缩与湿胀的同时伴随着不可逆收缩，同时混凝土也是一个渗透性很差的多孔介质，反复干湿循环作用会使混凝土孔结构发生变化，微裂缝不断扩展将内部孔隙连通，并在干湿交替过程中出现水分传输，产生渗透压力，加速裂缝生长，最终导致混凝土开裂，抗渗性以及抗化学侵蚀性衰退。

5.2　试验方案设计

5.2.1　试验材料

本次试验主要是研究西北盐渍干寒地区隧洞衬砌混凝土劣化规律，并提出提高耐久性的措施，在选材时也是严格按照西北盐渍干寒地区典型代表区——引大入秦工程区混凝土组成成分选择原材料，主要包括水泥、水、粗骨料、细骨料，除此之外，为提高混凝土耐久性而选择的改性材料包括粉煤灰、聚丙烯纤维以及聚脲涂层。

1. 水泥

试验中选用普通硅酸盐水泥，根据《通用硅酸盐水泥》（GB 175—2023），硅酸盐水泥具有抗冻性，其主要性能参数如表 5.3 和表 5.4 所示。

表 5.3　水泥的化学成分　（单位：%）

CaO	SiO_2	Al_2O_3	Fe_2O_3	MgO	SO_3	Na_2O	K_2O
65.97	20.25	4.70	3.55	1.82	1.75	0.87	0.80

表 5.4　水泥的物理力学性能

3d 抗压强度/MPa	28d 抗压强度/MPa	初凝时间/min	终凝时间/min	体积安定性
＞22	＞42.5	145	190	合格

2. 粉煤灰

粉煤灰是一种性价比较高的胶凝材料，部分水泥可以用粉煤灰来替代，其基本性能如表 5.5 所示。

表 5.5　粉煤灰的基本性能

烧失量 /%	需水量比 /%	密度 /(g/cm³)	比表面积 /(m²/kg)	Fe_2O_3 含量 /%	Al_2O_3 含量 /%	SiO_2 含量 /%	CaO 含量 /%
2.86	93	3.65	0.3	6.5	34.86	54.94	2.63

3. 细骨料

细骨料选用黄河河沙，骨料粒径控制在 0.15～5mm，表观密度为 2550kg/m³，堆积密度为 1470kg/m³，细度模数为 3.18，属中砂，级配连续；通过多次取沙、称重、晾晒，然后求取平均值的方法计算得到河沙的含水率为 3.3%，在计算配合比时必须考虑细骨料的含水率。

4. 粗骨料

粗骨料选用碎石，骨料粒径为 5～25mm，且质地坚硬，表面粗糙，级配连续，其主要性能指标如表 5.6 所示。

表 5.6　粗骨料性能指标

公称粒径/mm	表观密度/(kg/m³)	松堆密度/(kg/m³)	紧堆密度/(kg/m³)	压碎指标/%
5～25	2660	1510	1620	7.34

5. 聚丙烯纤维

长度适宜的聚丙烯纤维可以均匀分布在混凝土内部并有效增加混凝土的握裹力，由文献可知，当聚丙烯纤维长度为 19mm 时，聚丙烯纤维在混凝土内部可以有效地发挥作用。聚丙烯纤维的物理性质如表 5.7 所示。

表 5.7　聚丙烯纤维的物理性质

指标	状态/数值
颜色	白色
形状	束状单丝
密度/(g/m³)	0.91
长度/mm	19
直径/μm	31.2
吸水率/%	0
熔点/℃	165
燃点/℃	590
抗拉强度/MPa	565
弹性模量/MPa	5900
断裂伸长率/%	27
导热性	极低
导电性	极低
耐腐蚀性	很高
耐酸碱性	极高
毒性	无

6. 聚脲涂层

隧洞衬砌混凝土作为衬砌结构的保护层，在长期运行过程中会受到水流冲刷、冷热变化、干湿交替、盐类侵蚀等一系列破坏作用，在外界长期侵蚀破坏下会出现混凝土劣化现象甚至危及结构安全，而聚脲涂层属于一种聚氨酯材料，将其涂在混凝土表面可以有效防止外界破坏对混凝土的直接接触，为衬砌混凝土增加一层保护膜。选用聚脲防水涂料，其性能参数如表 5.8 所示。

表 5.8　聚脲涂料的性能参数

外观	拉伸强度/MPa	断裂伸长率/%	撕裂强度/(N/mm)	低温弯折性	不透水性
黏稠体 （无胶凝、结块）	≥16	≥450	≥50	≤−40℃无裂纹	0.4MPa, 2h 不透水

7. 水

试验中混凝土拌和用水来自兰州自来水公司。

5.2.2　混凝土配合比设计

考虑到西北盐渍干寒地区的气候特征及隧洞衬砌混凝土的服役环境，研究不同掺量的粉煤灰、聚丙烯纤维以及是否涂抹聚脲涂层对隧洞衬砌混凝土耐久性的影响。试验目的是：通过不同类型混凝土的对比分析，找到最佳的适合西北盐渍干寒地区提高耐久性并且经济合理的方法。在试验中，结合工程实际选用的水胶比为 0.45，粉煤灰的掺量选择 0%、15%、30%三个梯度，分别用代号 F1、F2、F3 表示；聚丙烯纤维掺量分别为 0kg/m³、0.6kg/m³、0.9kg/m³，分别用代号 J1、J2、J3 表示(其中 F1 和 J1 配合比相同，实际试验中取相同的数据，为方便区分，在是否涂抹聚脲涂层组里用 S 来表示)；然后对未掺加外加剂试验组、掺加 30%粉煤灰试验组、掺加 0.9kg/m³ 聚丙烯纤维试验组分别涂抹聚脲涂层，并用代号 NS、NF3、NJ3 表示。总计有 8 种不同的改性混凝土，根据《普通混凝土配合比设计规程》(JGJ 55—2011)设计不同改性混凝土，混凝土计算配合比如表 5.9 所示。

表 5.9　混凝土计算配合比

试件编号	水/(kg/m³)	水泥/(kg/m³)	沙/(kg/m³)	石/(kg/m³)	粉煤灰掺量/%	粉煤灰/(kg/m³)	聚丙烯纤维/(kg/m³)	是否涂抹聚脲涂层
T3	185	411	595	1209				否
F2	185	349	595	1209	15	62		否
F3	185	288	595	1209	30	123		否
J2	185	411	595	1209			0.6	否
J3	185	411	595	1209			0.9	否
NS	185	411	595	1209	30			是
NF3	185	288	595	1209	30	123		是
NJ3	185	411	595	1209	30		0.9	是

在实际试件制作的过程中，计算得到细骨料的含水率为3.3%，所以每立方米混凝土实际用沙量为

$$595 + 595 \times 3.3\% = 614.64 (\text{kg/m}^3) \tag{5.6}$$

实际用水量为

$$185 - 595 \times 3.3\% = 165.37 (\text{kg/m}^3) \tag{5.7}$$

因此，实际配制混凝土试块时，用沙量为614.64kg/m³，用水量为165.37kg/m³。

5.2.3　试件制作与养护

试验开始前先将单卧轴强制式搅拌机冲洗干净，晒去水分，按前面计算所得不同型号混凝土材料用量称取原材料并分类放置。在搅拌某型号混凝土时，将分类放置好的原材料依次加入搅拌机并搅拌均匀，后加入水进行充分搅拌。特别是在拌制聚丙烯纤维混凝土时，将纤维均匀散开，然后倒入装有干骨料的搅拌机中，保证纤维在原材料内部均匀分布后，再加入水充分搅拌。图 5.3 为搅拌完成后聚丙烯纤维的分布情况。从图中可以看出，聚丙烯纤维在混凝土中均匀分布。

图 5.3　搅拌完成后聚丙烯纤维的分布情况

采用质量损失率、抗压强度损失率及相对动弹性模量作为混凝土耐久性的评价指标，制备 100mm×100mm×100mm 的立方体试块(每组有 3×9 块)和 100mm×100mm×400mm 的长方体试块(每组有 3 块)。提前准备好试验所需的立方体模具及长方体模具并涂抹脱模剂，将拌好的混凝土倒入模具内，放在振动台上充分振捣并抹平，之后将混凝土带模在室内静置 24h 待其凝固并拆模编号，将编好号的混凝土试块移至温度 20℃±1℃、相对湿度≥95%的标准养护室内养护至 28 天预定龄期后取出以备试验。

对于需要涂抹聚脲涂层的混凝土，提前 3 天将其取出，首先对其表面进行处

理，确保其干净、无松散颗粒且无乳皮；涂抹聚脲涂层时要保证干燥的环境，且环境温度应保持在 5~40℃，相对湿度在 75%以下；由于试块为六面体试块，在涂抹聚脲涂层时先涂抹邻近的三个面，涂抹过程中需从上到下单方向批刮，又因聚脲涂层固化时间慢，放置一天后，涂抹剩余三个面，涂抹完成后再将其自然养护 3 天，再与未涂抹聚脲涂层的混凝土共同进行劣化试验。

5.2.4　混凝土破坏试验方案设计

本试验在设计的过程中考虑了盐类侵蚀、干湿循环以及冻融循环三因素对混凝土耐久性的影响，但是目前还没有三因素作用下混凝土破坏试验标准，因此所做的试验主要是依据《普通混凝土长期性能和耐久性能试验方法标准》(GB/T 50082—2009)以及文献开展混凝土试块受盐类侵蚀(选用的侵蚀溶液分别为清水、5%Na_2SO_4 溶液及 5%复合盐溶液)、干湿循环和冻融循环共同作用的耐久性试验，具体试验步骤如下：

(1)将涂抹聚脲涂层混凝土自然养护完成后与标准养护完成的混凝土共同在水中浸泡 4 天后进行盐侵-干湿-冻融循环试验。

(2)进行 6 次冻融循环(试件在-15℃±2℃下冻结 2h，在 6℃±2℃下融化 2h，计为一次冻融循环，即一天完成 6 次冻融循环)，再进行 6 次干湿循环(为保证混凝土处于完全干燥或完全饱水的程度，在 80℃±5℃下将试件热烘 12h，冷却 1h，全浸泡 11h，作为一次干湿循环，即一天完成 1 次干湿循环)，作为一个大的完整循环，即 7 天完成一次大循环(干湿循环中的"湿"与冻融循环中的"融"均浸泡在相对应的侵蚀溶液中)，每完成一次大循环后，便测试长方体试块的动弹性模量以及立方体试块的抗压强度和质量。

(3)试验主要以质量损失率、抗压强度损失率以及相对动弹性模量来作为劣化指标，当满足质量损失率达到 5%以上、抗压强度损失率达到 25%以上或者相对动弹性模量达到 0.6 以下中的任意一项时，标志着试验结束。

5.2.5　试验测试耐久性指标

对于判断混凝土处于多种破坏因素下耐久性的评价，由《混凝土物理力学性能试验方法标准》(GB/T 50081—2019)可知，混凝土的劣化主要是从其外观变化、质量损失、力学性能退化等方面进行研究。混凝土在外界环境的影响下，表层会先破损，出现表面剥落的情况，在劣化环境中质量的损失情况可以很好地反映混凝土的劣化规律，所以将混凝土的质量损失率作为一项评定混凝土耐久性的指标；对于隧洞衬砌作为围岩的支撑结构，需要关心的是在多因素耦合环境下混凝土的强度变化，因此将立方体抗压强度损失率作为测定耐久性的指标；在侵蚀过程中，混凝土裂缝的扩展及内部材料的损伤劣化程度均能从动弹性模量的变化中体现出来，即由相对动弹性模量来反映。

1. 质量损失率

每完成一次大循环后，将试块取出用清水冲洗，去掉试块表面的残渣，擦拭干净后，放在量感灵敏度为 0.1g 的电子秤上测量。为消除误差，每三个试块为一组进行质量测定，求取平均值为该组试块质量的测定值，并转换成质量损失率的形式。

质量损失率的计算公式为

$$w = \frac{M_0 - M_i}{M_0} \times 100\% \qquad (5.8)$$

式中，w 为质量损失率；M_0 为循环试验开始前某组试块的质量，取该组三个试块的平均值，g；M_i 为第 i 次循环完成后该组试块的质量，取该组三个试块的平均值，g。$w > 0$，表示质量减少；$w < 0$，表示质量增加。

2. 抗压强度损失率

混凝土抗压强度测试时，每进行一次试验，选用该组三个试块做抗压强度试验，并取平均值作为本次试验的抗压强度。用抗压强度损失率 Δf_c 来表示混凝土立方体抗压强度的变化，其计算公式为

$$\Delta f_c = \frac{f_{c0} - f_{cn}}{f_{c0}} \times 100\% \qquad (5.9)$$

式中，Δf_c 为 n 次侵蚀破坏后混凝土的抗压强度损失率，%；f_{c0} 为冻融前三个标准养护混凝土试块的抗压强度平均值，MPa；f_{cn} 为经过 n 次冻融循环后三个混凝土试块抗压强度平均值，MPa。

3. 相对动弹性模量

每完成一次大循环后，利用动弹性模量仪对每组三个试块进行无损检测，其原理是通过弹性波在混凝土中的传播速度确定动弹性模量，取平均值作为该组混凝土在本次大循环后的动弹性模量，再用相对动弹性模量来表示混凝土动弹性模量的变化。具体测量步骤如下：

(1)在测定混凝土试块动弹性模量之前，先选择四个长方形面中最光滑的一个面作为测试面，标记长方形面的中心及一短边的中心，并在标记部位涂抹凡士林，防止探头受损。

(2)测量长方体试块的质量，并控制精度误差在 1%以内。

(3)为避免试块在测量过程中出现位移，将试块放置在泡沫塑料板上；发射探头放置在长方形面的中心处，接收探头放在长方形面一短边的中心处；调整探头位置，以测量中不出现噪声为准。

(4)启动仪器测量，为了避免随机误差，每个试块应重复测量 3 次动弹性模量，且 3 次测定误差小于 0.5%时，该数据可用；对每组三个试块分别测定动弹性模量，取三个试块的平均值为该组试块动弹性模量的测定值。

(5)为方便对比每次大循环后动弹性模量的变化，用相对动弹性模量进行比较，计算公式为

$$E_{\mathrm{rd}} = \frac{E_{\mathrm{d}n}}{E_{\mathrm{d}0}} \tag{5.10}$$

式中，E_{rd} 为混凝土试块的相对动弹性模量；$E_{\mathrm{d}n}$ 为混凝土试块在 n 次大循环后的动弹性模量，取每组三个试块的平均值，GPa；$E_{\mathrm{d}0}$ 为混凝土试块的初始动弹性模量，取每组三个试块的平均值，GPa。

在测量质量、抗压强度以及动弹性模量时需要注意的问题是：在取每组三个试块的平均值时，若最大值与最小值中有一个值超过中间值的 15%，则取其余两个值的平均值作为测定值；若最大值与最小值均超过中间值的 15%，则取中间值作为测定值。混凝土试块耐久性测量仪器如图 5.4 所示。

(a) 质量测量仪器　　　　　(b) 抗压强度测量仪器　　　　　(c) 动弹性模量测量仪器

图 5.4　混凝土试块耐久性测量仪器

5.3　西北盐渍干寒环境作用下混凝土耐久性试验

为探究西北盐渍地区衬砌混凝土的劣化规律以及提高衬砌混凝土耐久性的措施，针对西北恶劣的侵蚀环境进行了室内加速破坏试验，研究 8 种不同改性混凝

土在不同侵蚀环境下隧洞衬砌混凝土材料的劣化规律。

5.3.1 掺加粉煤灰混凝土耐久性分析

制备水胶比为 0.45,粉煤灰掺量为 0%、15%及30%的混凝土试块,用编号 F1、F2、F3 来表示;选择侵蚀溶液为清水、5%Na_2SO_4 溶液和 5%复合盐溶液,用编号 A、B、C 来表示。每一组掺加粉煤灰混凝土组中试块数量均为 3×(9+1)块,其中 9 是指 100mm×100mm×100mm 的正方体试块有 9 块,1 是指 100mm×100mm× 400mm 的长方体试块有 1 块,3 是指每个参与循环的试块都有三个对照组。掺加粉煤灰混凝土组分组编号如表 5.10 所示。

表 5.10　掺加粉煤灰混凝土组分组编号

侵蚀介质	粉煤灰 0%	粉煤灰 15%	粉煤灰 30%
清水	AF1	AF2	AF3
5%Na_2SO_4 溶液	BF1	BF2	BF3
5%复合盐溶液	CF1	CF2	CF3

1. 清水中劣化规律研究

按照表 5.10 分组情况在清水中开展掺加粉煤灰混凝土的冻融与干湿循环试验,并记录试验数据。不同粉煤灰掺量试验组在清水下的质量损失率、抗压强度损失率以及相对动弹性模量的变化规律如表 5.11 所示,变化曲线如图 5.5 所示。

表 5.11　掺加粉煤灰混凝土在清水中的耐久性变化规律

大循环次数/次	质量损失率/%			抗压强度损失率/%			相对动弹性模量		
	AF1	AF2	AF3	AF1	AF2	AF3	AF1	AF2	AF3
0	0	0	0	0	0	0	1.00	1.00	1.00
1	0.47	0.36	0.65	−12.4	−12.04	−9.33	0.86	0.90	0.86
2	0.04	−0.25	0.31	−20.35	−16.33	−12.32	0.82	0.84	0.79
3	0.28	−0.15	0.65	−9.20	−20.17	−2.30	0.79	0.82	0.75
4	0.98	0.82	1.52	2.10	−8.40	7.90	0.77	0.80	0.72
5	1.46	1.14	2.32	5.40	−2.30	15.64	0.76	0.80	0.69
6	2.62	2.25	3.26	15.21	2.35	25.36	0.74	0.79	0.67
7	3.17	2.62	4.01	20.54	9.31	35.46	0.72	0.78	0.64
8	3.92	3.21	4.69	40.68	25.32	65.22	0.67	0.75	0.62

从图 5.5(a)可以看出,清水中粉煤灰混凝土质量损失率的整体变化趋势是在第一次大循环中增大,第二次大循环中减小,随后又逐渐增大直至试验结束。出现上述情况的根本原因是:试验刚开始时,由于干湿与冻融的作用,试块开始出

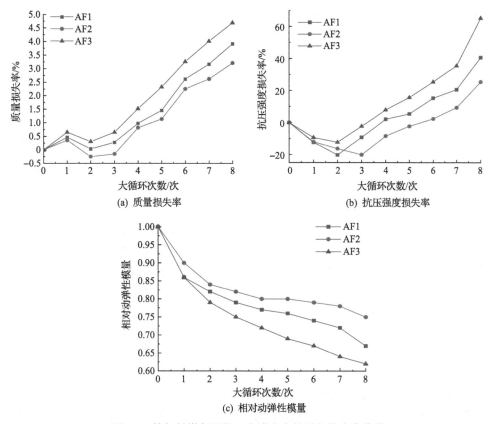

图 5.5 掺加粉煤灰混凝土在清水中的耐久性变化曲线

现内部孔隙扩张以及水分侵入的现象，在这个过程中影响了混凝土的整体性能，而且侵入混凝土内部的水分结冰产生的质量增加不足以弥补这部分损失，所以质量损失率出现了增大的现象；随着第二次大循环的进行，混凝土内部不断有水侵入，填充空隙，使得质量有所增加，质量损失率减小；但随着试验的进行，大循环作用对混凝土的磨损以及内部损伤作用要大于进一步水化反应为混凝土带来的积极效果，使得其出现表皮掉渣、剥落等现象，混凝土的质量损失率再次增大直至破坏。从不同掺量粉煤灰混凝土质量损失率的变化可以发现，在大循环后期质量损失率由大到小分别为 AF3、AF1、AF2；在大循环进行到第 8 次后 AF3 组混凝土质量损失率已达到 4.69%，接近失效。

从图 5.5(b) 可以看出，抗压强度损失率在前两次或前三次大循环中降低，而后增大直至试验结束。出现这种现象的原因是：在大循环前期水化反应以及水分结冰增加的强度大于外界破坏对混凝土的损伤破坏降低的强度，因此在前两次或前三次大循环，抗压强度损失率下降，在循环过程中，外界的破坏不断积累；在大循环进入第三次或前四次后，外界环境因素的劣化破坏大于继续水化及混凝土孔隙填充增加的强度，抗压强度损失率一直增大直至破坏。大循环后期抗压强度损失率由大到小分别为 AF3、AF1、AF2，在大循环进行到第 8 次后 AF1 及 AF3 组混凝土抗压强度损失率达到 25%，已经失效。

从图 5.5(c)可以看出，随着大循环次数的增加，相对动弹性模量均呈现下降的趋势，且在第一次大循环中下降较快，之后缓慢下降，这是因为混凝土在开始受到破坏时不能适应恶劣的环境，整体性能均受到了影响，后期由于水分结冰对混凝土孔隙有所填充，但是外界的破坏使得微裂缝数量不断增加，所以相对动弹性模量呈现持续下降的现象。大循环后期相对动弹性模量由大到小分别为 AF2、AF1、AF3，而且随着大循环的进行，不同掺量粉煤灰混凝土的相对动弹性模量差距越来越大。

粉煤灰中活性成分可以与水泥的水化产物发生反应生成水化硅酸钙，进而有效激发水泥的活性，提高水泥浆的胶结能力，使水泥更加致密；从对清水中掺加粉煤灰混凝土的各个耐久性指标分析发现，在只有干湿和冻融侵蚀的环境下，相比 AF1 与 AF3，AF2 的抗干湿及冻融性能最好，而且随着试验进入后期，抗干湿及冻融效果越来越明显。因此，粉煤灰掺量为 15%时，可以抵抗干湿冻融破坏的作用。

2. 5%Na_2SO_4溶液中劣化规律研究

按照表 5.10 的分组情况在 5%Na_2SO_4溶液中开展掺加粉煤灰混凝土的冻融与干湿循环试验，并记录试验数据。不同粉煤灰掺量试验组在 5%Na_2SO_4溶液中的质量损失率、抗压强度损失率以及相对动弹性模量的变化规律如表 5.12 所示，变化曲线如图 5.6 所示。

表 5.12　掺加粉煤灰混凝土在 5%Na_2SO_4溶液中的耐久性变化规律

大循环次数/次	质量损失率/%			抗压强度损失率/%			相对动弹性模量		
	BF1	BF2	BF3	BF1	BF2	BF3	BF1	BF2	BF3
0	0	0	0	0	0	0	1.00	1.00	1.00
1	−0.17	0.44	−0.01	−19.21	−20.52	−25.36	0.90	0.91	0.89
2	−0.64	−0.07	−0.31	−7.63	−18.36	−7.91	0.87	0.88	0.83
3	0.30	−0.12	0.90	17.29	7.26	23.54	0.82	0.86	0.77
4	1.30	0.52	2.30	42.88	46.25	55.26	0.79	0.81	0.71
5	3.54	5.02	5.74	52.90	63.21	68.21	0.75	0.69	0.63
6	—	—	—	—	—	—	—	—	—
7	—	—	—	—	—	—	—	—	—
8	—	—	—	—	—	—	—	—	—

注：—代表已经达到破坏。

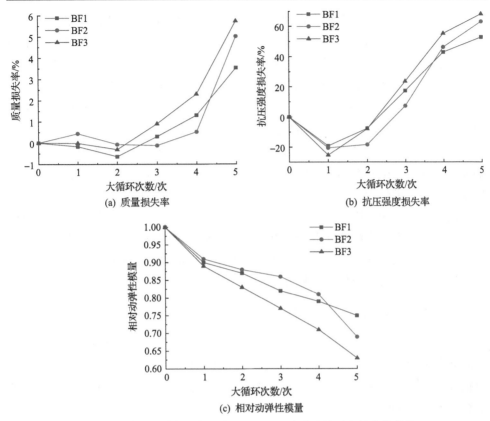

图 5.6　掺加粉煤灰混凝土在 5%Na₂SO₄ 溶液中的耐久性变化曲线

　　从图 5.6(a)可以看到，在 5%Na₂SO₄ 溶液中掺加粉煤灰混凝土的质量损失率整体变化趋势是先减小后增大直至破坏。试验刚开始时，随着大循环的进行，混凝土的整体性能有所衰减，但盐离子很快便侵入混凝土内部，发生一系列的物理化学反应，填充了内部孔隙，混凝土整体性能衰减引起的质量减少的量小于盐离子对孔隙填充引起的质量增加的量，便出现了质量损失率减小的现象，在大循环进行到第二次以后，盐离子不断侵入混凝土内部，再加上干湿交替与冻融变化对混凝土的劣化作用，混凝土内部裂缝扩张，小裂缝不断向大裂缝扩展，表面出现严重掉渣、剥落现象，质量损失率增大直至破坏。相比 BF3 和 BF1，BF2 在第一次大循环结束后，质量损失率有增大的现象，说明混凝土整体性能衰减引起的质量减少的量大于水分结冰及部分盐类结晶引起的质量增加的量，即粉煤灰掺量为 15%时，混凝土结构相对致密，可以缓解盐类结晶与水分侵入，在中期质量损失率增加也比较缓慢，但在第五次大循环时，质量损失率骤增，且质量损失率要大于未掺加粉煤灰试验组，并且表现出粉煤灰掺量越大、质量损失率越大的现象。

从图 5.6(b)中可以发现，在 5% Na₂SO₄溶液中掺加粉煤灰混凝土的抗压强度损失率的整体变化过程与在清水中一致，只是第二次大循环时抗压强度损失率便已增大，说明在原有的干湿与冻融作用下加上盐侵作用后，对混凝土的破坏更加剧烈，第一次大循环后自身的水化反应不再能抵消外界环境的劣化。在大循环中期，BF2 的抗压强度损失率比其他两组更低，但到了大循环后期，掺加粉煤灰混凝土的抗压强度损失率骤增，而且掺量越高，抗压强度损失率越大。

从图 5.6(c)可以看出，5%Na₂SO₄溶液中掺加粉煤灰混凝土的相对动弹性模量的变化与在清水中基本吻合，不同的是在中期，BF2 的相对动弹性模量比 BF1 高，但随着大循环进行到后期，相对动弹性模量的大致变化趋势是 BF1>BF2>BF3。

由图 5.6 可知，BF2 在前期可以抵抗硫酸盐离子的侵入，但粉煤灰并不是水泥，用粉煤灰替代水泥会使混凝土酥碎，在盐溶液侵蚀破坏环境下粉煤灰混凝土外表面更容易被侵蚀，因此在大循环后期掺加粉煤灰混凝土的损伤劣化严重，而且粉煤灰掺量越大，损伤劣化越快。

3. 5%复合盐溶液中劣化规律研究

按照表 5.10 的分组情况在 5%复合盐溶液中开展掺加粉煤灰混凝土的冻融与干湿循环试验，并记录试验数据。不同粉煤灰掺量试验组在 5%复合盐溶液中的质量损失率、抗压强度损失率以及相对动弹性模量的变化规律如表 5.13 所示，变化曲线如图 5.7 所示。

表 5.13　掺加粉煤灰混凝土在 5%复合盐溶液中的耐久性变化规律

大循环次数/次	质量损失率/%			抗压强度损失率/%			相对动弹性模量		
	CF1	CF2	CF3	CF1	CF2	CF3	CF1	CF2	CF3
0	0	0	0	0	0	0	1.00	1.00	1.00
1	0.41	0.43	−0.50	−8.68	−20.3	−15.6	0.90	0.91	0.89
2	0.07	−0.27	−0.36	−5.60	17.05	3.91	0.85	0.87	0.82
3	0.35	−1.00	−0.49	18.20	19.65	25.36	0.82	0.80	0.76
4	0.42	1.53	0.97	32.10	39.54	46.51	0.79	0.76	0.72
5	2.97	5.75	6.50	46.42	55.36	67.08	0.74	0.70	0.65
6	—	—	—	—	—	—	—	—	—
7	—	—	—	—	—	—	—	—	—
8	—	—	—	—	—	—	—	—	—

注：—代表已经达到破坏。

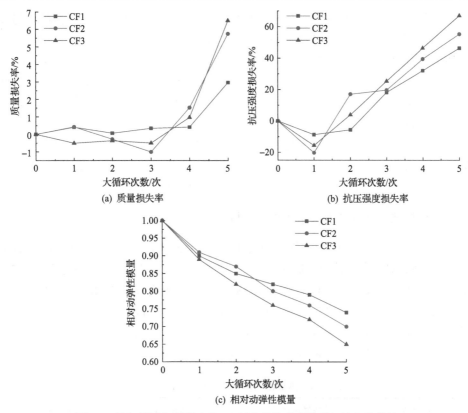

图 5.7　掺加粉煤灰混凝土在 5%复合盐溶液中的耐久性变化曲线

在 5%复合盐溶液中,质量损失率的整体变化规律与在 5%Na_2SO_4 溶液中一致,但相比之下,复合盐溶液中 CF1 和 CF2 在第一次大循环后质量损失率均有增大的情况,说明对粉煤灰混凝土来说,复合盐溶液的侵蚀强度要低于 Na_2SO_4 溶液,而且试验过程中在大循环进行到第四次时 CF2 的质量损失率才增大,进一步说明了掺加适量粉煤灰混凝土在前期也能够抵抗复合盐溶液的侵蚀。

在 5%复合盐溶液中,抗压强度损失率与相对动弹性模量的变化过程与在 5%Na_2SO_4 溶液中基本一致。说明掺量为 15%的粉煤灰混凝土前期有抗盐离子侵蚀的性能,也是由于粉煤灰本身的强度低,后期出现抗压强度损失率骤增,而且粉煤灰掺量越大,抗压强度损失率越大。由图 5.7(b)、(c)可知,大循环进行到后期,混凝土的耐久性由好到坏分别为 CF1、CF2、CF3,说明粉煤灰掺量越大,对抵抗复合盐侵蚀、干湿和冻融的作用越差。

总结掺加粉煤灰混凝土在三种不同侵蚀溶液中的劣化规律可以发现,粉煤灰掺量同为 15%时,在第五次大循环后,清水、5%Na_2SO_4 溶液以及 5%复合盐溶液中抗压强度损失率分别为–2.3%、63.21%、55.36%,即硫酸盐溶液的侵蚀速度快于复合盐溶液，从不同盐类侵蚀机理出发，氯离子对混凝土的侵蚀更多的是与混凝土内部钢筋发生锈蚀反应生成膨胀产物进而破坏混凝土保护层，而选用混凝土试块为素混凝土，不涉及钢筋侵蚀，而且氯离子对硫酸根离子的侵蚀有一定的抑制作用，相比之下，硫酸盐对水泥的侵蚀要更加严重。所以综合分析后，在三种不同的侵蚀溶液中，掺加粉煤灰混凝土的劣化速度由快到慢分别是：$5\%Na_2SO_4$溶液、5%复合盐溶液、清水。

总体来说，掺入适量的粉煤灰可以达到替代水泥的效果，因此在只有干湿与冻融破坏的情况下，可以采用掺加15%粉煤灰来提高衬砌混凝土的整体性能，但是对于侵蚀比较严重的干寒地区，不建议采用掺加粉煤灰来提高混凝土的耐久性。

5.3.2　掺加聚丙烯纤维混凝土耐久性分析

制备水胶比为0.45，聚丙烯纤维掺量为$0kg/m^3$、$0.6kg/m^3$及$0.9kg/m^3$的混凝土试块，用编号J1、J2、J3来表示；选择侵蚀溶液为清水、$5\%Na_2SO_4$溶液和5%复合盐溶液，用编号A、B、C来表示。每一组掺加聚丙烯纤维混凝土组中试块数量均为$3\times(9+1)$块，其中9是指$100mm\times100mm\times100mm$的正方体试块有9块，1是指$100mm\times100mm\times400mm$的长方体试块有1块，3是指每个参与循环的试块都有三个对照组。掺加聚丙烯纤维混凝土组分组编号如表5.14所示。

表5.14　掺加聚丙烯纤维混凝土组分组编号

侵蚀介质	纤维掺量 $0kg/m^3$	纤维掺量 $0.6kg/m^3$	纤维掺量 $0.9kg/m^3$
清水	AJ1	AJ2	AJ3
$5\%Na_2SO_4$溶液	BJ1	BJ2	BJ3
5%复合盐溶液	CJ1	CJ2	CJ3

1. 清水中劣化规律研究

按照表5.14的分组情况在清水中开展掺加聚丙烯纤维混凝土的冻融与干湿循环试验，并记录试验数据。不同聚丙烯纤维掺量试验组在清水中的质量损失率、抗压强度损失率以及相对动弹性模量变化规律如表5.15所示，变化曲线如图5.8所示。

由图5.8(a)可知，不同聚丙烯纤维掺量混凝土在清水中的质量损失率整体变化趋势与掺加粉煤灰混凝土的变化趋势基本相同，机理也相同，但是掺加聚丙烯纤维试验组整体的质量损失率要比掺加粉煤灰试验组低，说明掺加聚丙烯纤维试验组抵抗干湿与冻融的作用要强于掺加粉煤灰试验组。随着大循环的进行，掺加聚丙烯纤维混凝土质量损失率的增量由小到大分别是AJ3、AJ2、AJ1，表明掺加

表 5.15　掺加聚丙烯纤维混凝土在清水中的耐久性变化规律

大循环次数/次	质量损失率/%			抗压强度损失率/%			相对动弹性模量		
	AJ1	AJ2	AJ3	AJ1	AJ2	AJ3	AJ1	AJ2	AJ3
0	0	0	0	0	0	0	1.00	1.00	1.00
1	0.47	0.35	0.21	−12.40	−10.50	−8.90	0.86	0.90	0.95
2	0.04	0	−0.21	−20.35	−17.25	−12.45	0.82	0.87	0.92
3	0.28	0.23	0.12	−9.20	−11.20	−13.5	0.79	0.82	0.87
4	0.98	0.75	0.51	2.10	−0.12	−1.20	0.77	0.80	0.83
5	1.46	1.38	1.01	5.40	1.20	0.10	0.76	0.78	0.82
6	2.62	2.21	1.67	15.21	12.30	8.90	0.74	0.75	0.80
7	3.17	2.78	2.12	20.54	18.77	16.54	0.72	0.74	0.78
8	3.92	3.12	2.51	40.68	27.18	19.09	0.67	0.72	0.74

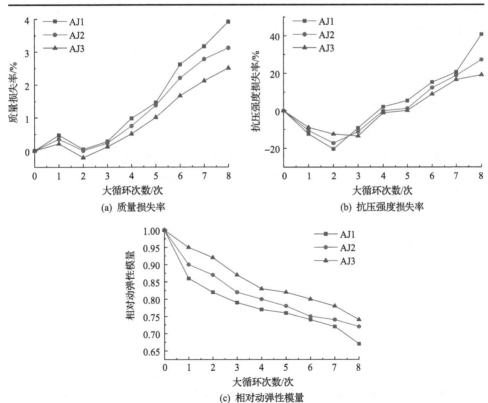

(a) 质量损失率　　　　　　　　　　　　(b) 抗压强度损失率

(c) 相对动弹性模量

图 5.8　掺加聚丙烯纤维混凝土在清水中的耐久性变化曲线

聚丙烯纤维可以增加混凝土之间的握裹力，在纤维的牵引作用下减少混凝土质量的损失，但是当聚丙烯纤维含量不足时，不能保证纤维在混凝土内均匀分布，进而导致混凝土整体性较差，因此 AJ2 的性能要差于 AJ3。由此得到在试验范围内聚丙烯纤维掺量为 0.9kg/m³ 时，抵抗干湿、冻融的作用最明显。

由图 5.8(b)可知，随着大循环的进行，掺加聚丙烯纤维混凝土抗压强度损失率的变化趋势是先减小后增大直到试验结束。抗压强度损失率的变化原理与掺加粉煤灰混凝土是相同的，但是在前两次大循环中，AJ2、AJ3 的抗压强度损失率要大于 AJ1，在大循环进行到后期，AJ1 的抗压强度损失率要大于 AJ2、AJ3，而且在试验范围内，聚丙烯纤维掺量越大，抗压强度损失率越小。这个现象充分说明了掺加聚丙烯纤维可以有效地提高混凝土后期的抗压强度，且在试验范围内聚丙烯纤维掺量越高，后期强度越高。

从图 5.8(c)中发现，聚丙烯纤维掺量越高，相对动弹性模量越大，标志着抗干湿、冻融的作用越明显。而掺加聚丙烯纤维混凝土的相对动弹性模量整体变化趋势与掺加粉煤灰混凝土相同，在第一次大循环中下降较快，之后缓慢下降，该原理也与掺加粉煤灰混凝土相同，但掺加聚丙烯纤维混凝土的相对动弹性模量都没有下降到 0.6，这是因为纤维的牵引力作用抑制了混凝土内部裂缝的扩展。

从各个不同耐久性评价指标综合分析，发现在试验范围内聚丙烯纤维掺量为 0.9kg/m³ 时，混凝土抵抗干湿与冻融的作用最好。

2. 5%Na₂SO₄ 溶液中劣化规律研究

按照表 5.14 的分组情况在 5%Na₂SO₄ 溶液中开展掺加聚丙烯纤维混凝土的冻融与干湿循环试验，并记录试验数据。不同聚丙烯纤维掺量试验组在 5%Na₂SO₄ 溶液中的质量损失率、抗压强度损失率以及相对动弹性模量的变化规律如表 5.16 所示，变化曲线如图 5.9 所示。

表 5.16 掺加聚丙烯纤维混凝土在 5%Na₂SO₄ 溶液中的耐久性变化规律

大循环次数/次	质量损失率/%			抗压强度损失率/%			相对动弹性模量		
	BJ1	BJ2	BJ3	BJ1	BJ2	BJ3	BJ1	BJ2	BJ3
0	0	0	0	0	0	0	1.00	1.00	1.00
1	−0.17	0.63	0.35	−19.21	−4.32	3.60	0.90	0.87	0.92
2	−0.64	0.26	−0.43	−7.63	−5.05	−2.29	0.87	0.85	0.89
3	0.30	−0.24	−0.53	17.29	12.21	8.75	0.82	0.82	0.86
4	1.30	0.85	0.55	42.88	24.61	21.25	0.79	0.81	0.86
5	3.54	2.75	1.45	52.90	46.25	30.21	0.75	0.78	0.81
6	—	—	—	—	—	—	—	—	—
7	—	—	—	—	—	—	—	—	—
8	—	—	—	—	—	—	—	—	—

注：—代表已经达到破坏。

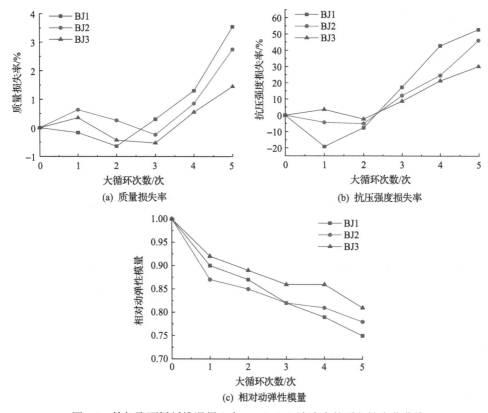

图 5.9　掺加聚丙烯纤维混凝土在 5%Na₂SO₄ 溶液中的耐久性变化曲线

　　由图 5.9(a)可知，在 5%Na₂SO₄ 溶液中，掺加聚丙烯纤维混凝土的质量损失率变化规律与粉煤灰混凝土基本相同，机理也一样；不同的是在大循环进行到第五次后，掺加聚丙烯纤维混凝土的质量损失率均未达到 5%，但停止试验的主要原因是抗压强度损失率超过了 25%，说明在聚丙烯纤维的牵引力作用下，部分混凝土碎屑仍然停留在混凝土表面，所以会出现混凝土已失效但质量损失率未达到 5%的现象。在大循环后期，BJ2、BJ3 的质量损失率要小于 BJ1，而且聚丙烯纤维掺量越大，质量损失率越小，因此在试验范围内，掺加 0.9kg/m³ 聚丙烯纤维混凝土抵抗 5%Na₂SO₄ 溶液侵蚀、干湿及冻融的效果最好。

　　由图 5.9(b)可知，在 5%Na₂SO₄ 溶液中，不同掺量聚丙烯纤维混凝土抗压强度损失率的变化规律与在清水中基本相同，但在 5%Na₂SO₄ 溶液中大循环进行到第五次便达到破坏，部分还未达到第五次就遭到了破坏，说明硫酸盐直接加速了聚丙烯纤维混凝土在干寒环境下的劣化速度。

　　由图 5.9(c)可知，5%Na₂SO₄ 溶液中掺加聚丙烯纤维混凝土的相对动弹性模量的变化过程基本上与清水中相同，只是聚丙烯纤维掺量为 0.6kg/m³ 时，大循环前期对应的相对动弹性模量要比不掺加聚丙烯纤维混凝土的低，说明当聚丙烯纤维掺量较少时，整体性能不稳定，抵抗外界恶劣环境的能力较差。

综上所述，掺加 0.9kg/m³ 聚丙烯纤维混凝土可以很好地抵抗 5%Na₂SO₄ 溶液、干湿及冻融的作用，相对来说，聚丙烯纤维掺量为 0.6kg/m³ 时，抵抗侵蚀的作用不明显，而且前期性能不稳定。

3. 5%复合盐溶液中劣化规律研究

按照表 5.14 的分组情况在 5%复合盐溶液中开展掺加聚丙烯纤维混凝土的冻融与干湿循环试验，并记录试验数据。不同聚丙烯纤维掺量试验组在 5%复合盐溶液中的质量损失率、抗压强度损失率以及相对动弹性模量的变化规律如表 5.17 所示，变化曲线如图 5.10 所示。

表 5.17　掺加聚丙烯纤维混凝土在 5%复合盐溶液中的耐久性变化规律

大循环次数/次	质量损失率/%			抗压强度损失率/%			相对动弹性模量		
	CJ1	CJ2	CJ3	CJ1	CJ2	CJ3	CJ1	CJ2	CJ3
0	0	0	0	0	0	0	1.00	1.00	1.00
1	0.41	0.66	0.20	−8.68	−5.20	2.50	0.90	0.86	0.94
2	0.07	0.66	−0.18	−5.60	2.40	9.29	0.85	0.86	0.91
3	0.35	0.28	−0.18	18.20	9.52	13.20	0.82	0.87	0.89
4	0.42	0.15	0.08	32.10	26.50	17.20	0.79	0.83	0.85
5	2.97	2.56	1.56	46.42	38.44	29.50	0.74	0.80	0.91
6	—	—	—	—	—	—	—	—	—
7	—	—	—	—	—	—	—	—	—
8	—	—	—	—	—	—	—	—	—

注：—代表已经达到破坏。

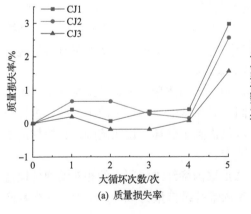

(a) 质量损失率

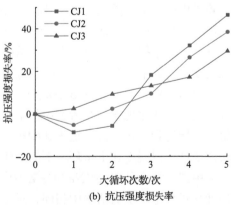

(b) 抗压强度损失率

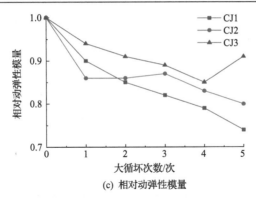

图 5.10　掺加聚丙烯纤维混凝土在 5%复合盐溶液中的耐久性变化曲线

在复合盐溶液中，掺加聚丙烯纤维混凝土质量损失率的整体变化规律与掺加粉煤灰混凝土的变化规律基本相同，在前四大循环中，由于盐离子结晶反应的作用，质量损失率变化缓慢，在第四次大循环后，质量损失率骤增，但在第五次大循环后，质量损失率没有掺加粉煤灰混凝土的大，也是因为在聚丙烯纤维的拉力作用下，部分混凝土碎屑仍在混凝土试块表面，导致质量损失变化不大。

在清水、5%Na_2SO_4溶液以及 5%复合盐溶液中，不同掺量聚丙烯纤维混凝土抗压强度损失率的变化趋势均相同，但对比三种不同侵蚀溶液下聚丙烯纤维掺量为 0.9kg/m^3 的混凝土抗压强度损失率的变化过程发现，在第五次大循环后，清水、5%Na_2SO_4 溶液以及 5%复合盐溶液中的抗压强度损失率分别为 0.1%、30.21%、29.5%，说明对聚丙烯纤维混凝土来说，三种侵蚀溶液的侵蚀速率由大到小分别为5%Na_2SO_4 溶液、5%复合盐溶液、清水。从质量损失率、抗压强度损失率以及相对动弹性模量的变化过程中均可以得到相比同组三种工况，聚丙烯纤维掺量为0.9kg/m^3 时，抵抗 5%复合盐侵蚀以及干湿、冻融的作用最明显。

适量的聚丙烯纤维加入混凝土内部后可以改善混凝土内部孔隙结构，增加混凝土的密实度，为混凝土分担部分拉应力，有效控制裂缝的发展，同时还具有良好的化学稳定性和延性，可以与混凝土内部其他骨料共同作用，从而起到抵抗干湿、冻融以及盐侵的作用。因此，掺加聚丙烯纤维可以很好地提高盐渍干寒地区混凝土的耐久性，而且在试验范围内宜选择的聚丙烯纤维掺量为 0.9kg/m^3。

5.3.3　涂抹聚脲涂层混凝土耐久性分析

本次试验设计不同掺量外加剂下是否涂抹聚脲涂层对照组，即在制备混凝土试块时分别考虑不掺外加剂、掺加 30%粉煤灰、掺加 0.9kg/m^3 聚丙烯纤维三种情况下是否涂抹聚脲涂层试验组，分别用编号 S、NS、F3、NF3、J3、NJ3(其中 S代表没有掺加外加剂，N 代表涂抹聚脲涂层)来表示。选择侵蚀溶液为清水、5%Na_2SO_4溶液和 5%复合盐溶液，用编号 A、B、C 来表示。每组试块的数量为

3×(9+1)，9 是指 100mm×100mm×100mm 的正方体试块有 9 块，1 是指 100mm× 100mm×400mm 的长方体试块有 1 块，3 是指每个参与循环的试块都有三个对照组。是否涂抹聚脲涂层混凝土组分组情况如表 5.18 所示。

表 5.18　是否涂抹聚脲涂层混凝土组分组情况

侵蚀介质	不掺加外加剂		掺入 30%粉煤灰		掺入 0.9kg/m³ 聚丙烯纤维	
清水	AS	ANS	AF3	AN3	AJ3	ANJ3
5%Na₂SO₄ 溶液	BS	BNS	BF3	BN3	BJ3	BNJ3
5%复合盐溶液	CS	CNS	CF3	CN3	CJ3	CNJ3

1. 清水中劣化规律研究

按照表 5.18 的分组情况在清水中开展是否涂抹聚脲涂层混凝土的冻融与干湿循环试验，并记录试验数据。不同外加剂情况下混凝土是否涂抹聚脲涂层试验组在清水中的质量损失率变化规律如表 5.19 所示，变化曲线如图 5.11 所示。

表 5.19　是否涂抹聚脲涂层混凝土在清水中的质量损失率变化规律

大循环次数/次	不掺加外加剂		掺加 30%粉煤灰		掺加 0.9kg/m³ 聚丙烯纤维	
	AS	ANS	AF3	ANF3	AJ3	ANJ3
0	0	0	0	0	0	0
1	0.47	1.47	0.65	0.86	0.21	1.06
2	0.04	2.52	0.31	0.91	−0.21	1.98
3	0.28	2.41	0.65	1.27	0.12	2.01
4	0.98	2.65	1.52	1.69	0.51	2.21
5	1.46	2.83	2.32	2.08	1.01	2.29
6	2.62	2.97	3.26	2.14	1.67	2.31
7	3.17	3.01	4.01	2.51	2.12	2.39
8	3.92	3.26	4.69	3.01	2.51	2.45

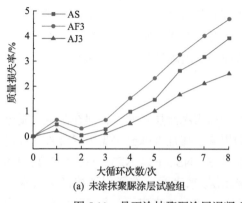

(a) 未涂抹聚脲涂层试验组

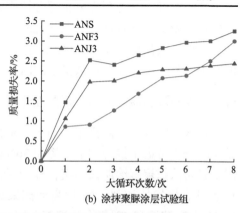

(b) 涂抹聚脲涂层试验组

图 5.11　是否涂抹聚脲涂层混凝土在清水中的质量损失率变化曲线

从图 5.11(a)可以看出,在清水中质量损失率的变化由小到大分别是 AJ3、AS、AF3,即相比 AS 及 AF3 试验组,AJ3 抵抗干湿与冻融的作用最明显。从图 5.11(b)可以发现,在涂抹聚脲涂层后,质量损失率发生了明显的变化,ANS 和 ANJ3 试验组的质量损失率在大循环刚开始时突增,在大循环进行到两次之后缓慢平稳增加;ANF3 试验组中除在第一次大循环中质量损失率增加快一点外,基本保持平稳增加,且增速比较快。

对于涂抹聚脲涂层混凝土,在大循环刚开始时,由于外界环境条件的影响,质量损失率增大,待到含聚脲涂层混凝土适应外界环境后,质量损失率应该减小,但由于聚脲涂层将外界环境隔离开,不能进行水分的传输,所以就出现在前两次或第一次大循环中质量损失率突增的情况。随着试验的进行,聚脲涂层逐渐发生劣化,出现边角剥离的情况,在聚脲涂层破坏后混凝土内部有水分结冰的现象,但是聚脲涂层在逐渐劣化蜕皮,所以质量损失率平稳增加。从三种涂抹聚脲涂层混凝土质量损失率的变化中可以发现,相比不掺加外加剂试块,掺加聚丙烯纤维可以有效地抵抗干湿和冻融的作用,掺加粉煤灰后前期有抵抗干湿和冻融的作用,但毕竟粉煤灰不是水泥,后期试块变得酥碎,性能不稳定。

不同外加剂情况下混凝土是否涂抹聚脲涂层试验组在清水中的抗压强度损失率的变化规律如表 5.20 所示,变化曲线如图 5.12 所示。

表 5.20　是否涂抹聚脲涂层混凝土在清水中的抗压强度损失率变化规律

大循环次数/次	不掺加外加剂		掺加 30%粉煤灰		掺加 0.9kg/m³ 聚丙烯纤维	
	AS	ANS	AF3	ANF3	AJ3	ANJ3
0	0	0	0	0	0	0
1	−12.40	1.2	−9.33	−5.6	−8.90	−0.02
2	−20.35	−2.1	−12.32	−9.8	−12.45	−5.60
3	−9.20	−11.2	−2.30	−15.6	−13.50	−7.90
4	2.10	−20.3	7.90	−17.8	−1.20	−12.80
5	5.40	−18.9	15.64	−14.5	0.10	−10.60
6	15.21	−15.4	25.36	−12.6	8.90	−8.90
7	20.54	−12.6	35.46	−10.3	16.54	−6.50
8	40.68	−7.6	65.22	−5.6	19.09	1.50

从图 5.12(a)可以看出,在大循环进入中后期,抗压强度损失率的变化由小到大也是 AJ3、AS、AF3,其机理此处不再赘述。从 5.12(b)同样可以看到,相比没有涂抹聚脲涂层试验组,涂抹聚脲涂层后抗压强度损失率的变化趋势也有很大变化,三组不同试验组的抗压强度损失率的变化均为先减小,大概到第四次大循环之后再增大,但一直到大循环结束均未达到破坏。通过分析发现,不同工况下试验组均

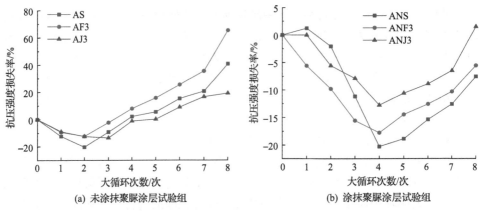

图 5.12　是否涂抹聚脲涂层混凝土在清水中的抗压强度损失率变化曲线

会发生这种现象的原因是：在大循环前期，由于聚脲涂层的保护作用，混凝土内部水分不再传输，阻断了在干湿冻融环境下出现裂缝的必要条件，而在两次大循环后，聚脲涂层出现劣化，此时水分子可以通过聚脲涂层填充混凝土孔隙，这个过程中抗压强度损失率减小；在四次大循环之后，裂缝扩展，混凝土整体性变差，抗压强度损失率增大。

　　不同外加剂情况下混凝土是否涂抹聚脲涂层试验组在清水中的相对动弹性模量的变化规律如表 5.21 所示，变化曲线如图 5.13 所示。

表 5.21　是否涂抹聚脲涂层混凝土在清水中的相对动弹性模量变化规律

大循环次数/次	不掺加外加剂		掺加 30%粉煤灰		掺加 0.9kg/m³ 聚丙烯纤维	
	AS	ANS	AF3	ANF3	AJ3	ANJ3
0	1.00	1.00	1.00	1.00	1.00	1.00
1	0.86	0.93	0.86	0.96	0.95	0.89
2	0.82	0.95	0.79	0.97	0.92	0.91
3	0.79	0.95	0.75	0.97	0.87	0.88
4	0.77	0.98	0.72	1.01	0.83	0.86
5	0.76	0.95	0.69	1.05	0.82	0.91
6	0.74	0.95	0.67	1.02	0.80	0.87
7	0.72	0.91	0.64	0.98	0.78	0.82
8	0.67	0.83	0.62	0.89	0.74	0.78

　　从图 5.13(a) 可以看出，相对动弹性模量的变化由小到大也是 AJ3、AS、AF3。从图 5.13(b) 可以发现，涂抹聚脲涂层之后，混凝土相对动弹性模量有很大的变化，随着大循环的进行，在第一次大循环之后，相对动弹性模量减小，而后有一个缓慢增加，直到第 4～5 次大循环再降低。分析发现，在大循环初期，相对动弹性模量显著下降，主要是因为涂抹聚脲涂层影响了混凝土的整体性能，第一次大循环

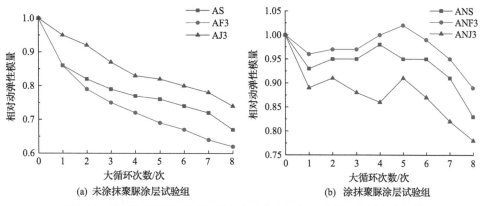

图 5.13　是否涂抹聚脲涂层混凝土在清水中的相对动弹性模量变化曲线

之后，相对动弹性模量缓慢增加，这段时间聚脲涂层被逐渐破坏，内部孔隙慢慢被水分子填充，但到了后期，在孔隙水分结冰膨胀以及干缩湿胀作用下，混凝土内部孔隙及裂缝变多，导致相对动弹性模量下降，但始终不低于 0.6，相比没有涂抹聚脲涂层混凝土，其性能要好很多。

从清水中是否涂抹聚脲涂层混凝土的质量损失率、抗压强度损失率以及相对动弹性模量的变化规律中可以发现，涂抹聚脲涂层可以有效缓解外界环境因素对混凝土的破坏。在没有涂抹聚脲涂层时，不同外加剂作用下抵抗干湿和冻融性能最好的是 AJ3，最差的是 AF3；在涂抹聚脲涂层时，ANF3 在大循环前期性能最好，但到了大循环后期，ANS 性能相对来说是最好的，ANJ3 性能最差。

2. 5%Na$_2$SO$_4$ 溶液中劣化规律研究

不同外加剂情况下混凝土是否涂抹聚脲涂层试验组在 5%Na$_2$SO$_4$ 溶液中的质量损失率变化规律如表 5.22 所示，变化曲线如图 5.14 所示。

表 5.22　是否涂抹聚脲涂层混凝土在 5%Na$_2$SO$_4$ 溶液中的质量损失率变化规律

大循环次数/次	不掺加外加剂		掺加 30%粉煤灰		掺加 0.9kg/m³ 聚丙烯纤维	
	BS	BNS	BF3	BNF3	BJ3	BNJ3
0	0	0	0	0	0	0
1	−0.17	1.51	−0.01	0.98	0.35	2.16
2	−0.64	1.46	−0.31	0.61	−0.43	1.70
3	0.30	1.65	0.90	1.32	−0.53	1.44
4	1.30	2.18	2.30	3.25	0.55	1.26
5	3.54	4.12	5.74	6.80	1.45	1.98
6	—	6.36	—	8.73	—	2.52
7	—	—	—	—	—	3.66
8	—	—	—	—	—	4.32

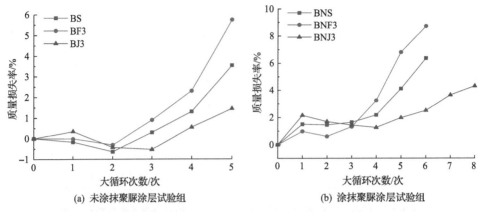

(a) 未涂抹聚脲涂层试验组　　　　　　　(b) 涂抹聚脲涂层试验组

图 5.14　是否涂抹聚脲涂层混凝土在 5%Na$_2$SO$_4$ 溶液中的质量损失率变化曲线

　　图 5.14(a) 中质量损失率变化趋势及原因已经在 5.3.1 节解释过了，此处不再赘述，前期不掺加外加剂的混凝土试验组质量损失率要比掺加外加剂的混凝土试验组低，在第二次大循环之后，掺加聚丙烯纤维试验组质量损失率最低。从图 5.14(b) 可以发现，涂抹聚脲涂层后，质量损失率在第一次大循环先上升，而后缓慢下降，在大循环进行到 3~4 次时再增加直至破坏。分析发现，在有盐溶液时，涂抹聚脲涂层混凝土质量损失率有这个变化趋势的原因是：前期增加的趋势与在清水中是一样的，在大循环进行到第二次之后，聚脲涂层受到硫酸盐侵蚀破坏，出现边角脱落现象，水分以及盐离子侵入混凝土内部，填充内部孔隙，抵消了聚脲涂层劣化减少的质量，使得质量有所上升，再到后期，聚脲涂层损伤严重，甚至出现部分聚脲涂层脱落的现象，质量损失率一度上升，严重影响了混凝土的性能。从三种不同涂抹聚脲涂层混凝土试验组可以看到，前期 BNF3 试验组质量损失率最低，大约在大循环进行到三次之后，BNJ3 试验组质量损失率最低，且在试验后期发现掺加聚丙烯纤维混凝土与聚脲涂层的结合性要好于其他两种情况。

　　不同外加剂情况下混凝土是否涂抹聚脲涂层试验组在 5%Na$_2$SO$_4$ 溶液中的抗压强度损失率变化规律如表 5.23 所示，变化曲线如图 5.15 所示。

表 5.23　是否涂抹聚脲涂层混凝土在 5%Na$_2$SO$_4$ 溶液中的抗压强度损失率变化规律

大循环次数/次	不掺加外加剂		掺加 30%粉煤灰		掺加 0.9kg/m³ 聚丙烯纤维	
	BS	BNS	BF3	BNF3	BJ3	BNJ3
0	0	0	0	0	0	0
1	−19.21	−2.5	−25.36	−6.30	3.60	−10.20
2	−7.63	−6.3	−7.91	6.50	−2.29	−5.87
3	17.29	4.3	23.54	16.33	8.75	−12.01
4	42.88	9.5	55.26	17.60	21.25	−10.60

续表

大循环次数/次	不掺加外加剂		掺加 30%粉煤灰		掺加 0.9kg/m³ 聚丙烯纤维	
	BS	BNS	BF3	BNF3	BJ3	BNJ3
5	52.90	15.6	68.21	25.30	30.21	−2.30
6	—	26.4	—	35.10	—	5.40
7	—	40.2	—	58.20	—	10.97
8	—	—	—	—	—	15.60

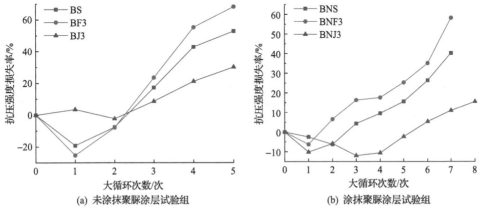

图 5.15　是否涂抹聚脲涂层混凝土在 5%Na₂SO₄ 溶液中的抗压强度损失率变化曲线

从图 5.15(a) 可以看到，不同外加剂混凝土在试验后期抗压强度损失率变化由小到大分别是 BJ3、BS、BF3。从图 5.15(b) 可以看到，三组不同涂抹聚脲涂层试验组在大循环刚开始时，抗压强度损失率均下降，BNF3 试验组在第一次大循环后抗压强度损失率增加，BNS 试验组在第二次大循环后抗压强度损失率增加，说明在硫酸盐的侵蚀作用下，BNS、BNF3 试验组在第一次大循环中涂层就遭到破坏，盐离子结晶填充混凝土孔隙，强度增加，抗压强度损失率下降，第一次或者第二次大循环之后，在外界的强腐蚀作用下，孔隙内结晶不断增加，体积膨胀，抗压强度损失率直线上升；而对于 BNJ3 试验组，由于聚丙烯纤维混凝土可以很好地与聚脲涂层结合在一起发挥聚脲涂层的保护作用，在前五次大循环中抗压强度损失率均处于负值，一直到第五次大循环后，抗压强度损失率开始增加，但 8 次大循环也未使该试验组试块达到破坏。说明在 5%Na₂SO₄ 溶液作用下聚丙烯纤维加入混凝土中可以有效地抵抗干湿、冻融的作用，而且当在掺加聚丙烯纤维混凝土外围涂抹聚脲涂层时，聚脲涂层可以更好地和聚丙烯纤维混凝土结合在一起，发挥保护混凝土的作用。

不同外加剂情况下混凝土是否涂抹聚脲涂层试验组在 5%Na₂SO₄ 溶液中的相对动弹性模量的变化规律如表 5.24 所示，变化曲线如图 5.16 所示。

表 5.24　是否涂抹聚脲涂层混凝土在 5%Na₂SO₄ 溶液中的相对动弹性模量变化规律

大循环次数/次	不掺加外加剂		掺加 30%粉煤灰		掺加 0.9kg/m³ 聚丙烯纤维	
	BS	BNS	BF3	BNF3	BJ3	BNJ3
0	1.00	1.00	1.00	1.00	1.00	1.00
1	0.90	0.88	0.89	0.95	0.92	0.91
2	0.87	0.90	0.83	0.85	0.89	0.93
3	0.82	1.03	0.77	0.96	0.86	1.00
4	0.79	1.10	0.71	1.06	0.86	1.15
5	0.75	1.02	0.63	0.97	0.81	1.12
6	—	0.89	—	0.79	—	1.01
7	—	0.76	—	0.69	—	0.95
8	—	0.68	—	0.65	—	0.86

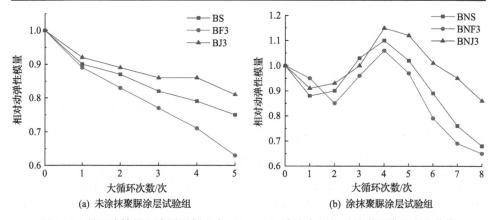

(a) 未涂抹聚脲涂层试验组　　　　　　　(b) 涂抹聚脲涂层试验组

图 5.16　是否涂抹聚脲涂层混凝土在 5%Na₂SO₄ 溶液中的相对动弹性模量变化曲线

从图 5.16(a)可以看到，相对动弹性模量在整个大循环过程中由大到小分别是 BJ3、BS、BF3。从图 5.16(b)可以看到，在硫酸盐侵蚀作用下，涂抹聚脲涂层混凝土相对动弹性模量先减小，在大循环进行到第二次之后增大，一直到第四次大循环后再次下降；大循环前期相对动弹性模量减小与在清水中是一样的，第二次大循环后，聚脲涂层部分边角脱落，水分及盐离子侵入混凝土内部，填充混凝土内部孔隙，相对动弹性模量增大，随着试验的进行，盐类侵蚀作用下混凝土裂缝不断发展，相对动弹性模量持续下降；在大循环后期，相对动弹性模量由大到小分别为 BNJ3、BNS、BNF3。

综上所述，不管是否涂抹聚脲涂层，在 5%Na₂SO₄ 溶液以及干湿和冻融的作用下，抵抗劣化能力由强到弱分别为掺加 0.9kg/m³ 聚丙烯纤维混凝土、不掺加外加剂混凝土、掺加 30%粉煤灰混凝土。

3. 5%复合盐溶液中劣化规律研究

不同外加剂情况下混凝土是否涂抹聚脲涂层试验组在 5%复合盐溶液中的质量损失率变化规律如表 5.25 所示，变化曲线如图 5.17 所示。

表 5.25　是否涂抹聚脲涂层混凝土在 5%复合盐溶液中的质量损失率变化规律

大循环次数/次	不掺加外加剂		掺加 30%粉煤灰		掺加 0.9kg/m³ 聚丙烯纤维	
	CS	CNS	CF3	CNF3	CJ3	CNJ3
0	0	0	0	0	0	0
1	0.41	1.01	−0.50	0.48	0.20	1.62
2	0.07	1.01	−0.36	0.54	−0.18	1.89
3	0.35	0.57	−0.49	0.83	−0.18	1.12
4	0.42	3.08	0.97	2.95	0.08	0.23
5	2.97	9.25	6.50	7.19	1.56	0.66
6	—	—	—	—	—	4.85
7	—	—	—	—	—	—
8	—	—	—	—	—	—

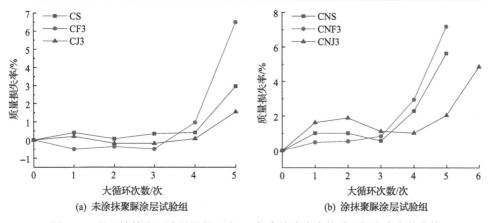

(a) 未涂抹聚脲涂层试验组　　　　　　　(b) 涂抹聚脲涂层试验组

图 5.17　是否涂抹聚脲涂层混凝土在 5%复合盐溶液中的质量损失率变化曲线

比较图 5.17(a) 和(b)发现，不管是否涂抹聚脲涂层，在前三次大循环中掺加 30%粉煤灰混凝土试验组的质量损失率均最低，三次大循环之后掺加粉煤灰试验组的质量损失率骤增，第五次大循环便达到破坏，而掺加 0.9kg/m³ 聚丙烯纤维混凝土在三次大循环之后质量损失率最低，未涂抹聚脲涂层混凝土在第五次大循环达到破坏，涂抹聚脲涂层混凝土在第六次大循环达到破坏。未涂抹聚脲涂层试验组各个工况的变化趋势已在前两节中展开讨论，涂抹聚脲涂层试验组质量损失率的变化与在 5%Na₂SO₄溶液中的变化是一致的，唯一的区别是在大循环后期，5%

复合盐溶液中各工况的质量损失率变化更快，说明在涂抹聚脲涂层试验组中，复合盐溶液对含聚脲涂层混凝土的侵蚀比 Na_2SO_4 溶液严重，即聚脲涂层在氯离子作用下更容易被侵蚀，进而破坏内部混凝土。

不同外加剂情况下混凝土是否涂抹聚脲涂层试验组在 5%复合盐溶液中的抗压强度损失率变化规律如表 5.26 所示，变化曲线如图 5.18 所示。

表 5.26　是否涂抹聚脲涂层混凝土在 5%复合盐溶液中的抗压强度损失率变化规律

大循环次数/次	不掺加外加剂		掺加 30%粉煤灰		掺加 0.9kg/m³ 聚丙烯纤维	
	CS	CNS	CF3	CNF3	CJ3	CNJ3
0	0	0	0	0	0	0
1	−8.68	−7.76	−15.60	−20.1	2.50	−29.80
2	−5.60	−13.20	3.91	−2.3	9.29	−20.57
3	18.20	6.50	25.36	15.6	13.20	−15.60
4	32.10	15.60	46.51	36.5	17.20	−18.90
5	46.42	34.80	67.08	59.4	29.50	−13.20
6	—	—	—	—	—	−8.50
7	—	—	—	—	—	5.54
8	—	—	—	—	—	10.60

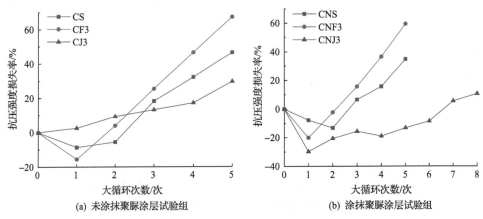

(a) 未涂抹聚脲涂层试验组　　　　　　　(b) 涂抹聚脲涂层试验组

图 5.18　是否涂抹聚脲涂层混凝土在 5%复合盐溶液中的抗压强度损失率变化曲线

从图 5.18(a)可以看到，在前两次大循环中，掺加 0.9kg/m³ 聚丙烯纤维混凝土抗压强度损失率最高，但到了后期抗压强度损失率最低，抵抗复合盐溶液作用下干湿、冻融的效果最好。从图 5.18(b)可以发现，在两次大循环之后，CNS 与 CNF3 混凝土试块抗压强度损失率直线上升，在第五次大循环就都已达到破坏，而 CNJ3 混凝土试块变化相对平缓，八次循环后也未破坏；破坏原理基本上与在 5%Na_2SO_4 溶液中是一致的，也进一步说明了不管侵蚀溶液是硫酸盐还是复合盐，聚脲涂层与聚丙烯纤维混凝土结合在一起可以很好地阻碍盐离子的侵蚀。

不同外加剂情况下混凝土是否涂抹聚脲涂层试验组在 5%复合盐溶液中的相对动弹性模量的变化规律如表 5.27 所示，变化曲线如图 5.19 所示。

表 5.27　是否涂抹聚脲涂层混凝土在 5%复合盐溶液中的相对动弹性模量变化规律

大循环次数/次	不掺加外加剂		掺加 30%粉煤灰		掺加 0.9kg/m³ 聚丙烯纤维	
	CS	CNS	CF3	CNF3	CJ3	CNJ3
0	1.00	1.00	1.00	1.00	1.00	1.00
1	0.90	0.86	0.89	0.90	0.94	0.92
2	0.85	0.93	0.82	0.96	0.91	1.00
3	0.82	0.99	0.76	0.94	0.89	1.02
4	0.79	0.96	0.72	0.86	0.85	1.04
5	0.74	0.85	0.65	0.77	0.91	1.02
6	—	0.82	—	0.70	—	0.94
7	—	0.78	—	0.69	—	0.86
8	—	0.75	—	0.66	—	0.82

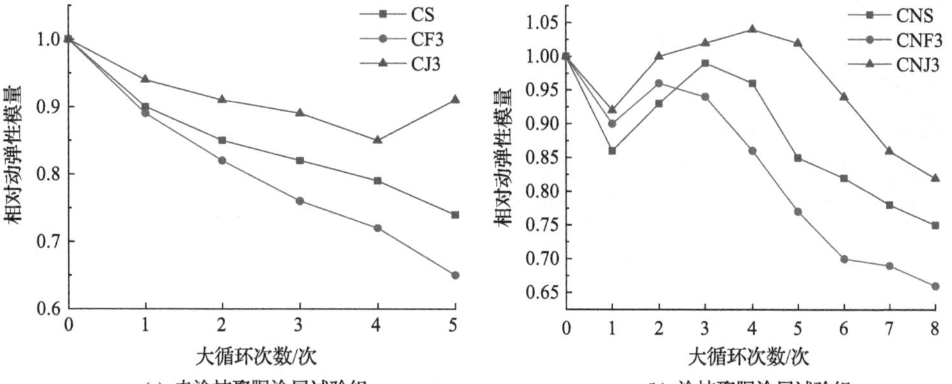

(a) 未涂抹聚脲涂层试验组　　　　　　　(b) 涂抹聚脲涂层试验组

图 5.19　是否涂抹聚脲涂层混凝土在 5%复合盐溶液中的相对动弹性模量变化曲线

图 5.19(a)中相对动弹性模量由大到小分别是 CJ3、CS、CF3，而图 5.19(b)中相对动弹性模量由大到小分别是 CNJ3、CNS、CNF3；涂抹聚脲涂层混凝土在复合盐溶液中相对动弹性模量的变化过程及原理与在硫酸盐溶液中是一致的。

通过对复合盐溶液中质量损失率、抗压强度损失率以及相对动弹性模量进行分析发现，不管是否涂抹聚脲涂层，掺加 0.9kg/m³ 聚丙烯纤维混凝土性能最好，可以长期有效地抵抗干湿、冻融以及复合盐侵蚀的作用。

4. 涂抹聚脲涂层混凝土表观变化

由于涂抹聚脲涂层混凝土在大循环过程中各个耐久性评价指标的变化与混凝

土表面聚脲关系很大，将五次大循环后不同侵蚀溶液下涂抹聚脲涂层混凝土在大循环过程中的表观变化(图 5.20)进行简单分析。

(a) 清水

(b) 5%Na$_2$SO$_4$溶液

(c) 5%复合盐溶液

图 5.20　涂抹聚脲涂层混凝土五次大循环后的表观现状

聚脲作为有机材料，可以很好地阻止水分进入以及盐离子侵蚀造成的膨胀和收缩破坏，进而起到保护混凝土的作用，但是在恶劣的环境下，聚脲涂层也会被外界侵蚀破坏。从图 5.20 可以看到，五次大循环后，在清水中的聚脲涂层混凝土完整性比较高，而在盐溶液中侵蚀就比较严重，特别是在 5%复合盐溶液中，部分混凝土表面聚脲被侵蚀脱落，混凝土失去聚脲保护后，被盐溶液侵蚀出现骨料外露的现象，从不同侵蚀溶液下混凝土的表观变化可以看到，聚脲涂层混凝土侵蚀性由强到弱分别是 5%复合盐溶液、5%Na$_2$SO$_4$ 溶液、清水。通过对不同外加剂进行对比发现，NF3 和 NS 被侵蚀得都很严重，而 NJ3 表面聚脲涂层几乎不受影响。

从不同侵蚀溶液的比较可以发现，在清水中，混凝土的破坏只受到干湿和冻融的作用，而仅在干湿与冻融作用下，混凝土可以完成八次大循环，在这个过程中，AF2 和 ANF3 抵抗干湿和冻融作用最好，因此在仅受到干湿循环以及冻融循环的西北干寒地区，宜选用掺加粉煤灰混凝土。但在有盐离子侵蚀时，混凝土的破坏同时受到干湿、冻融及盐侵的作用，此时混凝土的破坏非常严重，未涂抹聚脲涂层混凝土基本上均在五次大循环后达到破坏；而涂抹聚脲涂层混凝土在5%Na$_2$SO$_4$溶液中除 BNJ3 系列外，均在六次大循环后达到破坏，在 5%复合盐溶液中也是除 CNJ3 系列外，在第五次大循环后就达到破坏，说明涂抹聚脲涂层混凝土中，复合盐对于聚脲涂层的侵蚀作用要大于硫酸盐的作用；并且发现聚丙烯纤维和聚脲涂层的结合可以有效抵抗盐类侵蚀的作用，因此在盐离子浓度高、对工程质量要求严的地区，宜在混凝土中掺入聚丙烯纤维并涂抹聚脲涂层来进行防控。

第6章 渡槽运行期槽身结构安全评价

6.1 渡槽运行期槽身结构受力情况及安全评价的相关理论

6.1.1 渡槽运行期槽身受力情况分析

1. 西北地区渡槽运行期槽身影响因素

1)西北地区环境特点

西北地区大致分布于我国大兴安岭以西,昆仑山—阿尔金山、祁连山以北,包括内蒙古、新疆、宁夏和甘肃西北部。

西北地区深居内陆,距海遥远,再加上高原、山地地形较高对湿润气流的阻挡,导致该地区降水稀少,气候干旱。西部地区仅东南部少数地区为温带季风性气候,其他大部分地区为温带大陆性气候和高寒气候,冬季严寒而干燥,夏季高温,降水稀少,自东向西呈递减趋势。由于气候干旱,气温的日较差和年较差都很大。

2)相关因素的确定

由于西北地区环境情况,形成大风、温差、土体盐碱化及土体冻胀较为突出的特点。渡槽槽身主要受到横向风荷载、水流荷载及温度应力的影响,从而建立横风-水流-温度三项因素分析方法。

结合西北地区环境特点,分别确定横风、水流及温度对渡槽槽身产生的荷载情况。

(1)横向风荷载的确定。

横向风荷载的计算公式为

$$W_k = \beta_z \mu_s \mu_z \omega_0 \tag{6.1}$$

式中,W_k 为横向风荷载标准值,kN/m^2;β_z 为高度 z 处的风振系数;μ_s 为风荷载体型系数;μ_z 为风压高度变化系数;ω_0 为基本风压,kN/m^2。

(2)水流荷载的确定。

渡槽输水期间,水流稳定进入槽身并平稳流淌,因此水流荷载为水流对槽身作用的静水压力,计算方法为

$$F = \frac{1}{2}PS \tag{6.2}$$

式中,P 为静水压强,$P = \rho g h$;S 为槽身接触面的面积。

(3)温度应力的确定。

渡槽槽身形状一般为细长等截面结构，温度沿槽体纵向的分布基本接近，因此忽略槽体纵向温差的影响，在其横断面上热传导可简化为沿竖向和横向两个方向进行，即将三维温度场简化为平面问题$(\partial T / \partial z = 0)$，其传热方程为

$$\frac{\partial T}{\partial t} = \alpha\left(\frac{\partial^2 T}{\partial^2 x} + \frac{\partial^2 T}{\partial^2 y}\right) + \frac{\partial \theta}{\partial t} \tag{6.3}$$

式中，α为混凝土导温系数，$\alpha = \dfrac{\lambda}{c\rho}$，$\lambda$为混凝土导热系数，$c$为混凝土的比热容，$\rho$为混凝土的密度；$\theta$为混凝土绝热温升。

处于运行期的渡槽水化热温升基本散失完毕，此时$\dfrac{\partial \theta}{\partial t} = 0$，故传热方程为

$$\frac{\partial T}{\partial t} = \alpha\left(\frac{\partial^2 T}{\partial^2 x} + \frac{\partial^2 T}{\partial^2 y}\right) \tag{6.4}$$

2. 西北地区渡槽运行期槽身受力情况分析

针对上述建立的横风-水流-温度三项影响因素，考虑槽身在自身重力作用下受其因素的影响，采用 ABAQUS 有限元软件建立矩形、U 形槽身实体模型，进行横向风荷载、水流荷载和温度应力影响下的受力分析。

1)矩形渡槽槽身受力情况分析

对建立的矩形槽身模型添加荷载并划分网格，如图 6.1 和图 6.2 所示。

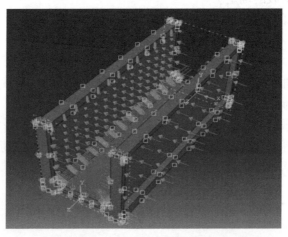

图 6.1　矩形槽身荷载分布

图 6.2　矩形槽身模型网格划分

在温度变化情况下，矩形槽身受横向风荷载、水流荷载及两者共同作用下的应力云图如图 6.3～图 6.5 所示。

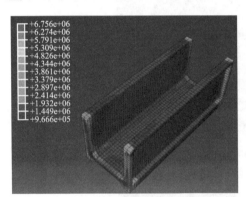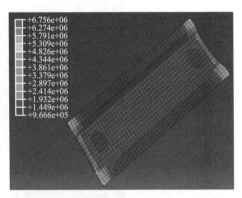

图 6.3　横向风荷载作用下矩形槽身应力云图(单位：Pa)

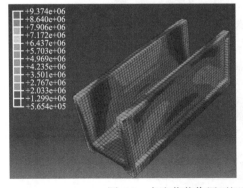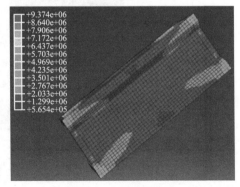

图 6.4　水流荷载作用下矩形槽身应力云图(单位：Pa)

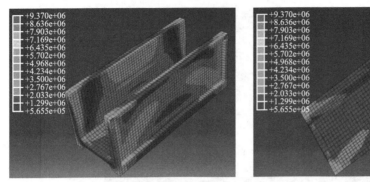

图 6.5　横向风荷载及水流荷载耦合作用下矩形槽身应力云图(单位：Pa)

2)U 形渡槽槽身受力情况分析

对建立的 U 形槽身模型添加荷载并划分网格，如图 6.6 和图 6.7 所示。

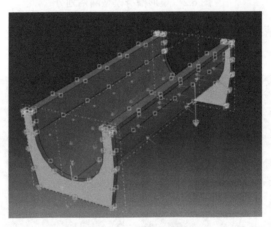

图 6.6　U 形槽身荷载分布

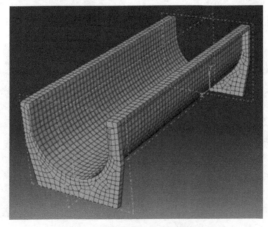

图 6.7　U 形槽身模型网格划分

　　在温度变化情况下，U 形槽身受横向风荷载、水流荷载及两者共同作用下的应力云图如图 6.8～图 6.10 所示。

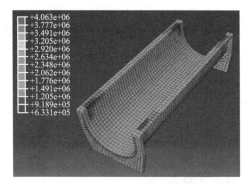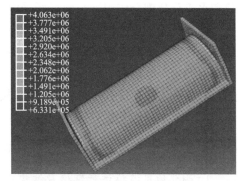

图 6.8　横向风荷载作用下 U 形槽身应力云图（单位：Pa）

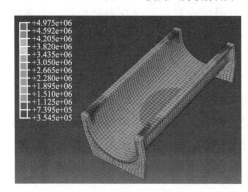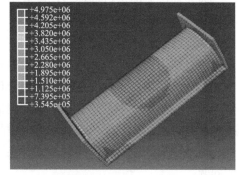

图 6.9　水流荷载作用下 U 形槽身应力云图（单位：Pa）

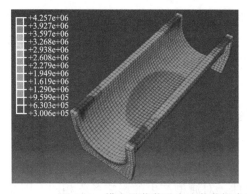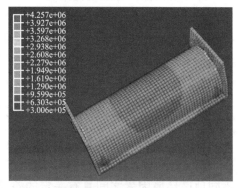

图 6.10　横向风荷载及水流荷载耦合作用下 U 形槽身应力云图（单位：Pa）

　　通过对矩形槽身和 U 形槽身进行受力分析，可以发现两者受力情况大致相似，均在槽身两端应力最大，槽身中部应力较小。横向风荷载作用于槽身应力最小，水流荷载作用于槽身应力最大，横向风荷载和水流荷载耦合作用于槽身应力居中。

在横向风荷载作用下，矩形槽身应力分布比 U 形槽身相对均匀，变化不大；在水流荷载作用下，U 形槽身应力分布比矩形槽身相对均匀，变化不大；在横向风荷载和水流荷载耦合作用下，两者所受应力分布与水流荷载作用下基本一致。

综上所述，矩形槽身承受横向风荷载效果最好，U 形槽身承受水流荷载效果最好。横向风荷载和水流荷载对西北地区渡槽运行期槽身结构的影响在混凝土承受应力的安全范围内，槽身结构安全。西北地区渡槽运行期槽身结构安全性问题的影响主要为运行过程中槽身耐久性问题、槽身适用性问题、地基变形影响问题、地质灾害影响问题及管理机制问题。

6.1.2　渡槽运行期槽身结构安全评价的特点及原则

1. 西北地区渡槽运行期槽身结构安全评价的特点

西北地区渡槽运行期槽身结构安全评价是结合自身和外在而形成的一个多指标特征参数的综合评价体系。

1) 定性因素与定量因素相结合

槽身结构安全评价的过程中涉及因素多，是复杂且有一定矛盾性的定性与定量相结合的系统。定性的系统主要为管理机制系统，包括运行安全监测体系及维修养护，安全监测体系是通过人为监测槽身各情况数据来保障槽身安全，维修养护是通过日常巡查、维护管理来保障槽身安全。定量的系统主要为耐久性、适用性、地基变形及地震灾害问题，即外在因素作用于槽身从而产生的影响槽身安全的问题。

2) 评价指标分等级量化难度大

由于渡槽槽身结构安全评价是一个涉及多指标特征参数的复杂系统，有些指标的量化可从相关规范、技术规程、相关文献中查询，此过程需要大量的资料搜集和积累作基础，但仍存在一些定性指标的定量化分析缺乏标准，需要借助专家经验进行定量判定。

2. 西北地区渡槽运行期槽身结构安全评价的原则

1) 遵循国家、地方和部门的有关方针、政策及法规

西北地区输水工程线路长、范围广，地形地质复杂，产生的安全问题较多，不同地区环境因素之间具有一定的差异性，对渡槽产生的影响各不相同，因此在进行槽身结构安全性评价时，要认真贯彻国家、地方以及流域机构与项目有关的法律、法规、方针、政策等，确保渡槽的安全运行，更好地服务社会。

2) 以人为中心

在渡槽安全运行阶段要充分考虑人的作用，也是保障渡槽运行安全的重要因

素。针对西北地区渡槽运行期槽身结构安全评价，通过与管理人员、工程评价人员咨询，总结问题与经验，确保工程目标的实现。

3）实事求是和可比性

西北地区渡槽运行期槽身结构安全评价应从实际出发，依据本地区渡槽存在的问题采用科学的方法建立合理的评价指标体系。该评价指标体系能在西北地区各有关项目工程中进行评价应用，使不同工程的评价结果具有一定的可比性。

6.1.3　权重的确定方法

权重反映了各指标对目标影响的重要性大小，突出了各指标影响目标结果的程度，而各指标权重的计算是评价过程中的重要一环，因此采用科学恰当的权重计算方法对评价结果的准确性至关重要。目前，在权重计算的方法中，主观赋权法和客观赋权法是最为常用的方法。

1. 主观赋权法

常见的主观赋权法有德尔菲法、层次分析法和 G1 法等。主观赋权法主要是相关领域专家将经验和理论相结合的赋权方法，具有对结果判断的主观意志。

2. 客观赋权法

常见的客观赋权法有主成分分析法、熵权法、标准离差法和变异系数法等。客观赋权法是以实际数据为基础、数学计算方法为依据得到最终的权重比值，所得结果客观，但往往对数据依赖性强，忽略主观意愿，有时会得出与实际情况不符的现象。

3. 组合赋权法

主观赋权法和客观赋权法均各有利弊，若只用其中一种赋权法可能会使计算的指标权重值与实际值存在较大偏差。因此，为了使计算的指标权重值更加合理准确，采取将两种赋权方法相结合的理论方法，首先对评价指标分别进行主观和客观权重的计算，其次对计算得到的主观和客观权重采用有关组合方式进行去差异化处理，最后利用该处理方法计算得到各指标的最终权重。综合双方优点，为指标权重的确定方法奠定理论基础。

1）归一化赋权法

设各指标的主观权重为 v_i，客观权重为 μ_i，则组合权重为

$$w_i = \frac{v_i \mu_i}{\sum_{i=1}^{n} v_i \mu_i} \tag{6.5}$$

2）线性加权组合权重赋权法

设各指标的主观权重为 v_i，客观权重为 μ_i，则组合权重为

$$w_i = \theta v_i + (1-\theta)\mu_i, \quad 0 < \theta < 1 \tag{6.6}$$

3）博弈论组合权重赋权法

（1）向量间线性组合。

为了使得到的权重更加贴合实际，采用 L 种不同的方法对各指标进行赋权，记各指标权重集为 $u_k = \{u_{k1}, u_{k2}, \cdots, u_{km}\}\,(k=1,2,\cdots,L)$，则组合权重 u 为 L 个不同向量之间的任意线性组合：

$$u = \sum_{k=1}^{L} \alpha_k u_k^{\mathrm{T}}, \quad \alpha_k > 0 \tag{6.7}$$

式中，α_k 为线性组合系数。

（2）对策模型的建立。

基于博弈论思想，L 种不同计算方法所得权重向量之间相互博弈，使 u 与各个 u_k 之间的离差结果极小化，计算在最优状态下的线性组合系数 α_k，以此得到最满意的一组综合权重值，由此可得对策模型为

$$\min \left\| \sum_{j=1}^{L} \alpha_j u_j^{\mathrm{T}} - u_i \right\|_2, \quad i=1,2,\cdots,L \tag{6.8}$$

按照矩阵的微分性质，计算式（6.8）的最优化一阶导数，可转化为

$$\begin{bmatrix} u_1 \cdot u_1^{\mathrm{T}} & u_1 \cdot u_2^{\mathrm{T}} & \cdots & u_1 \cdot u_L^{\mathrm{T}} \\ u_2 \cdot u_1^{\mathrm{T}} & u_2 \cdot u_2^{\mathrm{T}} & \cdots & u_2 \cdot u_L^{\mathrm{T}} \\ \vdots & \vdots & & \vdots \\ u_L \cdot u_1^{\mathrm{T}} & u_L \cdot u_2^{\mathrm{T}} & \cdots & u_L \cdot u_L^{\mathrm{T}} \end{bmatrix} \begin{bmatrix} \alpha_1 \\ \alpha_2 \\ \vdots \\ \alpha_l \end{bmatrix} = \begin{bmatrix} u_1 \cdot u_1^{\mathrm{T}} \\ u_2 \cdot u_2^{\mathrm{T}} \\ \vdots \\ u_L \cdot u_L^{\mathrm{T}} \end{bmatrix} \tag{6.9}$$

（3）计算综合权重。

运用 MATLAB 计算求得 α_k，然后将得到的结果进行归一化处理，即

$$\alpha_k^* = \frac{\alpha_k}{\sum\limits_{k=1}^{L} \alpha_k} \tag{6.10}$$

得到指标综合权重为

$$u^* = \sum_{k=1}^{L} \alpha_k^* u_k^{\mathrm{T}} \tag{6.11}$$

4)改进 G1 混合交叉赋权法

(1)确定各指标间的序关系。

(2)计算各指标的变异系数 C_k。

$$\sigma_k = \sqrt{\sum_{i=1}^{n} \left(X_{ki} - \overline{X_k} \right)^2 \Big/ n}, \quad k=1,2,\cdots,m \tag{6.12}$$

$$C_k = \sigma_k / \overline{X_k} \tag{6.13}$$

(3)确定相邻指标重要程度比值 r_k。

$$r_k = \begin{cases} \dfrac{C_{k-1}}{C_k}, & C_{k-1} \geqslant C_k \\ 1, & C_{k-1} < C_k \end{cases} \tag{6.14}$$

(4)根据上述确定的重要程度比值,计算第 m 个评价指标的权重 w_m。

$$w_m = \left(1 + \sum_{k=2}^{m} \prod_{i=k}^{m} r_i \right)^{-1} \tag{6.15}$$

(5)依次计算第 $m-1, m-2, \cdots, 2, 1$ 个指标的权重。

$$w_{k-1} = r_k w_k, \quad k = m, m-1, \cdots, 3, 2 \tag{6.16}$$

(6)重复上述指标层对准则层的权重确定步骤,进行准则层对目标层的权重确定,最终确定指标对总目标的权重。

$$w_{kj}^* = w_{kj} \varphi_j \tag{6.17}$$

式中, w_{kj}^* 为第 j 准则层中第 k 个指标关于总目标的权重; w_{kj} 为第 j 准则层中第 k 个指标关于第 j 准则层的权重; φ_j 为第 j 准则层对总目标的权重。

综上所述,G1 法简便、直观、便于应用,比层次分析法计算简单,没有德尔菲法受专家情绪影响大,该方法对评价指标的个数没有具体的要求且各指标间保持一定的重要性关系。变异系数法是通过指标当前情况和目标要求之间的变化程度来对各指标进行权重计算，有效避免了主成分分析法带来的评价信息不完全问题、熵权法特殊约定的局限性和标准离差法对指标数据期望值要求多的弊端，使得评价结果与实际情况更加相近。组合赋权法在进行指标权重计算时不但反映了专家和决策者对该指标的主观判断，同时也反映了各指标的实际情况，但是这种权重计算方法并不是最为准确的有效组合形式，因为线性组合中两者之间组合系数的选取存在一定的主观性，缺乏客观约束，导致最终权重的确定存在一定的偏差；在此基础上将 G1 法和变异系数法相结合，利用变异系数法计算的具有序关系指标间变异系数之比确定相邻指标间的重要程度比值来代替 G1 法中人为主观确定相邻指标间重要程度比值的方法，使得主观赋权法与客观赋权法有效进行组合，构造更加客观的赋权方法。

6.1.4　评价模型的优选

西北地区渡槽运行期多种因素相互作用、相互影响，各因素间也存在一定的矛盾。随着时间的推移，渡槽槽身出现老化现象，伴随着各种病害的出现，其安全性存在一定的不确定性。材料老化带来的一系列病害是不可避免的，考虑各病害间共存问题，以和谐理论为出发点，采用和谐理论的定量表示方法——和谐度方程作为西北地区渡槽运行期槽身结构安全评价模型，主要利用和谐的思想，通过建立事物多指标特征参数的评价模型并以定量的数值表示评定结果。和谐度方程计算结果既具有一定的模糊性，又能较完整反映评价事物的综合水平，其计算方便，便于实际操作。

6.2　渡槽运行期槽身结构安全评价指标体系及评价标准

6.2.1　指标体系构建的基础理论

1. 指标选择的一般要求

指标的选取要以构建指标体系的一般要求为基础，选取符合西北地区输水工程中渡槽槽身结构安全特征的指标，要求如下：

(1)具有科学依据。

(2)方便获取。

(3)便于量化分析。

(4)能准确反映事物特性及发展状态。

(5)可建立用于比较的标准或目标值。

一般情况下，选取的指标很少能同时满足上述要求，但要尽量平衡，以求可以互补。

2. 指标建立的基本原则

1) 全面性原则

西北地区渡槽运行期槽身结构安全评价指标体系应尽可能考虑到每个影响槽身结构安全的因素，具有广泛的覆盖性。

2) 简明性原则

从整体角度来看，西北地区渡槽运行期槽身结构安全评价指标体系结构框架应简单明了，能清晰地区别所划分的准则与层级关系。

3) 相关性原则

为使西北地区渡槽运行期槽身结构安全评价指标体系具有整体性，指标间应存在一定的联系，具有一定的相关性。

4) 实用性原则

西北地区渡槽运行期槽身结构安全评价指标体系的建立是为保障渡槽槽身结构安全服务的，因而所选取的评价指标应具有实用性，应能够在实际情况中对渡槽槽身结构安全性产生一定的影响，与槽身结构安全无关或影响不大的因素要舍去，同时应易于取得且可操作性强。

5) 层次性原则

西北地区渡槽运行期槽身结构安全评价指标体系应能反映不同层次指标的内在结构与关键问题，有利于指标间的纵向分析与横向比较，为快速发现问题、及时制定解决措施提供参考。

3. 指标获取的途径

(1) 为了使所选取的指标具有参考性和实用性，从国内外渡槽结构安全管理中的相关经验来获取安全性评价指标。

(2) 渡槽作为引调水渠系工程中的重要组成部分，可借鉴有关科研工作者对引调水渠系工程安全管理中的相关评价指标，该指标是经过长期的科学论证、分析建立的，具有重要的作用。

(3) 针对西北地区渡槽运行期槽身结构相关问题，结合《水工建筑物抗冰冻设计规范》(SL 211—2006)、《渠系工程抗冻胀设计规范》(SL 23—2006)、《水工混凝土建筑物缺陷检测和评估技术规程》(DL/T 5251—2010)、《灌溉与排水渠系建筑物设计规范》(SL 482—2011)对西北地区渡槽运行期槽身结构安全情况进行分析，得出部分评价指标。

6.2.2　渡槽运行期槽身结构安全评价指标体系的构建

1. 影响渡槽运行期槽身结构安全的因素分析

结合 6.1 节对渡槽槽身的受力分析、国内外输水工程中渡槽槽身的安全性问题和专家学者的研究表明,影响渡槽槽身结构安全性的主要因素为混凝土材料老化所产生的相关耐久性问题、渡槽的地基变形问题、所在地区的地质灾害问题和渡槽运行管理机制问题(不考虑不可抗力因素),这些问题会对渡槽槽身结构安全性产生一定的影响。

以国内外渡槽安全管理积攒的经验及有关渡槽结构安全性研究文献为基础,对渡槽槽身结构安全性的影响因素深入分析,确定西北地区渡槽运行期槽身结构安全评价的主要影响因素。

1)混凝土裂缝

混凝土裂缝是渡槽结构最普遍的一种病害问题,裂缝主要有以下两种:①结构性裂缝(又称受力裂缝),由承载能力不足产生;②非结构性裂缝,主要由变形产生。可以明显观察到不同情况产生的裂缝特征也具有一定差别,主要表现在裂缝分布、扩展程度及结构受损程度不同。裂缝开裂严重将破坏槽身结构整体性,降低槽身承载能力,影响渡槽正常运行,甚至因丧失承载能力而毁损。同时,渡槽裂缝会导致其他病害的发生、发展,如环境水侵蚀、渗漏溶蚀、冻融破坏、混凝土碳化和钢筋锈蚀等,以上病害与裂缝病害恶性循环,会对渡槽槽身耐久性产生较大危害。

2)混凝土碳化

混凝土碳化是混凝土受外在环境影响发生的一种化学腐蚀,即空气中二氧化碳通过硬化混凝土细孔进入混凝土内部与自身碱性物质氢氧化钙发生化学反应生成碳酸钙和水,使混凝土碱性降低的过程。混凝土碳化会使渡槽槽身内部钢筋发生锈蚀,从而降低槽身承载力。

3)混凝土剥蚀

混凝土剥蚀破坏是一个由表及里、由浅到深的破坏过程,引起的因素主要有:水流冲刷;混凝土质量差受外在环境影响产生的剥蚀现象;气温变化出现冻融情况;混凝土碳化;侵蚀性介质作用。

4)钢筋锈蚀

钢筋锈蚀是由外部混凝土发生破坏致使外部侵蚀性介质渗入混凝土内部导致自身所含有的硫酸盐及氯离子与其产生作用或应力腐蚀所导致的一种病害形式。钢筋锈蚀将会对槽身结构性能产生如下危害:钢筋与混凝土间黏结力降低引起的黏结破坏;钢筋有效截面面积减小引起的钢筋承载力降低;钢筋锈蚀后体积发生膨胀引起的混凝土开裂、剥落等现象,从而造成结构承载力的降低。

5)渗漏

槽身发生渗漏现象,将会造成槽身输水水量的损失,进而产生或加速混凝土溶蚀、侵蚀、钢筋锈蚀等病害,加速槽身老化,影响输水过程中的安全性和经济性。

6)相对使用寿命

相对使用寿命是判断槽身耐久性的有效指标,通过槽身已经使用的年限与设计使用年限的比值判断槽身当前安全情况,比值越大,说明已使用的时间越长,材料、构件的老化程度越高。

7)结构承载力

渡槽运行期槽身结构承载力指标对评价槽身结构是否安全具有重要作用,通过结构承载力分析确定槽身当前进行输水是否具有安全隐患,从而评判槽身安全。

8)结构稳定性

结构稳定性包括结构的整体稳定(如不倾覆、滑移等)和稳定程度(如保持几何稳定和弹性稳定等),由抗滑和抗倾稳定性指标综合体现。渡槽运行期槽身结构稳定性指标与槽身结构承载力一样具有重要作用,通过结构稳定性分析确定槽身当前进行输水是否具有安全隐患,从而达到槽身安全的评判。

9)过水情况

渡槽过水能力是输水建筑物适用性评估的一项综合指标,能较为直观地反映水压力对槽身的影响,从而分析槽身安全性。

10)地基不均匀沉降

地基不均匀沉降导致渡槽槽身产生纵向的错位或拉裂,影响渡槽槽身正常输水。

11)进出口段渗漏及沉降

在渡槽建造的过程中,有些渡槽的槽身与明渠进出口连接段修建于填方基础上,如果填土的质量没有控制好,部分未采取有效防渗或排水措施,输水可能会产生渗流,容易导致槽身在连接段发生错动,影响槽身安全。

12)土体冻胀影响

西北地区大约 11 月进入冰冻期,并持续 5 个月左右的时间,最大冻土深度可达 1.5m。冻土会引起基础上移,使槽身纵向产生高低不齐的形状,将会导致结构间止水失效,发生漏水情况。

13)滑坡

西北地区地势崎岖不平,山体较多,其输水工程中渡槽多建造在两面山体处,连接明渠进行输水作用。由于西北地区自然环境对山体的影响因素较多,可能使山体产生滑坡等地质灾害,造成渡槽槽身倾斜或者开裂。

14)泥石流

泥石流主要发生在山区或者其他沟谷深壑、地形险峻的地区,由于自然灾害引发山体滑坡并带有大量泥沙及石块，可能引起槽身倾斜或者裂缝等，严重时使整体结构发生破坏。

15) 维修养护

渡槽建成运行后，受地质环境影响，槽身可能出现混凝土裂缝、冻胀破坏、渗漏等一系列病害，因此运行期的维修养护将成为主要工作。维修是指当渡槽槽身发生损坏，性能下降以致失效时，使其恢复到原设计标准或使用功能所采取的各种修补、处理、加固等措施。养护是指为保证渡槽槽身的正常使用而进行的保养和防护措施。为有效保障工程设施正常运行，要加强对其日常养护和维修工作，减少相应故障的发生，为渡槽槽身健康稳定运行提供借鉴和帮助。

16) 安全监测体系

安全监测体系包括工程监测、水质监测及相应的监测制度，科学完善的安全监测体系是渡槽槽身安全的有效保障。

2. 评价指标体系的构建

从耐久性、适用性、地基变形、地质灾害和管理机制五个方面构建西北地区渡槽运行期槽身结构安全评价指标体系，如图 6.11 所示。

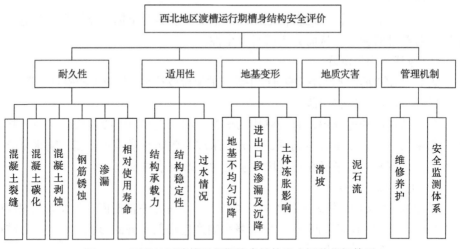

图 6.11　西北地区渡槽运行期槽身结构安全评价指标体系

3. 评价等级标准的确定

1) 评价等级标准确定的依据

(1) 采用国家相关规范、技术规程的评价标准值。

依据《水闸安全鉴定管理办法》(水建管〔2008〕214 号文件)、《水利水电工程施工质量检验与评定规程》(SL 176—2007)、《灌溉与排水渠系建筑物设计规范》(SL 482—2011)、《水工建筑物抗冰冻设计规范》(SL 211—2006)、《渠系工程抗冻胀设计规范》(SL 23—2006)、《渠道防渗衬砌工程技术标准》(GB/T 50600—2020)、《水工混凝土建筑物缺陷检测和评估技术规程》(DL/T 5251—2010)对渡槽运行期槽身结构安全等级和混凝土裂缝、混凝土碳化、钢筋锈蚀、渗漏及土体冻胀影响指标内容按规范分等级,具有科学可靠性。

(2)采用相关研究书籍的评价标准值。

借鉴《南水北调东中线运行工程风险管理研究》对维修养护、安全监测等进行等级划分,为西北地区渡槽运行期槽身结构安全评价指标的等级划分提供参考依据。

(3)采用相关输水工程安全监测指标的评价标准值。

渡槽作为引调水工程的重要组成部分,借鉴其中某些指标的等级划分。

(4)采用专家经验或相关文献的评价标准值。

根据国内外输水工程运行管理积攒的经验和广大专家及科研工作者针对影响渡槽运行期槽身结构安全评价的耐久性、适用性、地基变形、地质灾害及管理机制中部分没有统一标准的指标的研究,选取与该指标相适应的等级划分。

综上所述,在确定西北地区渡槽运行期槽身结构安全评价指标体系中各指标的标准值时,以渡槽运行期槽身结构存在的问题为导向,评价指标的等级划分标准优先选择国家相关规范、技术规程及相关研究书籍的评价标准值。在缺乏以上标准时,以专家经验的评价标准值或者较高水平文献的评价标准值作为参考。

2)评价等级划分标准

参考我国现行规范《水利水电工程施工质量检验与评定规程》(SL 176—2007)和《水工混凝土建筑物缺陷检测和评估技术规程》(DL/T 5251—2010)及现有研究文献,将渡槽槽身结构安全分为Ⅰ级(安全)、Ⅱ级(基本安全)、Ⅲ级(不安全)和Ⅳ级(极不安全)4个等级,具体分类情况如表6.1所示。

表 6.1　西北地区渡槽运行期槽身结构安全评价等级分类

安全等级划分	槽身情况
Ⅰ级(安全)	渡槽运行期槽身满足设计要求,无影响正常运行的缺陷,按常规维修养护即可保证槽身正常输水
Ⅱ级(基本安全)	渡槽运行期槽身基本满足设计要求,槽身存在一定损坏,经维修后,可保证槽身正常输水
Ⅲ级(不安全)	渡槽运行期槽不能满足设计标准,槽身存在严重损坏,经除险加固后,可保证槽身正常输水
Ⅳ(极不安全)	渡槽运行期槽身无法满足设计标准,槽身存在严重安全问题,经除险加固后,需降低标准进行输水或报废重建

影响渡槽运行期槽身结构安全的评价指标都有不同的量纲,为了便于比较,对定量、定性指标对照安全等级进行划分,其中定性指标采用赋值等方法量化处理,具体划分情况如下。

(1)耐久性指标的安全等级划分。

①混凝土裂缝。

混凝土裂缝又可按深度分为表层、深层和贯穿裂缝。产生混凝土裂缝的原因非常复杂,与材料、施工、使用与环境、结构与荷载等均有关,参考相关文献,裂缝深度计算公式为

$$h = -\xi\lambda \ln \hat{x} \tag{6.18}$$

$$\lambda \approx 2t_c C_R \tag{6.19}$$

$$\hat{x} = x - n \tag{6.20}$$

式中,h 为裂缝深度;ξ 为常数,宜通过标定得出;$\hat{x}$ 为修正后振幅比;λ 为激发面波波长;t_c 为冲击时间,s;C_R 为混凝土面波波速,m/s,估算时可取 2000m/s;n 为钢筋率;x 为振幅比。

依据文献的评价标准值,混凝土裂缝分级标准如表 6.2 所示。

表 6.2　混凝土裂缝分级标准

等级	Ⅰ	Ⅱ	Ⅲ	Ⅳ
分级标准	龟裂或细微裂缝, $\delta < 0.2mm$, $h \leqslant 30cm$	表面或浅层裂缝, $0.2mm < \delta \leqslant 0.3mm$, $30cm < h \leqslant 100cm$	深层裂缝, $0.3mm < \delta \leqslant 0.4mm$, $100cm < h \leqslant 200cm$	贯穿裂缝, $\delta > 0.4mm$, $h > 200cm$

注:δ 为裂缝宽度,h 为裂缝深度。

②混凝土碳化。

混凝土碳化分级标准如表 6.3 所示。

表 6.3　混凝土碳化分级标准

等级	Ⅰ	Ⅱ	Ⅲ	Ⅳ
混凝土碳化深度 H/mm	$H < t/2$	$t/2 < H < 3t/4$	$3t/4 < H \leqslant t$	$H > t$

注:t 为钢筋保护层厚度,按照《混凝土结构设计规范》(GB 50010—2010),结合环境情况,取 $t=25mm$。

③混凝土剥蚀。

混凝土剥蚀破坏是一个由表及里、由浅到深的破坏过程,其分级标准如表 6.4 所示。

表 6.4　混凝土剥蚀分级标准

等级	I	II	III	IV
混凝土剥蚀程度	轻微剥蚀	明显剥蚀，局部骨料外露	中度剥蚀，局部骨料脱落	严重剥蚀，混凝土骨料外露，磨损面连成一片，钢筋外露

④钢筋锈蚀。

钢筋锈蚀是由外部混凝土发生破坏导致外在侵蚀性介质渗入与混凝土自身中含有的硫酸盐及氯离子作用和应力腐蚀引起的一种病害情况，对结构的承重能力和稳定性带来一定程度的损害。钢筋锈蚀分级标准如表 6.5 所示。

表 6.5　钢筋锈蚀分级标准

等级	I	II	III	IV
分级标准	钢筋保护层完好，钢筋无锈蚀	轻微锈蚀，混凝土保护层厚度完好，钢筋局部出现锈蚀	中度锈蚀，混凝土未出现顺筋开裂剥落，钢筋锈蚀范围较广，截面损失小于 10%	严重锈蚀，钢筋表面大部分或者全部锈蚀，截面损失大于 10%或者承载力失效，或者钢筋出现顺筋开裂破坏

⑤渗漏。

渗漏可分为集中渗漏、裂缝与伸缩缝渗漏及散渗，渗漏分级标准如表 6.6 所示。

表 6.6　渗漏分级标准

等级	I	II	III	IV
渗漏程度	无明显渗漏	轻微渗漏	中度渗漏	严重渗漏

⑥相对使用寿命。

相对使用寿命是已经使用的年限与设计使用年限的比值，比值越大，说明已使用的时间越长，材料、构件老化程度越高。参考相关文献，相对使用寿命的计算公式为

$$相对使用寿命 = T_i/T_c \tag{6.21}$$

式中，T_i 为渡槽已经使用年限；T_c 为渡槽设计使用年限。

相对使用寿命分级标准如表 6.7 所示。

表 6.7　相对使用寿命分级标准

等级	I	II	III	IV
相对使用寿命	0~0.4	0.4~0.7	0.7~0.9	0.9~1.0

(2)适用性指标的安全等级划分。

①结构承载力。

采用结构承载力系数对结构承载力进行分级，结构承载力系数为设计抗拉强度与静荷载下实际抗拉强度之比，参考相关文献，其计算公式为

$$结构承载力系数 = f_设/f_实 \qquad (6.22)$$

式中，$f_设$为设计抗拉强度；$f_实$为静荷载下实际抗拉强度。

结构承载力分级标准如表 6.8 所示。

表 6.8　结构承载力分级标准

等级	I	II	III	IV
结构承载力系数	≥1.2	1～1.2	0.9～1	<0.9

②结构稳定性。

结构稳定性采用稳定安全系数划分，参考相关文献，结构稳定性分级标准如表 6.9 所示。

表 6.9　结构稳定性分级标准

等级	I	II	III	IV
稳定安全系数	≥1.2	1.1～1.2	1.0～1.1	<1.0

③过水情况。

相对过流能力是指渡槽槽身实际渠道过水流量与设计渠道过水流量的比值，表示为

$$相对过水能力 = Q_r/Q_d \qquad (6.23)$$

式中，Q_r为实际渠道过水流量，m^3/s；Q_d为设计渠道过水流量，m^3/s。

结合相关文献对灌区混凝土建筑物相对过水能力的分级标准和对水工建筑物渡槽相对过水能力的分级标准，确定渡槽相对过水能力的分级标准，如表 6.10 所示。

表 6.10　过水情况分级标准

等级	I	II	III	IV
相对过水能力	1	0.95～1	0.9～0.95	<0.9

(3)地基变形指标的安全等级划分。

①地基不均匀沉降。

通过地基不均匀沉降程度来对槽身安全性进行评判，具体分级标准如表 6.11 所示。

表 6.11　地基不均匀沉降分级标准

等级	I	II	III	IV
地基不均匀沉降程度	无明显沉降	轻微沉降	中度沉降	严重沉降

②进出口段渗漏及沉降。

通过槽身进出口段渗漏及沉降程度来对槽身安全性进行评判，具体分级标准如表 6.12 所示。

表 6.12　进出口段渗漏及沉降分级标准

等级	I	II	III	IV
渗漏及沉降程度	无明显渗漏及沉降	轻微渗漏及沉降	中度渗漏及沉降	严重渗漏及沉降

③土体冻胀影响。

通过地基土的冻胀量来对槽身安全性进行评判，参考相关文献，冻胀量计算公式为

$$冻胀量 = h\frac{Z_f}{Z_d} \tag{6.24}$$

式中，h 为工程区域天然冻土层产生的冻胀量，cm；Z_f 为基础下的设计冻深；Z_d 为工程地点的天然设计冻深。

地基土冻胀级别分级标准如表 6.13 所示。

表 6.13　地基土冻胀级别分级标准

等级	I	II	III	IV
冻胀量/cm	0～5	5～12	12～22	>22

(4)地质灾害指标的安全等级划分。

①滑坡。

我国西北地区因为地形构造及自然因素影响，对山体滑坡的产生具有重要影响。滑坡一旦发生，其影响和危害程度极大，可对渡槽造成严重破坏。对已发生的滑坡进行分析，确定以坡度作为山体滑坡严重程度的划分依据，具体分级标准如表 6.14 所示。

表 6.14　山体滑坡分级标准

等级	I	II	III	IV
坡度	<15	15～30	30～45	>45

②泥石流。

泥石流发生的时间规律与集中降雨时间规律一致，具有明显的季节性。泥石流危险等级分级标准如表 6.15 所示。

表 6.15　泥石流危险等级分级标准

等级	I	II	III	IV
危险程度	轻度危险	中度危险	重度危险	极度危险

(5)管理机制指标的安全等级划分。

①维修养护。

以维修养护定义为基础，结合渡槽的特性，渡槽槽身的维修养护主要涉及制度的规范性以及维修加固措施的合理性两方面。维修养护分级标准如表 6.16 所示。

表 6.16　维修养护分级标准

等级	I	II	III	IV
分级标准	养护规范，维修加固措施全面、合理	养护较规范，维修加固措施较全面、合理	养护不规范，对病害局部进行维修加固	未进行养护，病害无维修加固措施

②安全监测体系。

为确保明渠在冬季运行时水量和水质的安全，需制定完善的安全监测体系。工程监测主要涉及渡槽运行期槽身现状分析，如流速、流量、水位、裂缝开度、应力、应变、渗流量等。安全监测体系分级标准如表 6.17 所示。

表 6.17　安全监测体系分级标准

等级	I	II	III	IV
分级标准	有完善的安全监测体系	有较完善的安全监测体系	有初步的安全监测体系	无安全监测体系

6.3　渡槽运行期槽身结构安全评价模型的构建

6.3.1　改进 G1 混合交叉权重的确定

1. G1 赋权法

G1 赋权法是一种方便快捷地进行权重计算的主观方法。在计算评价对象的各指标权重时，专家需对不同指标 x_1 和 x_2 的重要程度进行判断，判断结果可为 $x_1 > x_2$、$x_1 < x_2$ 或 $x_1 \cdot x_2$，分别表示指标 x_1 优于、劣于或无差异于指标 x_2，具体

计算步骤如下。

(1)确定序关系。

设评价对象有 n 个经过一致量纲化的评价指标：$x_1, x_2, x_3, x_4, \cdots, x_n$，相应领域专家依据相关工作经验和一定的规范准则对这些指标的重要程度进行排序并得到唯一一组序关系，设排序的结果为

$$x_1 > x_2 > x_3 > x_4 > \cdots > x_n \tag{6.25}$$

(2)相对重要程度判断。

相邻指标重要程度比值为

$$r_p = \frac{w_{p-1}}{w_p}, \quad p = 2, 3, 4, \cdots, n \tag{6.26}$$

式中，w_{p-1} 为指标 x_{p-1} 的权重；w_p 为指标 x_p 的权重。r_p 值为 1.0、1.2、1.4、1.6 和 1.8，分别表示指标 x_{p-1} 与 x_p 同样重要、稍微重要、明显重要、强烈重要和极端重要。

(3)权重计算。

在理性判断的前提下，若 $x_1, x_2, x_3, x_4, \cdots, x_n$ 指标具有的序关系为 $x_1 > x_2 > x_3 > x_4 > \cdots > x_n$，且 $r_{p-1} > \dfrac{1}{r_p}$ ($p=2, 3, 4, \cdots, n$)，则权重计算公式为

$$w_n = \left(1 + \sum_{p=2}^{n} \prod_{i=p}^{n} r_i\right)^{-1} \tag{6.27}$$

$$w_{p-1} = w_p r_p, \quad p = n, n-1, \cdots, 2 \tag{6.28}$$

同理，可依次计算得到各指标的权重。

2. 改进 G1 混合交叉赋权法

针对 G1 赋权法确定权重的主观性较强、缺乏客观性这一特点，对 G1 赋权法进行改进，从而降低权重确定的主观性，提高权重确定的客观性。改进 G1 混合交叉赋权法是将 G1 赋权法中人为主观确定相邻指标重要程度用各评价指标的变异系数之比确定其重要程度的方法代替，使主观赋权 G1 赋权法和客观赋权变异系数法巧妙地进行有效组合，通过将指标层对准则层确定的权重和准则层对目标层确定的权重进行混合交叉，确定出最终指标对总目标的赋权方法，具体计算步骤见 6.1.3 节。

6.3.2 和谐论理论方法

1. 和谐论简介

左其亭于 2009 年在《和谐论的数学描述方法与应用》中把研究"和谐"行为的理论和方法体系称为和谐论(harmony theory),并进一步定义"和谐论是研究多方参与者共同实现和谐行为的理论和方法"。为了科学合理地表达和谐问题,定量描述和谐程度,和谐论具有以下五个要素:

(1)和谐参与者(harmony participator),就是参与和谐的各方,一般为双方或多方,称为"和谐方",其集合表示为 $H = \{H_1, H_2, \cdots, H_n\}$。

(2)和谐目标(harmony objective),是指和谐参与者为了达到和谐状态所必须满足的要求。

(3)和谐规则(harmony regulation),是指和谐参与者为了实现和谐目标所制定的一切规则或约束。

(4)和谐因素(harmony factor),是指和谐参与者为了达到总体和谐所需要考虑的因素。其集合表示为 $F = \{F^1, F^2, \cdots, F^m\}$,第 p 个和谐因素表示为 F^p,共 m 个和谐因素,$m = 1$ 时称为单因素和谐(single-factor harmony),$m \geqslant 2$ 时称为多因素和谐(multiple-factor harmony)。

(5)和谐行为(harmony action),是指和谐参与者针对和谐因素所采取的具体行为的总称。

2. 和谐度方程

和谐度方程(harmony degree equation,HDE)是定量表达和谐程度的计算方法,其具体表达式如下。

1)单因素和谐度方程

某一单因素(F^p)和谐度方程定义为

$$HD_p = ai - bj \tag{6.29}$$

式中,HD_p 为某一因素 F^p 对应的和谐度(harmony degree),是表达和谐程度的指标,$HD \in [-1, 1]$,HD 值越大,和谐程度越高;a、b 分别为统一度(unity degree)、分歧度(difference degree),a 表示和谐参与者按照和谐规则具有"相同目标"所占的比重,b 表示和谐参与者对照和谐规则和目标存在分歧情况所占的比重,a、$b \in [0, 1]$,且 $a + b \leqslant 1$;i 为和谐系数(harmony coefficient),反映和谐目标的满足程度;j 为不和谐系数(disharmony coefficient),反映和谐参与者对存在分歧现象的重视程度,i、$j \in [0, 1]$。

2) 多因素和谐度方程

$$\text{HD} = \sum_{p=1}^{n} w_p \text{HD}_p \tag{6.30}$$

式中，w_p 为指标权重。

3. 和谐度方程评价方法

和谐度方程评价方法通过计算和谐度大小作为综合评价值来确定分类等级评价结果，具体评价步骤如下。

(1) 确定评价指标和标准。

根据评价目的，遵循系统性、科学性、可比性、可测性和独立性原则，选取评价指标，从而构造评价指标集合 X，表示为 $X = \{x_1, x_2, \cdots, x_n\}$，$n$ 为评价指标的个数。对选取的评价指标进行等级划分，从而构造评价等级标准集合 Y，表示为 $Y = \{y_1, y_2, \cdots, y_m\}$，$m$ 为评价等级标准的个数。以 $Z(x_k, y_p)$ 来表示第 k 个评价指标所对应的第 p 个评价等级标准的取值范围，具体形式如表 6.18 所示。

表 6.18　n 个评价指标所对应的 m 个评价等级标准

指标	评价等级标准				
	y_1	y_2	y_3	$\cdots$	y_m
x_1	$Z = (x_1, y_1)$	$Z = (x_1, y_2)$	$Z = (x_1, y_3)$	$\cdots$	$Z = (x_1, y_m)$
x_2	$Z = (x_2, y_1)$	$Z = (x_2, y_2)$	$Z = (x_2, y_3)$	$\cdots$	$Z = (x_2, y_m)$
x_3	$Z = (x_3, y_1)$	$Z = (x_3, y_2)$	$Z = (x_3, y_3)$	$\cdots$	$Z = (x_3, y_m)$
$\vdots$	$\vdots$	$\vdots$	$\vdots$	$\cdots$	$\vdots$
x_n	$Z = (x_n, y_1)$	$Z = (x_n, y_2)$	$Z = (x_n, y_3)$	$\cdots$	$Z = (x_n, y_m)$

(2) 确定评价指标权重。

指标权重的大小是反映各指标对总评价目标的影响程度，其值越大表示越重要，通过计算方法确定出权重向量 $W = (w_1 \ w_2 \cdots w_n)$，$n$ 为评价指标的个数，$\sum_{i=1}^{n} w_i = 1$。

(3) 判断单指标的等级或评价隶属度值。

根据针对评价对象建立的评价指标集合 $X = \{x_1, x_2, \cdots, x_n\}$（$n$ 为评价指标的个数），逐个选取 X 中的各指标值，对照表 6.18 中各个指标所在的等级范围标准进行类别隶属度划分。如果该指标处于其所对应的某个评价等级标准范围内，则在该处标记为 1（表明此指标完全隶属于该类评价等级），同时劣于该评价等级的所有等级同样标记为1(说明该指标同样满足比其低的评价等级);反之,均标记为0。以此类推,直到所有指标值所对应的评价等级的类别隶属度均划分完成,此时会得到一个由0和1组成的n行m列隶属度矩阵A,记作

$$A = \begin{bmatrix} A_{11} & A_{12} & \cdots & A_{1m} \\ A_{21} & A_{22} & \cdots & A_{2m} \\ \vdots & \vdots & & \vdots \\ A_{n1} & A_{n2} & \cdots & A_{nm} \end{bmatrix} \tag{6.31}$$

(4)计算属于不同等级的HD大小。

由和谐度方程定义可知,上述建立的隶属度矩阵A中的隶属度值即为不同评价等级的统一度值a,再根据具体情况对和谐度方程中的和谐系数i、不和谐系数j进行确定,从而确定各指标对应于各等级的和谐度值。利用多因素和谐度方程将评价对象分属于不同评价等级的子和谐度值进行综合,得到评价对象分属于不同评价等级的综合和谐度,进而构成HD向量:$(\text{HD}_{y_1} \ \text{HD}_{y_2} \cdots \text{HD}_{y_p} \cdots \text{HD}_{y_m})$。

(5)判断评价结果及合理性分析。

通过上述计算步骤,可以确定HD向量中的数值满足如下关系:

$$\text{HD}_{y_1} \leqslant \text{HD}_{y_2} \leqslant \cdots \leqslant \text{HD}_{y_p} \leqslant \cdots \leqslant \text{HD}_{y_m} \tag{6.32}$$

设HD_{y_0}为可接受的评价最低值,$\text{HD}_{y_0} \in [0,1]$。将$\text{HD}_{y_0}$分别与HD向量中的数值进行比较,按从小到大的顺序,当出现$\text{HD}_{y_p} \geqslant \text{HD}_{y_0}$时,$y_p$即为该评价对象的最终评价等级。和谐度方程评价流程如图6.12所示。

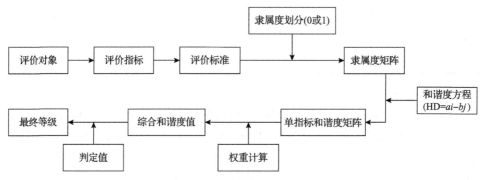

图6.12　和谐度方程评价流程

6.3.3　渡槽运行期槽身结构安全评价模型

通过上述介绍的方法,建立西北地区渡槽运行期槽身结构安全评价模型,具体步骤如下:

(1)确定渡槽运行期槽身结构安全评价指标及等级标准。将西北地区渡槽运行期槽身结构安全评价指标划分为 4 个等级(即Ⅰ、Ⅱ、Ⅲ、Ⅳ),同时对构建的指标按照 4 级的标准进行量化。槽身结构安全评价指标等级划分标准如表 6.19 所示。

表 6.19　槽身结构安全评价指标等级划分标准

指标	评价等级标准			
	Ⅰ	Ⅱ	Ⅲ	Ⅳ
混凝土裂缝 x_1	<0.2	0.2~0.3	0.3~0.4	>0.4
混凝土碳化 x_2	<12.5	12.5~18.75	18.75~25	>25
混凝土剥蚀 x_3	80~100	60~80	30~60	0~30
钢筋锈蚀 x_4	90~100	60~90	30~60	0~30
渗漏 x_5	80~100	60~80	30~60	0~30
相对使用寿命 x_6	0~0.4	0.4~0.7	0.7~0.9	0.9~1.0
结构承载力 x_7	≥1.2	1~1.2	0.9~1.0	<0.9
结构稳定性 x_8	≥1.2	1.1~1.2	1.0~1.1	<1.0
过水情况 x_9	1	0.95~1	0.9~0.95	<0.9
地基不均匀沉降 x_{10}	90~100	60~90	30~60	0~30
进出口段渗漏及沉降 x_{11}	90~100	60~90	30~60	0~30
土体冻胀影响 x_{12}	0~5	5~12	12~22	>22
滑坡 x_{13}	≤15	15~30	30~45	>45
泥石流 x_{14}	75~100	50~75	25~50	0~25
维修养护 x_{15}	85~100	60~85	30~60	0~30
安全监测体系 x_{16}	85~100	60~85	30~60	0~30

(2)采用改进 G1 混合交叉赋权法确定渡槽运行期槽身结构安全评价指标的权重。

(3)构造渡槽运行期槽身结构安全评价指标的隶属度矩阵。

根据所评价的渡槽槽身情况,依据表 6.19 对所建立的 16 个评价指标确定其隶属度划分,从而建立隶属度矩阵,即

$$A = \begin{bmatrix} A_{1,1} & A_{1,2} & A_{1,3} & A_{1,4} \\ A_{2,1} & A_{2,2} & A_{2,3} & A_{2,4} \\ \vdots & \vdots & \vdots & \vdots \\ A_{16,1} & A_{16,2} & A_{16,3} & A_{16,4} \end{bmatrix} \tag{6.33}$$

(4)计算渡槽运行期槽身结构隶属于不同安全等级的 HD 值。由和谐度方程定义可知，上述建立的隶属度矩阵 A 中的隶属度值即为隶属于不同评价等级的统一度值。结合实际评价情况，为了便于评价，进行简化计算，令和谐度方程中的和谐系数 $i=1$、不和谐系数 $j=0$，建立的隶属度矩阵 A 即为各评价指标隶属于不同等级的和谐度 HD 矩阵 B，即

$$B = \begin{bmatrix} HD_{1,1} & HD_{1,2} & HD_{1,3} & HD_{1,4} \\ HD_{2,1} & HD_{2,2} & HD_{2,3} & HD_{2,4} \\ \vdots & \vdots & \vdots & \vdots \\ HD_{16,1} & HD_{16,2} & HD_{16,3} & HD_{16,4} \end{bmatrix} \tag{6.34}$$

采用多因素和谐度方程将改进 G1 混合交叉赋权法确定的渡槽运行期槽身结构安全评价指标权重和渡槽运行期槽身结构安全评价指标隶属于不同安全等级的和谐度 HD 值进行加权计算，从而确定渡槽运行期槽身结构隶属于不同安全等级的和谐度 HD 值。

(5)判断渡槽运行槽身结构安全评价结果。

通过上述计算结果，可以建立如下关系：$HD_1 \leqslant HD_2 \leqslant HD_3 \leqslant HD_4$。

通过实际情况确定可接受的槽身安全评价最低值 $HD_0 \in [0,1]$，将 HD_0 分别与 HD_1、HD_2、HD_3、HD_4 进行比较，当 HD_1、HD_2、HD_3、HD_4 中按照顺序出现大于 HD_0 时，该等级为渡槽运行期槽身结构安全评价的最终评价等级。

6.4 工程实例分析

6.4.1 引大入秦工程概述

引大入秦工程是我国 20 世纪规模最大的跨双流域调水自流灌溉工程(设计灌溉面积 86 万亩，1 亩≈666.7m²)，其具有长距离、跨流域、大流量的特点，被称为"中国的地下运河"。该工程以引水枢纽总干渠、东一干渠和东二干渠为主，各干渠主要建筑物设计标准为三级建筑物，次要建筑物设计标准为四级建筑物。工程区地震基本烈度为 7 度，工程抗震按 7 度设防。

总干渠全长 86.79m，从地理位置及地形地貌上分为上、下两段，水磨沟以上段渠线通过大通河高山峡谷区，称为总干渠上段；水磨沟以下至总干渠尾段渠线通过中低山区，称为总干渠下段。从流量分段上，自渠首至大砂沟段设计流量为 32m³/s，加大流量为 36m³/s；大砂沟至总干渠尾段设计流量为 29m³/s，加大流量为 34m³/s。主要以隧洞为主，总长 75.376km，占渠线总长的 86.85%，其他建筑物占渠线总长的 13.15%。

东一干渠从总干分水闸至下华家井，总长 49.43km，设计引水流量为 14m³/s，主要由明(暗)渠、隧洞、渡(座)槽、倒虹吸、陡坡等组成，其中主要建筑物明(暗)渠全长 30.785km，占全长的 62.3%，其他建筑物占全长的 37.7%。

东二干渠从总干分水闸至秦王川盆地，总长 54.15km，设计引水流量为 18m³/s，主要由明(暗)渠、隧洞、渡(座)槽等组成，其中主要建筑物隧洞全长 27.33km，占全长的 50.5%，明(暗)渠全长 19.61km，占全长的 36.2%，其他建筑物占全长的 13.3%。

工程自建成运行至今没有发生重大质量危险事故，总体评价其质量符合设计要求，但总干渠、东一干渠、东二干渠合计长达 190km，各类连接建筑物、闸室、横向建筑物等较多，渠线穿越多种地层结构，地质条件复杂，运行多年后部分隧洞破损、裂缝，明(暗)渠渠基沉陷、冻胀，渡槽沉陷、止水带老化等各种病险问题相继出现，不能满足为兰州新区安全供水的需求。

6.4.2　引大入秦工程渡槽运行状况

1. 引大入秦工程总干渠渡槽运行状况

1)总干渠气候状况

引大入秦工程总干渠渠首地处高寒山区，气候主要受东南海洋季风和蒙古高压影响，具有高寒半干旱特点。根据天堂水文站实测降水和部分蒸发资料以及邻近气象站资料得出总干渠渠段的气候条件如表 6.20 所示。

表 6.20　总干渠渠段气候状况

项目	单位	1 月	2 月	3 月	10 月	11 月	12 月
多年平均最高气温	℃	−3.9	−1.5	4	9	2.1	−2
多年平均最低气温	℃	−16.2	−13.5	−7.2	−1.2	−8.4	−14.1
多年极端最高气温	℃	12.4	14	20.1	22.8	16.9	12.3
多年极端最低气温	℃	−27	−26.7	−21.6	−17.2	−24.1	−28.3
日最低气温＜0℃日数	d	31	28.3	28	19	29	31
日最低气温＜−10℃日数	d	29.7	22.4	6.1	0	9.6	27.2
多年平均相对湿度	%	50	53	55	63	55	48
多年平均气压	mmHg*	771.9	770.8	771.1	776.7	776.3	774
多年平均日照时数	h	233.6	216.1	231.5	176.8	218.6	224.1
多年平均风速	m/s	2.5	2.7	3	2.4	2.2	2.2
多年各月不低于 8 级风天数	d	0	0.2	1	0.6	0	0
多年各月最大冻土深度	cm	148	148	143	11	45	95

* 1mmHg=133.32Pa。

2）总干渠地质状况

总干渠根据地貌自然景观和地层岩性的差异，以水磨沟为界，分为上、下两段。沿线大部地段通过硬岩和中硬岩，部分地段为软岩和砂砾碎石层、黄土状土及山麓堆积层。总干渠所在范围为冷温带半干旱气候，最大冻土深度为 1.48m。

3）总干渠渡槽病险及维修加固情况

总干渠现有渡槽 10 座，长 1015.79m，占总干渠全长的 1.17%，渡槽全部列入本次除险加固实施方案，其存在的问题及维修加固情况如表 6.21 所示。

表 6.21　总干渠渡槽病险及维修加固情况

名称	存在问题	维修方案
总干渠渡槽	伸缩缝止水带老化破裂、填料局部脱落，存在渗漏问题；渡槽底板和槽身有轻微破损	更换止水材料，即先剥除原填缝材料凿除原止水带后，将缝槽混凝土基础面的碎渣及粉尘清洗干净并用环氧树脂粘贴橡胶止水带，然后采用水泥砂浆填平凹槽

2. 引大入秦工程东一干渠渡槽运行状况

1）东一干渠气候状况

东一干渠工程区年平均气温 5.9℃，最低气温出现在 1 月，为-9℃，最高气温出现在 7 月，为 18.4℃，平均无霜期为 161 天，多年平均降水量 284.9mm，多集中在 7～9 月，占全年降水量的 58.1%，且期间有大雨冰雹，多年平均蒸发量 1879.7mm，最大冻土深度 1.46m。

2）东一干渠地质状况

东一干渠地基岩土主要有粉质壤土、砂碎石、砂砾卵石、马兰黄土、洪积粉质壤土、洪积砂砾碎石、洪积粉质壤土（离石黄土）、基岩段等，其中粉质壤土、马兰黄土、洪积粉质壤土等具有湿陷性。

3）东一干渠渡槽病险及维修加固情况

东一干渠现有渡槽 3 座，全部为 U 形断面，其存在的问题及维修加固情况如表 6.22 所示。

表 6.22　东一干渠渡槽病险及维修加固情况

名称	存在问题	维修方案
东一干渠渡槽	伸缩缝止水带老化破裂、填料局部脱落，存在渗漏问题；渡槽底板和槽身有轻微破损	更换止水材料，即先剥除原填缝材料凿除原止水带后，将缝槽混凝土基础面的碎渣及粉尘清洗干净并用环氧树脂粘贴橡胶止水带，然后采用水泥砂浆填平凹槽。3#碾子沟渡（座）槽局部有反坡，需调整纵坡

3. 引大入秦工程东二干渠渡槽运行状况

1) 东二干渠气候状况

东二干渠地势北高南低,海拔在 2100～2500m,属冷温带半干旱区,具有干旱、少雨、温差大、蒸发量大、风沙多的特征。年平均气温 5.8℃,多年平均降水量 300mm 左右,雨水多集中在夏秋两季,间有暴雨、冰雹等自然灾害,最大冻土深度 1.45m。

2) 东二干渠地质状况

东二干渠地基岩土主要有洪积粉质壤土、风积马兰黄土、洪积和冲洪积离石黄土、奥陶系浅灰绿色变质砂岩夹千枚岩等。

3) 东二干渠渡槽病险及维修加固情况

东二干渠现有渡槽 19 座,长 6.935km。断面形式为 U 形及矩形,其存在的问题及维修加固情况如表 6.23 所示。

表 6.23　东二干渠渡槽病险及维修加固情况

名称	存在问题	维修方案
东二干渠渡槽	伸缩缝止水带老化破裂、填料局部脱落,存在渗漏问题;渡槽底板和槽身有轻微破损。6#庄浪河渡槽槽身局部出现混凝土底板被水冲蚀、锈蚀、冻损、露筋现象(桩号 9+790～9+787.5 处渡槽底板破损,混凝土脱落厚度达 7cm,钢筋出露),第 6、7、58 跨在通水运行期间,混凝土预制板拼装接缝出现明显漏水现象	更换止水材料,即先剥除原填缝材料凿除原止水带后,将缝槽混凝土基础面的碎渣及粉尘清洗干净并用环氧树脂粘橡胶止水带,然后采用水泥砂浆填平凹槽。对 6#庄浪河渡槽槽身冻蚀、露筋严重段混凝土凿毛后采用环氧砂浆抹面处理,并在整个渡槽槽身及底板涂刷丙乳砂浆,加强渡槽槽身材料的防渗、耐磨等性能

6.4.3　引大入秦工程渡槽运行期槽身结构安全评价

1. 渡槽选取及数据收集

选取引大入秦工程总干渠渡槽中的菜子湾渡槽 A_1、铁城沟渡槽 A_2、天王沟渡槽 A_3 和大沙沟渡槽 A_4,东一干渠渡槽中的南支沟渡槽 A_5 和磁子沟渡槽 A_6,东二干渠渡槽中的香炉山渡槽 A_7、林坪沟渡槽 A_8、四湾沟渡槽 A_9、庄浪河渡槽 A_{10}、红沙川渡槽 A_{11}、王海沟渡槽 A_{12}、邓家咀渡槽 A_{13} 和黄羊川渡槽 A_{14} 共 14 座渡槽为典型对象,进行引大入秦工程渡槽运行期槽身结构安全评价,其基本数据如表 6.24 所示。

2. 改进 G1 混合交叉赋权法确定各评价指标权重

通过专家对各准则层中的指标重要性进行排序确定序关系,其中耐久性指标排序为相对使用寿命优于钢筋锈蚀、钢筋锈蚀优于渗漏、渗漏优于混凝土裂缝、混凝土裂缝优于混凝土碳化、混凝土碳化和混凝土剥蚀无差异,即 $x_6 \succ x_4 \succ$

表 6.24　各渡槽评价指标基本数据

干渠	渡槽	x_1	x_2	x_3	x_4	x_5	x_6	x_7	x_8
总干渠	A_1	0.17	16.8	40	55	55	0.33	1.41	1.05
	A_2	0.27	15.3	35	50	50	0.33	1.13	1.05
	A_3	0.18	13.0	40	55	55	0.33	1.14	1.05
	A_4	0.17	14.7	25	40	40	0.33	1.14	1.05
东一干渠	A_5	0.16	16.0	60	75	65	0.52	1.24	1.12
	A_6	0.13	15.4	55	70	60	0.52	1.37	1.12
东二干渠	A_7	0.14	15.5	55	70	60	0.48	1.13	1.14
	A_8	0.22	16.4	55	70	60	0.48	1.18	1.14
	A_9	0.37	20.0	50	65	55	0.48	0.87	1.14
	A_{10}	0.47	35.0	30	45	45	0.48	0.73	1.14
	A_{11}	0.24	23.5	30	45	45	0.48	1.15	1.14
	A_{12}	0.26	24.1	35	50	50	0.48	1.17	1.14
	A_{13}	0.32	24.6	40	55	55	0.48	0.93	1.14
	A_{14}	0.24	19.6	40	55	55	0.48	1.13	1.14

干渠	渡槽	x_9	x_{10}	x_{11}	x_{12}	x_{13}	x_{14}	x_{15}	x_{16}
总干渠	A_1	0.98	80	70	5.34	65	85	85	75
	A_2	0.98	65	70	6.13	70	85	85	75
	A_3	0.98	70	65	5.47	75	85	85	75
	A_4	0.98	60	60	4.94	70	85	85	75
东一干渠	A_5	0.85	95	80	4.87	55	80	80	70
	A_6	0.85	95	80	4.43	60	80	80	70
东二干渠	A_7	1	70	70	7.87	63	85	90	80
	A_8	1	65	65	7.13	64	85	90	80
	A_9	1	65	60	12.72	58	85	90	80
	A_{10}	1	50	50	14.54	70	85	90	80
	A_{11}	1	50	50	7.46	66	85	90	80
	A_{12}	1	55	60	8.58	54	85	90	80
	A_{13}	1	55	70	11.12	60	85	90	80
	A_{14}	1	60	65	6.74	63	85	90	80

$x_5 \succ x_1 \succ x_2 \cdot x_3$；适用性指标排序为过水情况优于结构承载力、结构承载力和结构稳定性无差异，即 $x_9 \succ x_7 \cdot x_8$；地基变形指标排序为土体冻胀影响优于地基不均匀沉降、地基不均匀沉降优于进出口段渗漏及沉降，即 $x_{12} \succ x_{10} \succ x_{11}$；地质灾害指标排序为滑坡优于泥石流，即 $x_{13} \succ x_{14}$；管理机制指标排序为安全监测体系优于维修养护，即 $x_{16} \succ x_{15}$。

将各渡槽排序后的指标评价数据进行规范化处理(表 6.25)并计算得到指标层对准则层权重(表 6.26)和准则层对目标层权重(表 6.27)。正向指标规范化处理公式为

$$P_{ij} = \frac{V_{ij} - \min(V_{ij})}{\max(V_{ij}) - \min(V_{ij})} \tag{6.35}$$

负向指标规范化处理公式为

$$P_{ij} = \frac{\max(V_{ij}) - V_{ij}}{\max(V_{ij}) - \min(V_{ij})} \tag{6.36}$$

表 6.25　各指标排序后数据规范化处理

准则层	指标层	方向	A_1	A_2	A_3	A_4	A_5	A_6	A_7
耐久性	x_6	−	1	1	1	1	0	0	0.2105
	x_4	−	0.5714	0.7143	0.7143	1	0	0.1429	0.1429
	x_5	−	0.4	0.6	0.4	1	0	0.2	0.2
	x_1	−	0.8824	0.5882	0.8529	0.8824	0.9118	1	0.9706
	x_2	−	0.8273	0.8955	1	0.9227	0.8636	0.8909	0.8864
	x_3	−	0.6667	0.8333	0.6667	1.1667	0	0.1667	0.1667
适用性	x_9	−	0.1333	0.1333	0.1333	0.1333	1	1	0
	x_7	+	1	0.5882	0.6029	0.6029	0.75	0.9412	0.5882
	x_8	+	0	0	0	0	0.7778	0.7778	1
地基变形	x_{12}	−	0.9100	0.8319	0.8971	0.949	0.9565	1	0.6597
	x_{10}	−	0.3333	0.6667	0.5556	0.7778	0	0	0.5556
	x_{11}	−	0.3333	0.3333	0.5	0.6667	0	0	0.3333
地质灾害	x_{13}	−	0.4762	0.2381	0	0.2381	0.9524	0.7143	0.5714
	x_{14}	−	0	0	0	0	1	1	0
管理机制	x_{16}	+	0.5	0.5	0.5	0.5	0	0	1
	x_{15}	+	0.5	0.5	0.5	0.5	0	0	1

准则层	指标层	方向	A_8	A_9	A_{10}	A_{11}	A_{12}	A_{13}	A_{14}
耐久性	x_6	−	0.2105	0.2105	0.2105	0.2105	0.2105	0.2105	0.2105
	x_4	−	0.1429	0.2857	0.8571	0.8571	0.7143	0.5714	0.5714
	x_5	−	0.2	0.4	0.8	0.8	0.6	0.4	0.4
	x_1	−	0.7353	0.2941	0	0.6765	0.6176	0.4412	0.6765

续表

准则层	指标层	方向	A_8	A_9	A_{10}	A_{11}	A_{12}	A_{13}	A_{14}
耐久性	x_2	−	0.8455	0.6818	0	0.5227	0.4955	0.4727	0.7
	x_3	−	0.1667	0.3333	1	1	0.8333	0.6667	0.6667
适用性	x_9	−	0	0	0	0	0	0	0
	x_7	+	0.6618	0.2059	0	0.6176	0.6471	0.2941	0.5882
	x_8	+	1	1	1	1	1	1	1
地基变形	x_{12}	−	0.7329	0.1800	0	0.7003	0.5895	0.3383	0.7715
	x_{10}	−	0.6667	0.6667	1	1	0.8889	0.8889	0.7778
	x_{11}	−	0.5	0.6667	1	1	0.6667	0.3333	0.5
地质灾害	x_{13}	−	0.5238	0.8095	0.2381	0.4286	1	0.7143	0.5714
	x_{14}	−	0	0	0	0	0	0	0
管理机制	x_{16}	+	1	1	1	1	1	1	1
	x_{15}	+	1	1	1	1	1	1	1

表 6.26　指标层对准则层权重

准则层	指标层	变异系数	重要程度比值	指标层对准则层权重
耐久性	x_6	0.9417	1.5895	0.2910
	x_4	0.5924	1.0163	0.1831
	x_5	0.5830	1.4586	0.1801
	x_1	0.3997	1.1109	0.1235
	x_2	0.3598	1	0.1112
	x_3	0.5960	—	0.1112
适用性	x_9	1.8756	4.2558	0.6803
	x_7	0.4407	1	0.1599
	x_8	0.6420	—	0.1599
地基变形	x_{12}	0.4349	1	0.3333
	x_{10}	0.4950	1	0.3333
	x_{11}	0.5979	—	0.3333
地质灾害	x_{13}	0.5245	1	0.5
	x_{14}	2.4495	—	0.5
管理机制	x_{16}	0.5099	1	0.5
	x_{15}	0.5099	—	0.5

表 6.27　准则层对目标层权重

目标层	准则层	变异系数	重要性之比	准则层对目标层权重
	耐久性	0.5788	1	0.3115
	适用性	0.9861	1.9363	0.3115
西北地区渡槽运行期槽身结构安全评价	地基变形	0.5093	1	0.1609
	地质灾害	1.4870	2.9162	0.1609
	管理机制	0.5099	—	0.0552

通过混合交叉计算原理，确定出各指标的权重，如表 6.28 所示。

表 6.28　指标层对目标层权重

排序后指标	权重	初始指标	权重
x_6	0.0906	x_1	0.0385
x_4	0.0570	x_2	0.0346
x_5	0.0561	x_3	0.0346
x_1	0.0385	x_4	0.0570
x_2	0.0346	x_5	0.0561
x_3	0.0346	x_6	0.0906
x_9	0.2119	x_7	0.0498
x_7	0.0498	x_8	0.0498
x_8	0.0498	x_9	0.2119
x_{12}	0.0536	x_{10}	0.0536
x_{10}	0.0536	x_{11}	0.0536
x_{11}	0.0536	x_{12}	0.0536
x_{13}	0.0804	x_{13}	0.0804
x_{14}	0.0804	x_{14}	0.0804
x_{16}	0.0276	x_{15}	0.0276
x_{15}	0.0276	x_{16}	0.0276

3. 渡槽运行期槽身结构安全评价

1) 构造各指标对应于不同评价等级的和谐度矩阵

将表 6.24 中各渡槽评价指标数据对应表 6.19 中各评价指标等级划分范围，建立各渡槽评价的隶属度矩阵 A，即

$$A_1 = \begin{bmatrix} 1 & 1 & 1 & 1 \\ 0 & 1 & 1 & 1 \\ 0 & 0 & 1 & 1 \\ 0 & 0 & 1 & 1 \\ 0 & 0 & 1 & 1 \\ 1 & 1 & 1 & 1 \\ 1 & 1 & 1 & 1 \\ 0 & 0 & 1 & 1 \\ 0 & 1 & 1 & 1 \\ 0 & 1 & 1 & 1 \\ 0 & 1 & 1 & 1 \\ 0 & 1 & 1 & 1 \\ 0 & 0 & 0 & 1 \\ 1 & 1 & 1 & 1 \\ 1 & 1 & 1 & 1 \\ 0 & 1 & 1 & 1 \end{bmatrix},\quad
A_2 = \begin{bmatrix} 0 & 1 & 1 & 1 \\ 0 & 1 & 1 & 1 \\ 0 & 0 & 1 & 1 \\ 0 & 0 & 1 & 1 \\ 0 & 0 & 1 & 1 \\ 1 & 1 & 1 & 1 \\ 0 & 1 & 1 & 1 \\ 0 & 0 & 1 & 1 \\ 0 & 1 & 1 & 1 \\ 0 & 1 & 1 & 1 \\ 0 & 1 & 1 & 1 \\ 0 & 1 & 1 & 1 \\ 0 & 0 & 0 & 1 \\ 1 & 1 & 1 & 1 \\ 1 & 1 & 1 & 1 \\ 0 & 1 & 1 & 1 \end{bmatrix},\quad
A_3 = \begin{bmatrix} 1 & 1 & 1 & 1 \\ 0 & 1 & 1 & 1 \\ 0 & 0 & 1 & 1 \\ 0 & 0 & 1 & 1 \\ 0 & 0 & 1 & 1 \\ 1 & 1 & 1 & 1 \\ 0 & 1 & 1 & 1 \\ 0 & 0 & 1 & 1 \\ 0 & 1 & 1 & 1 \\ 0 & 1 & 1 & 1 \\ 0 & 1 & 1 & 1 \\ 0 & 1 & 1 & 1 \\ 0 & 0 & 0 & 1 \\ 1 & 1 & 1 & 1 \\ 1 & 1 & 1 & 1 \\ 0 & 1 & 1 & 1 \end{bmatrix},\quad
A_4 = \begin{bmatrix} 1 & 1 & 1 & 1 \\ 0 & 1 & 1 & 1 \\ 0 & 0 & 0 & 1 \\ 0 & 0 & 1 & 1 \\ 0 & 0 & 1 & 1 \\ 1 & 1 & 1 & 1 \\ 0 & 1 & 1 & 1 \\ 0 & 0 & 1 & 1 \\ 0 & 1 & 1 & 1 \\ 0 & 1 & 1 & 1 \\ 1 & 1 & 1 & 1 \\ 0 & 1 & 1 & 1 \\ 1 & 1 & 1 & 1 \\ 1 & 1 & 1 & 1 \\ 1 & 1 & 1 & 1 \\ 0 & 1 & 1 & 1 \end{bmatrix},$$

$$A_5 = \begin{bmatrix} 1 & 1 & 1 & 1 \\ 0 & 1 & 1 & 1 \\ 0 & 1 & 1 & 1 \\ 0 & 1 & 1 & 1 \\ 0 & 1 & 1 & 1 \\ 0 & 1 & 1 & 1 \\ 1 & 1 & 1 & 1 \\ 0 & 1 & 1 & 1 \\ 0 & 0 & 0 & 1 \\ 1 & 1 & 1 & 1 \\ 0 & 1 & 1 & 1 \\ 1 & 1 & 1 & 1 \\ 0 & 0 & 0 & 1 \\ 1 & 1 & 1 & 1 \\ 0 & 1 & 1 & 1 \\ 0 & 1 & 1 & 1 \end{bmatrix},\quad
A_6 = \begin{bmatrix} 1 & 1 & 1 & 1 \\ 0 & 1 & 1 & 1 \\ 0 & 0 & 1 & 1 \\ 0 & 1 & 1 & 1 \\ 0 & 1 & 1 & 1 \\ 0 & 1 & 1 & 1 \\ 1 & 1 & 1 & 1 \\ 0 & 1 & 1 & 1 \\ 0 & 0 & 0 & 1 \\ 1 & 1 & 1 & 1 \\ 0 & 1 & 1 & 1 \\ 1 & 1 & 1 & 1 \\ 0 & 1 & 1 & 1 \\ 1 & 1 & 1 & 1 \\ 0 & 1 & 1 & 1 \\ 0 & 1 & 1 & 1 \end{bmatrix},\quad
A_7 = \begin{bmatrix} 1 & 1 & 1 & 1 \\ 0 & 1 & 1 & 1 \\ 0 & 0 & 1 & 1 \\ 0 & 1 & 1 & 1 \\ 0 & 1 & 1 & 1 \\ 0 & 1 & 1 & 1 \\ 0 & 1 & 1 & 1 \\ 0 & 1 & 1 & 1 \\ 1 & 1 & 1 & 1 \\ 0 & 1 & 1 & 1 \\ 0 & 1 & 1 & 1 \\ 0 & 1 & 1 & 1 \\ 0 & 0 & 0 & 1 \\ 1 & 1 & 1 & 1 \\ 1 & 1 & 1 & 1 \\ 0 & 1 & 1 & 1 \end{bmatrix},\quad
A_8 = \begin{bmatrix} 0 & 1 & 1 & 1 \\ 0 & 1 & 1 & 1 \\ 0 & 0 & 1 & 1 \\ 0 & 1 & 1 & 1 \\ 0 & 1 & 1 & 1 \\ 0 & 1 & 1 & 1 \\ 0 & 1 & 1 & 1 \\ 0 & 1 & 1 & 1 \\ 1 & 1 & 1 & 1 \\ 0 & 1 & 1 & 1 \\ 0 & 1 & 1 & 1 \\ 0 & 1 & 1 & 1 \\ 0 & 0 & 0 & 1 \\ 1 & 1 & 1 & 1 \\ 1 & 1 & 1 & 1 \\ 0 & 1 & 1 & 1 \end{bmatrix}$$

$$
A_9 = \begin{bmatrix} 0 & 0 & 1 & 1 \\ 0 & 0 & 1 & 1 \\ 0 & 0 & 1 & 1 \\ 0 & 1 & 1 & 1 \\ 0 & 0 & 1 & 1 \\ 0 & 1 & 1 & 1 \\ 0 & 0 & 0 & 1 \\ 0 & 1 & 1 & 1 \\ 1 & 1 & 1 & 1 \\ 0 & 1 & 1 & 1 \\ 0 & 1 & 1 & 1 \\ 0 & 0 & 1 & 1 \\ 0 & 0 & 0 & 1 \\ 1 & 1 & 1 & 1 \\ 1 & 1 & 1 & 1 \\ 0 & 1 & 1 & 1 \end{bmatrix},\quad
A_{10} = \begin{bmatrix} 0 & 0 & 0 & 1 \\ 0 & 0 & 0 & 1 \\ 0 & 0 & 1 & 1 \\ 0 & 0 & 1 & 1 \\ 0 & 0 & 1 & 1 \\ 0 & 1 & 1 & 1 \\ 0 & 0 & 0 & 1 \\ 0 & 1 & 1 & 1 \\ 1 & 1 & 1 & 1 \\ 0 & 0 & 1 & 1 \\ 0 & 0 & 1 & 1 \\ 0 & 0 & 1 & 1 \\ 0 & 0 & 0 & 1 \\ 1 & 1 & 1 & 1 \\ 1 & 1 & 1 & 1 \\ 0 & 1 & 1 & 1 \end{bmatrix},\quad
A_{11} = \begin{bmatrix} 0 & 1 & 1 & 1 \\ 0 & 0 & 1 & 1 \\ 0 & 0 & 1 & 1 \\ 0 & 0 & 1 & 1 \\ 0 & 1 & 1 & 1 \\ 0 & 1 & 1 & 1 \\ 0 & 1 & 1 & 1 \\ 0 & 1 & 1 & 1 \\ 1 & 1 & 1 & 1 \\ 0 & 0 & 1 & 1 \\ 0 & 0 & 1 & 1 \\ 0 & 1 & 1 & 1 \\ 0 & 0 & 0 & 1 \\ 1 & 1 & 1 & 1 \\ 1 & 1 & 1 & 1 \\ 0 & 1 & 1 & 1 \end{bmatrix},\quad
A_{12} = \begin{bmatrix} 0 & 1 & 1 & 1 \\ 0 & 0 & 1 & 1 \\ 0 & 0 & 1 & 1 \\ 0 & 0 & 1 & 1 \\ 0 & 1 & 1 & 1 \\ 0 & 1 & 1 & 1 \\ 0 & 1 & 1 & 1 \\ 0 & 1 & 1 & 1 \\ 1 & 1 & 1 & 1 \\ 0 & 0 & 1 & 1 \\ 0 & 1 & 1 & 1 \\ 0 & 1 & 1 & 1 \\ 0 & 0 & 0 & 1 \\ 1 & 1 & 1 & 1 \\ 1 & 1 & 1 & 1 \\ 0 & 1 & 1 & 1 \end{bmatrix}
$$

$$
A_{13} = \begin{bmatrix} 0 & 0 & 1 & 1 \\ 0 & 0 & 1 & 1 \\ 0 & 0 & 1 & 1 \\ 0 & 0 & 1 & 1 \\ 0 & 0 & 1 & 1 \\ 0 & 1 & 1 & 1 \\ 0 & 0 & 1 & 1 \\ 0 & 1 & 1 & 1 \\ 1 & 1 & 1 & 1 \\ 0 & 0 & 1 & 1 \\ 0 & 1 & 1 & 1 \\ 0 & 1 & 1 & 1 \\ 0 & 0 & 0 & 1 \\ 1 & 1 & 1 & 1 \\ 1 & 1 & 1 & 1 \\ 0 & 1 & 1 & 1 \end{bmatrix},\quad
A_{14} = \begin{bmatrix} 0 & 1 & 1 & 1 \\ 0 & 0 & 1 & 1 \\ 0 & 0 & 1 & 1 \\ 0 & 0 & 1 & 1 \\ 0 & 0 & 1 & 1 \\ 0 & 1 & 1 & 1 \\ 0 & 1 & 1 & 1 \\ 0 & 1 & 1 & 1 \\ 1 & 1 & 1 & 1 \\ 0 & 1 & 1 & 1 \\ 0 & 1 & 1 & 1 \\ 0 & 1 & 1 & 1 \\ 0 & 0 & 0 & 1 \\ 1 & 1 & 1 & 1 \\ 1 & 1 & 1 & 1 \\ 0 & 1 & 1 & 1 \end{bmatrix}
$$

　　由和谐度方程定义可知，上述建立的隶属度矩阵 A 中的隶属度值即为隶属于不同评价等级的统一度值 a，结合实际评价情况，为了便于实际工作，进行简化计算，令和谐度方程中的和谐系数 $i=1$、不和谐系数 $j=0$，上述建立的隶属度矩阵 A 为各评价指标隶属于不同等级的和谐度 HD 矩阵。

　　2) 构造各渡槽运行期槽身结构对应于不同等级的和谐度矩阵

　　通过多因素和谐度方程将改进 G1 混合交叉赋权法确定的渡槽运行期槽身结构安全评价指标权重和渡槽运行期槽身结构安全评价指标隶属于不同安全等级的和谐度 HD 值进行加权计算，从而确定渡槽运行期槽身结构隶属于不同安全等级的和谐度 HD 值，即

$$\text{HD}_{A_1} = (0.2869 \quad 0.7218 \quad 0.9193 \quad 1), \quad \text{HD}_{A_2} = (0.1986 \quad 0.7218 \quad 0.9193 \quad 1)$$

$$\text{HD}_{A_3} = (0.2371 \quad 0.7218 \quad 0.9193 \quad 1), \quad \text{HD}_{A_4} = (0.2907 \quad 0.8022 \quad 0.9651 \quad 1)$$

$$\text{HD}_{A_5} = (0.2759 \quad 0.7074 \quad 0.7074 \quad 1), \quad \text{HD}_{A_6} = (0.2759 \quad 0.7532 \quad 0.7878 \quad 1)$$

$$\text{HD}_{A_7} = (0.3584 \quad 0.8847 \quad 0.9193 \quad 1), \quad \text{HD}_{A_8} = (0.3199 \quad 0.8847 \quad 0.9193 \quad 1)$$

$$\text{HD}_{A_9} = (0.3199 \quad 0.6521 \quad 0.8695 \quad 1), \quad \text{HD}_{A_{10}} = (0.3199 \quad 0.4879 \quad 0.7964 \quad 1)$$

$$\text{HD}_{A_{11}} = (0.3199 \quad 0.6298 \quad 0.9193 \quad 1), \quad \text{HD}_{A_{12}} = (0.3199 \quad 0.6834 \quad 0.9193 \quad 1)$$

$$\text{HD}_{A_{13}} = (0.3199 \quad 0.5951 \quad 0.9193 \quad 1), \quad \text{HD}_{A_{14}} = (0.3199 \quad 0.7370 \quad 0.9133 \quad 1)$$

　　3) 评判渡槽运行期槽身结构安全情况

　　结合引大入秦工程修建至今的维修情况，取 $\text{HD}_0 = 0.7$ 为可接受的槽身安全评价最低值进行判断。其评判结果为：总干渠渡槽中的菜子湾渡槽 A_1 为Ⅱ级，铁城沟渡槽 A_2 为Ⅱ级，天王沟渡槽 A_3 为Ⅱ级，大沙沟渡槽 A_4；东一干渠渡槽中的南支沟渡槽 A_5 为Ⅱ级，磵子沟渡槽 A_6 为Ⅱ级；东二干渠渡槽中的香炉山渡槽 A_7 为Ⅱ级，林坪沟渡槽 A_8 为Ⅱ级，四湾沟渡槽 A_9 为Ⅲ级，庄浪河渡槽 A_{10} 为Ⅲ级，红沙川渡槽 A_{11} 为Ⅲ级，王海沟渡槽 A_{12} 为Ⅲ级，邓家咀渡槽 A_{13} 为Ⅲ级，黄羊川渡槽 A_{14} 为Ⅱ级。总干渠渡槽运行期槽身结构为基本安全，东一干渠渡槽运行期槽身结构为基本安全，东二干渠渡槽运行期槽身结构为基本安全和不安全，总体偏于不安全，如表 6.29 所示。

表 6.29　各渡槽运行期槽身结构安全情况

干渠	渡槽	评价等级	总评价等级
总干渠	菜子湾渡槽 A_1	Ⅱ (基本安全)	Ⅱ
	铁城沟渡槽 A_2	Ⅱ (基本安全)	
	天王沟渡槽 A_3	Ⅱ (基本安全)	
	大沙沟渡槽 A_4	Ⅱ (基本安全)	

续表

干渠	渡槽	评价等级	总评价等级
东一干渠	南支沟渡槽 A_5	Ⅱ(基本安全)	Ⅱ
	碴子沟渡槽 A_6	Ⅱ(基本安全)	
东二干渠	香炉山渡槽 A_7	Ⅱ(基本安全)	Ⅱ、Ⅲ，主要以Ⅲ级为主
	林坪沟渡槽 A_8	Ⅱ(基本安全)	
	四湾沟渡槽 A_9	Ⅲ(不安全)	
	庄浪河渡槽 A_{10}	Ⅲ(不安全)	
	红沙川渡槽 A_{11}	Ⅲ(不安全)	
	王海沟渡槽 A_{12}	Ⅲ(不安全)	
	邓家咀渡槽 A_{13}	Ⅲ(不安全)	
	黄羊川渡槽 A_{14}	Ⅱ(基本安全)	

经引大入秦工程管理局与相关人员核实，对照维修加固报告，该情况与实际情况基本吻合，表明该方法具有一定的科学性和合理性。

6.4.4　评价结果分析及建议

1. 评价结果分析

由总干渠、东一干渠和东二干渠选取的 14 座渡槽的评价结果可知，总干渠中的菜子湾渡槽、铁城沟渡槽、天王沟渡槽和大沙沟渡槽运行期槽身结构安全情况属于Ⅱ级基本安全；东一干渠中的南支沟渡槽、碴子沟渡槽运行期槽身结构安全情况属于Ⅱ级基本安全；东二干渠中的香炉山渡槽、林坪沟渡槽和黄羊川渡槽运行期槽身结构安全情况属于Ⅱ级基本安全，四湾沟渡槽、庄浪河渡槽、红沙川渡槽、王海沟渡槽和邓家咀渡槽运行期槽身结构安全情况属于Ⅲ级不安全，东二干渠渡槽运行期槽身结构安全情况属于Ⅱ级基本安全和Ⅲ级不安全两种，主要为Ⅲ级不安全情况。

由权重计算可知，对渡槽运行期槽身结构安全情况影响程度最大的为槽身耐久性(混凝土裂缝、混凝土碳化、混凝土剥蚀、钢筋锈蚀、渗漏、相对使用寿命)和适用性(结构承载力、结构稳定性、过水情况)，其次为地基变形(地基不均匀沉降、进出口段渗漏及沉降、土体冻胀影响)和地质灾害(滑坡、泥石流)情况，最后为渡槽运行期管理机制(维修养护、安全监测体系)。渡槽运行期中过水情况、滑坡、泥石流及槽身相对使用寿命对渡槽运行期槽身结构安全影响最为突出。引大入秦工程总干渠、东一干渠、东二干渠中的渡槽运行期槽身结构安全情况存在一定差别，主要与其所处的地质条件、气候条件、过水情况有关。引大入秦工程管理局通过科学的管理、合理的调度、高质量的维修加固和员工技能素质培养，为该渡槽槽身的安全运行提供了科学有力的支撑。

因此，综合各方面因素，利用改进 G1 混合交叉赋权法确定评价指标权重，结合和谐度方程计算出引大入秦工程总干渠、东一干渠、东二干渠中相关渡槽运行期槽身结构的和谐度值，并进行安全等级评价。改进 G1 混合交叉赋权法采用主客观相结合，使权重结果更加合理准确，和谐度方程计算方便快捷，结果偏差较小，计算分析得到的引大入秦工程总干渠、东一干渠、东二干渠中的渡槽运行期槽身结构安全情况与实际情况基本相吻合。

2. 渡槽运行期槽身结构安全管理建议

(1)控制渡槽过水水量，结合上述计算可知，渡槽的过水情况对槽身结构的影响最为突出，因此在调水过程中，结合各干渠中渡槽的设计过水能力，控制水位高度，进行合理水量调度。

(2)槽身耐久性维护包括裂缝、碳化、剥蚀、钢筋锈蚀、渗漏等。引大入秦工程修建至今，耐久性问题突出，槽身局部混凝土表面脱落、露筋，裂缝产生，槽身之间产生渗漏，因此应建立槽身结构除险加固体系。

(3)建立现场巡视和遥感观测相结合的管理机制，提高渡槽运行期病害监测及维护。

(4)制定完善的应急预案体系，加强应对地质灾害的应急抢险能力。

参 考 文 献

鲍学英. 2017. 西北寒旱地区铁路绿色施工等级评价体系构建及应用研究. 兰州: 兰州交通大学.

陈丽芳, 冯力静, 刘保相. 2019. 神经网络规则优化建模与应用. 计算机工程与科学, 41(12): 2247-2254.

程平, 崔纳, 牟倩. 2017. 基于 AHP 和 VPRS 的 IT 审计指标体系及权重研究. 中国注册会计师, (9): 73-79.

丁娅, 周霄骋, 蔡景顺, 等. 2019. 氯盐干湿循环条件下有机阻锈剂钢筋缓蚀机制研究. 江苏建材, (5): 36-38, 43.

董瑞鑫, 申向东, 薛慧君, 等. 2020. 干湿循环作用下风积沙混凝土的抗硫酸盐侵蚀机理. 材料导报, 34(24): 24040-24044.

方小婉, 姚汝方, 于峰, 等. 2020. 配合比参数对混凝土硫酸盐冻融破坏的影响. 水电能源科学, 38(1): 123-126, 103.

冯晓波, 夏富洲, 王长德, 等. 2008. 温度荷载对大型 U 形预应力渡槽的影响研究. 中国农村水利水电, (6): 106-108.

高洪, 李凯, 马全明, 等. 2019. 移动三维激光测量系统在地铁运营隧道病害监测中的应用研究. 测绘通报, (8): 96-101.

高永涛, 徐俊, 吴顺川. 2018. 基于 GPR 反射波信号多维分析的隧道病害智能辨识. 工程科学学报, 40(3): 293-301.

高媛媛, 姚建文, 陈桂芳, 等. 2018. 我国调水工程的现状与展望. 中国水利, (4): 49-51.

巩永红. 2015. 浅谈浆砌石渠道破损原因及改造处理措施. 农业科技与信息, (18): 100-101.

贡力, 靳春玲. 2014. 西部干寒地区引水明渠病害特点及治理措施. 建设监理, (12): 66-68, 73.

贡力, 康春涛, 王鸿, 等. 2020. 盐冻耦合侵蚀作用下寒旱地区渡槽劣化机制. 中国安全科学学报, 30(11): 43-52.

贡力, 逯晔坤, 靳春玲, 等. 2019. 基于改进 G1-和谐度方程的兰州市水生态文明评价. 水资源与水工程学报, 30(6): 6-11.

顾婷. 2018. 基于 RAGA 的投影寻踪模型的广西资源环境承载力评价. 武汉: 武汉大学.

关宝树. 2004. 隧道工程维修管理要点集. 北京: 人民交通出版社.

郭飞. 2019. 西部盐渍土地区混凝土耐久性试验研究及寿命预测. 兰州: 兰州理工大学.

郭瑞, 李同春, 宁昕扬, 等. 2018. 改进的模糊综合评价法在渡槽风险评价中的应用. 水利水电技术, 49(4): 109-116.

胡建华, 徐玉桂. 2012. 基于 GIS 的隧道病害管理系统设计与实现. 计算机工程与设计, 33(5): 2090-2094.

贾明明, 熊锡龙, 黄立文, 等. 2017. 基于集值统计-灰色模糊的航道通航环境安全评价. 安全与环境学报, 17(1): 41-45.

江仪贞, 徐云修, 张浩, 等. 1991. 灌区工程老化损坏评价方法. 农田水利与小水电, (1): 23-27.

靳春玲, 贡力. 2012. 引洮工程中隧洞常见病害分析. 人民黄河, 34(10): 108-109, 113.

靳春玲, 贡力. 2015. 基于 PSR 模型的西部干寒地区引水明渠安全评价研究. 城市道桥与防洪, (10): 168-170, 204.

靳春玲, 余涛. 2014. 西部干寒地区引水隧洞病害特点及预防治理. 建设监理, (6): 56-59.

康春涛, 贡力, 王忠慧, 等. 2021. 利用灰色残差 GM(1,1)-Markov 模型预测水工混凝土的劣化. 水利水运工程学报, (1):95-103.

李金泽. 2015. 再生骨料混凝土的改性试验研究. 银川: 宁夏大学.

李日运, 李河, 孟旭央, 等. 2004. 矩形薄腹梁渡槽槽墩温度应力分析. 中国农村水利水电, (10): 45-46, 49.

李玉河, 吴泽玉. 2008. U 形和矩形渡槽温度应力对比分析. 人民长江, 39(16): 67-68.

李悦, 管忠正, 王子赓, 等. 2019. 硫酸盐和干湿循环作用下早龄期混凝土劣化性能研究. 混凝土, (9): 6-8.

李正农, 张盼盼, 朱旭鹏, 等. 2010. 考虑桩-土动力相互作用的渡槽结构水平地震响应分析. 土木工程学报, 43(12): 137-143.

李志军. 2018. 水泥混凝土抗盐冻性能试验研究. 西安: 长安大学.

刘双跃. 2010. 安全评价. 北京: 冶金工业出版社.

刘庭金, 夏文宇, 周书扬, 等. 2019. 某浅埋箱型地铁隧道病害成因分析及治理. 铁道工程学报, 33(3): 93-98.

刘宇, 王鹏宇, 王述红, 等. 2019. 隧道结构病害机理及理论量化方法. 东北大学学报(自然科学版), 40(8): 1185-1190.

刘云贺, 胡宝柱, 闫建文, 等. 2002. Housner 模型在渡槽抗震计算中的适用性. 水利学报, (9): 94-99.

刘赞群, 裴敏, 张丰燕, 等. 2020. 半浸泡在 Na$_2$SO$_4$ 溶液中水泥净浆不同部位化学侵蚀产物对比. 建筑材料学报, 23(3): 485-492.

刘志宽. 2017. 输水隧洞检测和安全评价. 大连: 大连理工大学.

逯晔坤, 靳春玲, 贡力. 2019. 黄河兰州段水质评价的 HDE 方法应用. 中国农村水利水电, (3): 32-36.

马虎迎. 2018. 封闭式箱形渡槽冬季输水期热力研究. 水利与建筑工程学报, 16(2): 189-193.

毛以雷, 张亚楠, 管友海, 等. 2019. 冻融和盐蚀作用下高强灌浆料力学性能试验研究. 四川建筑科学研究, 45(6): 65-68.

牛荻涛. 2003. 混凝土结构耐久性与寿命预测. 北京: 科学出版社.

潘波, 丁瑜, 黄晓乐, 等. 2020. 纤维加筋植被混凝土干湿循环下抗剪强度研究. 三峡大学学报(自然科学版), 42(1): 63-67.

蒲炳荣, 漆泰岳, 黄晓东, 等. 2019. 隧道衬砌分岔裂缝特征提取研究. 铁道标准设计, 63(10): 135-141.

祁英弟. 2020. 西北地区引水隧洞运行期衬砌结构安全状态评价研究. 兰州: 兰州交通大学.

祁英弟, 靳春玲, 贡力. 2019. 基于 ANP-灰色关联 TOPSIS 法的引水隧洞病害安全性评价. 水资源与水工程学报, 30(1): 143-149.

秦杰. 2019. 干湿循环作用对沥青混凝土高温性能的影响分析. 粉煤灰综合利用, (5): 62-64, 97.

尚峰, 祝彦知, 纠永志. 2018. 在役钢筋混凝土渡槽安全评价与病害处理. 水利水电技术, 49(12): 208-214.

苏凯, 王博士, 王文超, 等. 2020. 水-温联合作用下水工隧洞钢筋混凝土衬砌开裂特性研究. 华中科技大学学报(自然科学版), 48(12): 114-120.

孙佑光, 王兵. 2018. 胶东调水明渠混凝土衬砌结构破坏问题原因分析及对策. 中国水运, (8): 56-57.

汤一平, 胡克钢, 袁公萍. 2017. 基于全景图像 CNN 的隧道病害自动识别方法. 计算机科学, 44(11): 207-211.

田子苟. 2018. 盐冻复合作用下渡槽排架耐久性劣化规律研究. 郑州: 华北水利水电大学.

王兵. 2014. 胶东调水输水明渠衬砌水毁原因分析与修复. 中国水利, (14): 35-36.

王家滨, 牛荻涛, 何晖, 等. 2019. 盐湖侵蚀环境喷射混凝土耐久性能劣化规律及机理研究. 土木工程学报, 52(6): 67-80.

王景春, 王大鹏. 2019. 在役隧道结构多失效模式时变可靠性研究. 铁道标准设计, 63(9): 91-96.

王涛, 洪雷. 2019. 长周期干湿交替下预应力 CFRP 加固 RC 梁的抗弯性能. 水利与建筑工程学报, 17(6): 170-176.

王萧萧, 奇雨欣, 刘曙光, 等. 2019. 盐渍环境干湿循环下天然浮石混凝土的损伤. 中国科技论文, 14(2): 188-192.

王晓明, 刘斌. 2006. 结构病害成因分析及其健康诊断研究. 混凝土, (7): 89-91.

王宇航, 贺传卿, 邓丽娟. 2019. 氯盐与冻融循环耦合作用下混凝土耐久性的研究. 混凝土世界, (12): 52-56.

闻洋, 熊林, 陈伟, 等. 2020. 干湿循环下聚乙烯醇纤维混凝土抗 Cl^- 渗透性能研究. 中国腐蚀与防护学报, 40(4): 381-388.

吴瀚. 2019. 基于灰色关联分析的长距离引水工程运行安全风险评价及关键风险源诊断. 郑州: 华北水利水电大学.

吴梦娟, 靳春玲, 贡力. 2018. 基于灰色 Euclid 理论的西部地区引水明渠安全评价. 人民黄河, 40(10): 139-143.

吴贤国, 覃亚伟, 沈梅芳, 等. 2017. 基于云推理的运营隧道结构健康安全风险评价研究. 中国安全科学学报, 27(3): 133-138.

吴新璇. 2003. 混凝土无损检测技术手册. 北京: 人民交通出版社.

夏富洲, 刘富奎, 陈栋梁. 2012. 不确定型层次分析法在渡槽结构状态评估中的应用. 武汉大学
　　学报(工学版), 45(3): 277-281.

夏富洲, 钱丽云, 张军. 2011. 大型渡槽结构安全性及评价指标体系的研究. 中国农村水利水电,
　　(8): 121-123.

相田, 范天雨, 董浩, 等. 2019. 基于 IOWA-云模型的长距离引水工程运行安全风险评价研究.
　　水利水电技术, (2): 1-12.

肖前慧, 曹志远, 关虓, 等. 2020. 冻融与硫酸盐侵蚀耦合作用下再生混凝土劣化规律. 硅酸盐
　　通报, 39(2): 352-358.

解国梁, 申向东, 刘金云, 等. 2021. 氯盐冻融耦合作用下再生混凝土损伤劣化规律. 硅酸盐通
　　报, 40(2): 473-479.

徐存东. 2010. 景电灌区水盐运移对局域水土资源影响研究. 兰州: 兰州大学.

薛军鹏. 2019. 硫酸盐-氯盐复合因素对混凝土的损伤特性研究. 福建建设科技, (6): 70-74.

杨继星, 佘笑梅, 黄玉钏, 等. 2019. 基于 BP 神经网络的苯储罐泄漏事故风险评价模型研究. 中
　　国安全生产科学技术, 15(1): 157-162.

杨晓明, 孙国君. 2020. 除冰盐环境下混凝土冻融损伤深度的试验研究. 自然灾害学报, 29(1):
　　49-56.

杨永敢. 2019. 硫酸盐环境下损伤混凝土的劣化机理与寿命预测. 南京: 东南大学.

张倬溥. 2017. 基于 G1-熵权法的商业银行绿色信贷实施效果评价研究. 北京: 首都经济贸易大学.

张舒柳, 张文娟, 刘珺, 等. 2019. 氯盐侵蚀与多因素耦合作用下混凝土耐久性研究进展. 中国
　　建材科技, 28(6): 39-42.

张素磊, 张顶立, 刘胜春. 2012. 析模型的隧道衬砌病害主成因挖掘. 中国铁道科学, 33(2):
　　56-60.

张颖, 刘玲. 2008. 薄壁无筋隧洞底板在地下水作用下拱起开裂的原因分析及预防处理. 山西水
　　利科技, (4): 44-45, 62.

赵芬. 2015. 基于云模型和灰色关联度的建设工程投标报价风险评价. 重庆: 重庆大学.

赵高文, 镜培, 樊恒辉, 等. 2018. 干湿循环下氯盐对现浇混凝土硫酸盐腐蚀劣化及扩散影响.
　　同济大学学报(自然科学版), 46(12): 1637-1645, 1744.

赵海鸥. 2003. LS-DYNA 动力分析指南. 北京: 兵器工业出版社.

赵永国, 王华牢, 韩常领. 2008. 公路隧道病害的分类特征与成因分析. 公路, (7): 227-232.

祝彦知, 尚峰, 纠永志. 2019. 在役钢筋混凝土渡槽时变模糊可靠度分析. 水利水电技术, 50(2):
　　128-132.

Algin Z, Gerginci S. 2020. Freeze-thaw resistance and water permeability properties of roller
　　compacted concrete produced with macro synthetic fibre. Construction and Building Materials,
　　234: 117382.

Alyami M H, Alrashidi R S, Mosavi H, et al. 2019. Potential accelerated test methods for physical sulfate attack on concrete. Construction and Building Materials, 229: 116920.

Auyeung S, Alipour A, Saini D. 2019. Performance-based design of bridge piers under vehicle collision. Engineering Structures, 191: 752-765.

Bai K D, Sounthararajan V M, Rao K A. 2020. Sodium chloride effects on the steel fibre reinforced concrete in aggressive environmental conditions. Materials Today: Proceedings, 27: 1241-1246.

Bisht K, Kabeer K I S A, Ramana P V. 2020. Gainful utilization of waste glass for production of sulphuric acid resistance concrete. Construction and Building Materials, 235: 117486.

Chen L, El-Tawil S, Xiao Y. 2016. Reduced models for simulating collisions between trucks and bridge piers. Journal of Bridge Engineering, 21(6): 04016020.

Du T, Xie B Y, Wang B W, et al. 2020. Study on the sulfate resistance of containment concrete with pipe and hole. Construction and Building Materials, 239: 117704.

Ge W, Ashour F A, Lu W, et al. 2020. Flexural performance of steel reinforced ECC-concrete composite beams subjected to freeze-thaw cycles. International Journal of Concrete Structures and Materials, 14(2): 46.

He M C, Sousa E L R, Müller A, et al. 2015. Analysis of excessive deformations in tunnels for safety evaluation. Tunnelling and Underground Space Technology, 45: 190-202.

Hu K, Chen Q, Tang Y. 2015. Research on inspection technology of tunnel based on panoramic vision//Proceedings of the 2015 International Conference on Applied Science and Engineering Innovation, Jinan: 2352-2401.

Inokuma A, Inano S. 1996. Road tunnels in Japan: Deterioration and countermeasures. Tunnelling and Underground Space Technology, 11(3): 305-309.

Jia B, Ju L, Wang Q. 2019. Numerical simulation of dynamic interaction between ice and wide vertical structure based on peridynamics. Computer Modeling in Engineering & Sciences, 121(2): 501-522.

Long J B, Li X B, Zhong Y C, et al. 2019. Application of BP neural networks on the thickness prediction of sherardizing coating. Transactions of The Indian Institute of Metals, 72(9): 2443-2448.

Okano N, Tsuno K, Kojima Y. 2012. The soundness diagnosis system of plane concrete lining for railway tunnel in Japan//12th ISRM International Congress on Rock Mechanics, Beijing: 1757-1760.

Polach U B V R, Ehlers S. 2013. Model scale ice—Part B: Numerical model. Cold Regions Science and Technology, 94: 53-60.

Pöttler R. 2006. Numerical investigation of the failure of a shotcrete lining. Numerical Methods in Geotechnical Engineering, 8: 313-318.

W, Ma Z J, Jiang C D, et al. 2019. Application of magnetic resonance sounding to tunnels for advanced detection of water-related disasters: A case study in the Dadushan Tunnel, Guizhou, China. Tunnelling and Underground Space Technology, 84: 364-372.

Qiu W L, Teng F, Pan S S. 2020. Damage constitutive model of concrete under repeated load after seawater freeze-thaw cycles. Construction and Building Materials, 236: 117560.

Saleh Z, Sheikh M N, Remennikov A, et al. 2020. Damage assessment of GFRP bar reinforced ultra-high-strength concrete beams under overloading impact conditions. Engineering Structures, 213: 110581.

Salmi E F, Asadi Z S, Bayati M, et al. 2019. Assessing the hydrogeological conditions leading to the corrosion and deterioration of pre-cast segmental concrete linings (case of zagros tunnel). Geotechnical and Geological Engineering, 37(5): 3961-3983.

Sandrone F, Labiouse V. 2011. Identification and analysis of Swiss National Road tunnels pathologies. Tunnelling and Underground Space Technology, 26(2): 374-390.

Sharma H, Hurlebaus S, Gardoni P. 2012. Performance-based response evaluation of reinforced concrete columns subject to vehicle impact. International Journal of Impact Engineering, 43(1): 52-62.

Skorokhodov A, Astafurov V G, Evsyutkin T V. 2019. Application of statistical models of image textures and physical parameters of clouds for their classification on MODIS satellite images. Izvestiya Atmospheric and Oceanic Physics, 55(9): 1053-1064.

Suto M, Ogata H, Ishigami A, et al. 2012. The applicability of grouting method for cracks of RC open channel side wall caused by frost damage deterioration and the evaluation of filling range using ultrasonic method. Cement Science and Concrete Technology, 66(1): 295-302.

Vidmar P, Perković M. 2018. Safety assessment of crude oil tankers. Safety Science, 105: 178-191.

Wang Y Z, Liu Z, Fu K, et al. 2020. Experimental studies on the chloride ion permeability of concrete considering the effect of freeze-thaw damage. Construction and Building Materials, 236: 117556.

Zhang H R, Ji T, Liu H. 2019. Performance evolution of the interfacial transition zone (ITZ) in recycled aggregate concrete under external sulfate attacks and dry-wet cycling. Construction and Building Materials, 229: 116938.

Zhao X Y, Yang Y W. 2011. Health inspection system of bridge and tunnel structure of urban railway transit based on RFID technology. Advanced Materials Research, 1220(211-212): 871-875.